高等学校规划教材
GAODENG XUEXIAO GUIHUA JIAOCAI

建筑工程概预算与工程量清单计价

（第二版）

孙震　赵雪锋　主编

人民交通出版社股份有限公司
China Communications Press Co.,Ltd.

内 容 提 要

本书主要讲述了建筑工程定额的体系、构成、应用,包括建筑工程施工预算、施工图预算、设计概算、工程结算、竣工决算的编制以及工程概预算的审查。

书中介绍了有关国家标准,用示例说明如何编制工程量清单和进行清单计价。实用性和可操作性强,通俗易懂,便于自学。

为方便教师的教学和学生的自学,本书配有教学课件(下载网址:www.ccpress.com.cn),课件中除教学内容外,还有主要分项工程的施工录像以提高初学者的感性认识。

本书按土木工程专业《建筑工程定额与概预算》课程教学大纲编写。内容的取舍上也考虑到电大、职大、夜大、函大、自学考试的需要。可作为大专院校、自学考试有关专业的教科书,也可作为同类专业管理人员的岗位培训教材。

图书在版编目(CIP)数据

建筑工程概预算与工程量清单计价 / 孙震,赵雪锋主编. — 2 版. — 北京 : 人民交通出版社股份有限公司,2015.9

ISBN 978-7-114-12420-4

Ⅰ. ①建… Ⅱ. ①孙… ②赵… Ⅲ. ①建筑概算定额②建筑预算定额③建筑造价管理 Ⅳ. ①TU723.3

中国版本图书馆 CIP 数据核字(2015)第 179866 号

书　　　名:	**建筑工程概预算与工程量清单计价(第二版)**
著 作 者:	孙　震　赵雪锋
责任编辑:	赵瑞琴
出版发行:	人民交通出版社股份有限公司
地　　址:	(100011)北京市朝阳区安定门外外馆斜街 3 号
网　　址:	http://www.ccpress.com.cn
销售电话:	(010)59757973
总 经 销:	人民交通出版社股份有限公司发行部
经　　销:	各地新华书店
印　　刷:	北京盈盛恒通印刷有限公司
开　　本:	787×1092　1/16
印　　张:	17.25
字　　数:	430 千
版　　次:	2003 年 8 月　第 1 版　2015 年 10 月　第 2 版
印　　次:	2015 年 10 月　第 1 次印刷　累计第 14 次印刷
书　　号:	ISBN 978-7-114-12420-4
印　　数:	47001—50000
定　　价:	34.00 元

(有印刷、装订质量问题的图书由本公司负责调换)

第二版前言

为适应社会主义市场经济发展的需要,提高建筑业的经营管理水平,提高建筑企业造价管理人员素质,本书纳入了新的国家标准《建筑工程工程量清单计价规范》(GB 50500—2013),在讲述基本理论和概念的基础上,力求理论联系实际,注重实际应用。书中列举了较多的实例,每章均附有复习思考题。

本书是按土木工程专业《建筑工程定额与概预算》课程教学大纲编写的。在内容的取舍上也考虑到电大、职大、夜大、函大自学考试等教育的教学、自学的需要。

为方便教师的教学和学生的自学,本书配有教学课件(下载网址:www.ccpress.com.cn),课件中除教学内容外,还有主要分项工程的施工录像以提高初学者的感性认识。

本书由孙震、赵雪锋担任主编。参加本书编写的有:

孙震,北京建筑大学(绪论、第十一章、第十三章、第十四章、第十五章、第十六章、第十七章中的第一、二、三节)。

赵雪锋,北京工业大学(第七章、第八章、第九章、第十章、第十二章、第十七章中的第四节)。

张艳霞,北京建筑大学(第三章、第四章、第五章、第六章)。

王炳霞,北京建筑大学(第一章、第二章)。

因水平有限,书中缺点和错误在所难免,恳请读者批评指正。

目　　录

绪　论

一、建筑产品及其生产的特点

建筑产品和其他工农业产品一样,具有商品的属性。但从其产品和生产的特点来看,却具有与一般商品不同的特点,具体表现在:

（一）建筑产品的固定性和施工生产的流动性

建筑产品从形成的那一天起,便与土地牢固地结为一体,形成了建筑产品最大的特点,即产品的固定性。

建筑产品的固定性决定了生产的流动性,一支建筑队伍在甲地承担的建筑生产任务完成后,即须转移到新的地点承接新的施工任务。

上述特点,使工程建设地点的气象、工程地质、水文地质和技术经济条件,直接影响工程的造价。

（二）建筑产品的单件性、多样性

建筑产品的单件性表现在每幢建筑物、构筑物都必须单件设计、单件建造并单独定价。

建筑产品根据工程建设业主（买方）的特定要求,在特定的条件下单独设计。因而建筑产品的形态、功能多样,各具特色。每项工程都有不同的规模、结构、造型、功能、等级和装饰,需要选用不同的材料和设备,即使同一类工程,各个单件也有差别。由于建设地点和设计的不同,必须采用不同的施工方法,单独组织施工。因此,每个工程所需的劳动力、材料、施工机械等各不相同,直接费、间接费均有很大差异,每个工程必须单独定价。即使是在同一个小区内建设相同的两栋楼房,由于建设时间的不同产生建筑材料的差价,也会造成两栋楼房造价的差异。

（三）建筑产品庞大、生产周期长且露天作业

建筑产品体积庞大,大于任何工业产品。建筑产品又是一个庞大的整体,由土建、水、电、热力、设备安装、室外市政工程等等各个部分组成一个整体而发挥作用。由此决定了它的生产周期长、消耗资源多、露天作业等特点。

建筑产品生产过程要经过勘察、设计、施工、安装等很多环节,涉及面广,协作关系复杂,施工企业内部要进行多工种综合作业,工序繁多,往往长期地大量地投入人力、物力、财力,致使建筑产品生产周期长。由于建筑产品价格随时间变化,工期长,价格因素变化大,如国家经济体制改革出现的一些新的费用项目,材料设备价格的调整等,都会直接影响建筑产品的价格。

此外,由于建筑施工露天作业,受自然条件、季节性影响较大,也会造成防寒、防冻、防雨等费用的增加,影响到工程的造价。

二、建筑产品价格

（一）建筑产品是商品

建筑业是一个物质生产部门,在社会主义市场经济条件下,建筑产品生产的目的是为了交换。建筑业不论是转让自己开发建设的土地使用权,出售自己建造的房屋,还是按"加工定做"方式交付承建的工程,即先有工程建设单位（买方）订货,再有工程承包企业生产和销售（卖方）。所有这些都是商品的交换行为,因此建筑产品是商品。它与工程建设业主或使用单

位(买方)和工程承包商(卖方)形成建设市场。

（二）建筑产品的价值

建筑产品是商品，它与其他商品一样具有使用价值和价值两种因素。

建筑产品的使用价值，主要表现在它的功能、质量和能满足用户的需要，这是它的自然属性决定的，它是构成社会物质财富的内容之一。在商品经济条件下，建筑产品的使用价值是它的价值的物质承担者。

建筑产品的价值应包括物化劳动、活劳动消耗和新创造的价值，即C(不变资本)、V(可变资本)和M(剩余价值)三部分。具体包括：

（1）建造过程中所消耗的生产资料的价值(C)，其中包括建筑材料、燃料等劳动对象的耗费和建筑机械等劳动手段的耗费；

（2）劳动者为满足个人需要的生活资料所创造的价值(V)，它表现为建筑职工的工资等；

（3）劳动者为社会和国家提供的剩余产品价值(M)，它表现为利润和税金等。

（三）建筑产品价格

1. 建筑产品价格及其费用组成

价值是价格的基础。商品的价值用货币形态表现出来，就是价格。

建筑产品的价格与所有商品一样是价值的货币表现，它是由人工费、材料费、施工机具使用费、企业管理费、利润、规费、税费等7个部分组成。

2. 建筑产品价格的定价原理

由于建筑产品自身的特点，需采用特殊的计价方式单独定价。

确定单位工程建筑产品价格的方法，首先确定单位假定产品即分项工程(如 $10m^3$ 砖墙)的人工、材料、施工机械台班消耗量指标(即概预算定额)，再用货币形式计算出单位假定产品的预算价格(即概预算单位估价表)，作为建筑产品计价基础。然后根据施工图纸及工程量计算规则分别计算出各工程项目的工程量，再分别乘以概预算单价，计算出建筑产品的分部分项工程费，并以分部分项工程费为基础计算出企业管理费，最后再计算出规费、利润和税金，汇总后构成建筑产品的完全价格。

关于计价基础(即概预算定额)和计价方法(施工图概预算)，将作为本教材的重点在以后的有关章节中专门论述。

3. 建筑产品价格的特点

（1）建筑产品需逐个定价且为一次性价格

由于建筑产品及其生产所固有的特性，决定了建筑产品的价格不能像一般工业产品那样有统一规定的价格，一般都需要通过编制工程概预算文件逐个进行定价(计划价格)。实行招标承包的工程，由工程建设单位(买方)编制招标文件，再由受约的几家工程承包企业(卖方)编制投标文件，价格(在保证质量、工期等前提下)经过竞争、开标、评标、决标，以建设单位和中标单位签订承包合同的形式予以确定(浮动价格)。

在社会主义市场经济条件下，定额价只起参考作用，编制工程概预算或者编制投标报价时必须根据市场价格进行调整。建筑产品的最终价格应是工程竣工结算价格(或成交价格)，其价格是一次性的。

（2）影响建筑产品价格的因素繁多

构成建筑产品市场经济价格的因素，除建筑产品本身的功能、特征、级别及其所处地区的水文地质、气象及技术经济条件外，还包括劳动生产率水平，产品质量的优劣，施工方法、工艺技术和管理措施,建设速度及成本消耗,供求关系的变化,利润水平,税收指数等。

这些因素导致了建筑产品价格是一种综合性价格,地区不同,建筑企业的不同,价格水平必然存在着差异,因此建立政府宏观指导,企业自主报价,通过市场竞争形成价格已是大势所趋。

三、《建筑工程概预算与工程量清单计价》的研究对象及任务

本课程研究对象:随着我国社会主义市场经济逐步完善,建筑产品也是商品这一观念逐步确立,并被人们所接受。建筑产品既然是商品,它就应具有商品价格运行的共有规律,即价值规律和竞争规律。另外,建筑产品除了具有一般商品价值规律外,由于自身生产过程中的特性(产品固定性、生产人员流动性等)决定了其价值确定的特殊性。因此,认识建筑产品价格运动的特殊性,把握建筑产品价格实质,依据建筑工程定额标准,通过编制建筑工程概预算手段,确立建筑产品合理价格。

建设工程又叫基本建设,是指新建、改建或扩建的列为固定资产投资并达到国家规定标准的建设项目。

建设工程是一个独特的物质生产领域,建设工程与其他物质生产部门的产品相比,具有总体性、单件性和固定性等特点;产品生产过程具有施工流动性、工期长期性、生产连续性的特点。建设工程计价定价方法也与一般商品有所不同。本课程就是运用马克思的再生产理论,社会主义市场经济规律和价值规律,研究建筑产品生产过程中产品的数量和资源消耗之间的关系,探索提高劳动生产率,减少物耗,研究建筑产品合理价格,合理计价定价,有效控制工程造价的学科。通过这种研究,以求达到减少资源消耗、降低工程成本、提高投资效益、企业经济效益和社会经济效益的目的。

本课程所研究的内容,不仅涉及工程技术,而且与社会性质、国家的方针政策、分配制度等都有密切的关系。在它所研究的对象中,既有生产力方面的课题,又有生产关系方面的课题;既有实际问题,又有理论问题;既有技术问题,又涉及方针政策问题。所以,《建筑工程概预算与工程量清单计价》是建设工程管理科学中一门技术性、专业性、实践性、综合性和政策性都很强的课程。

四、《建筑工程概预算与工程量清单计价》研究的内容

本书研究的内容主要包括建筑工程定额原理、建设工程概预算的编制、概预算审查、施工预算的编制、工程建设招标设标、工程造价管理等内容。

五、本课程与相关课程的联系

本课程与政治经济学、劳动经济学、建筑经济学、数学、统计学、生产工艺与设备、建筑学、建筑结构学、建筑安装工程施工技术与施工组织、建筑材料、建设工程合同管理、制图与识图等课程都有广泛而密切的联系。上述课程的许多内容被应用于本课程中,经过引伸,直接为企业管理和建设项目计价、定价服务。

随着现代科学技术的发展和管理科学水平的提高,运筹学、系统工程、数理统计学以及计算机技术和录像技术等,已应用到建设工程计价定价和工程造价管理中来,行为科学、管理工程学、工效学、人体工程学、劳动心理学等也在建筑产品价格研究中得到应用。

由于本课程的实践性和政策性都很强,所以研究本课程的基本方法是马克思主义的唯物

辩证法,也就是坚持实事求是的科学态度,从实际出发,认真调查研究,在掌握大量数据信息的基础上,经过科学地整理、分析、研究和比较,从而发掘其内在规律,上升为理论以指导实践。

六、课程的重点及难点

1.课程重点

本教材核心内容是一般土建工程施工图预算的编制和装饰工程概预算的编制。这两章详细地阐述了施工图预算的编制依据、编制方法和具体步骤。要求学生在教师指导下能够编制工程施工图预算。教学中土建工程专业和装饰工程专业学生可侧重其一。

2.课程难点

本课程的难点,有如下三个方面:

(1)预算定额中,人工费、材料费、机械台班费的概念,特别是对材料预算价格的理解。

(2)各专业工程的工程量计算。应了解工程量计算规则,并理解其含义。

(3)在编制工程概预算中,结合工程定额的规定,进行定额子目的合理选用、费用的计取和价差的调整。

3.本课程的学习方法

建筑工程概预算课程学习方法有以下两点:

(1)必须与前期所学课程有机地结合。本课程是一门专业性、技术性很强的课程,它要求学生必须与前期课程《建筑构造》、《建筑结构》、《建筑材料》、《建筑装饰工程》、《建筑施工》及《建筑设备》、《工程识图》、《施工技术》、《施工组织》与《建筑企业管理》等课程有机结合,才能更好的理解和学好本门课程。

(2)学习必须与实践结合。本课程实践性和操作性很强,学生的学习不能只满足于懂原理,必须结合实际工程,动手参与工程概预算的编制工作。在编制中发现问题、解决问题,并在编制中获得对知识的更深入的理解。

第一篇　建筑工程概预算相关知识

第一章　建设项目投资构成

第一节　我国基本建设程序

一、基 本 建 设

基本建设,是指固定资产的建设,即是建筑、安装和购置固定资产的活动及其与之相关的工作。

固定资产是指在社会再生产过程中,可供生产或生活较长时间使用,在使用过程中基本保持原有实物形态的劳动资料和其他物质。如建筑物、构筑物、机床、电气设备、运输设备、住宅、医院、学校等等。固定资产按其经济用途可分为生产性固定资产和非生产性固定资产。

基本建设是为发展社会生产力建立物质技术基础,为改善生活创造物质条件的工作。它是通过建设管理部门有计划按比例地进行建设投资和建筑业的勘察、设计、施工等物质生产活动及其与之相关联的其他有关部门(如征地、拆迁等)的经济活动来实现的。

二、基本建设工作程序

基本建设工作程序,简称基本建设程序,是指国家按照项目建设的客观规律制定的项目从设想、选择、评估、决策、设计、施工、投入生产或交付使用的整个建设过程中,各项工作必须遵循的先后工作次序。基本建设程序是工程建设过程客观规律的反映,是建设项目科学决策和顺利进行的重要保证。

基本建设是投资建造固定资产和形成物质基础的经济活动。基本建设全过程的特点,决定了搞基本建设必须遵照一定的工作程序,按照科学规律进行。这是因为,基本建设是一个大系统,涉及的范围很广,内外协作配合的环节多,完成一项建设项目,要进行多方面的工作,其中有些是需要前后衔接的,有些是横向配合的,还有些是交叉进行的,对这些工作必须按照一定的程序,有步骤、有秩序地进行。实践一再证明,搞基本建设只有按程序办事,才能加快建设速度,提高工程质量,缩短工期,降低工程造价,提高投资效益,达到预期效果。否则欲速则不达。

科学的基本建设程序,是基本建设过程及其客观规律的反映。对生产性基本建设来说,基本建设程序,就是形成综合性生产能力过程的规律性反映。任何一项工程建设,自身都存在着阶段、步骤及其内在的不可违背的先后联系。也就是说,基本建设程序不是人们主观意志的反映,而是事物内在的客观必然性决定的。

建国60多年来,我们积累了基本建设正反两方面的许多经验和教训,每当一项工程严格按照基本建设程序办事时,投资效果就好,否则,就要受到惩罚。在不同的历史时期,都有一些建设项目,不作前期准备,不作调查分析,盲目决策。如没有设计任务书,就委托设计;没有初步设计,就列入年度基本建设计划;尚未搞清资源、水文地质条件,就急于定点,开工兴建;在施工中任意修改设计,工程竣工后,不组织验收,就交付使用等等,酿成了严重的后患。

三、我国的基本建设程序

建设项目按照建设程序进行建设是社会经济规律的要求,是建设项目的技术经济规律要求的,也是建设项目的复杂性(环境复杂、涉及面广、相关环节多、多行业多部门配合)决定的。我国的基本建设程序分为6个阶段,即项目建议书阶段、可行性研究阶段、设计工作阶段、建设准备阶段、建设实施阶段和竣工验收阶段。这6个阶段的关系如图1-1所示。其中项目建议书阶段和可行性研究阶段称为"前期工作阶段"或"决策阶段"。

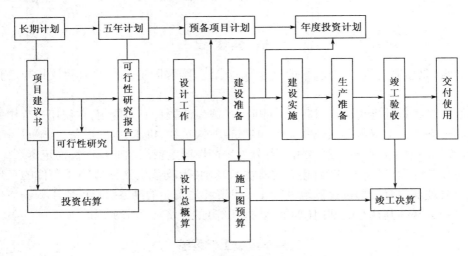

图1-1　我国的基本建设程序图

(一)项目建议书阶段

项目建议书是业主向国家提出的要求建设某一项目的建议文件,是对建设项目的轮廓设想。项目建议书的主要作用是推荐一个拟建项目,论述其建设的必要性、建设条件的可行性和获利的可能性,供国家选择并确定是否进行下一步工作。

项目建议书的内容视项目的不同而有繁有简,但一般应包括以下几方面内容:

(1)建设项目提出的必要性和依据;

(2)产品方案、拟建规模和建设地点的初步设想;

(3)资源情况、建设条件、协作关系等的初步分析;

(4)投资估算和资金筹措设想;

(5)项目的进度安排;

(6)经济效益和社会效益的估计。

大中型基本建设项目、限额以上更新改造项目,委托有资格的工程咨询、设计单位初评后,经省级主管部门初审后,报国家发改委审批;其中特大型项目(总投资4亿元以上的交通、能源、原材料项目、2亿元以上的其他项目),由国家发改委报国务院审批。

小型基本建设项目、限额以下更新改造项目由国务院主管部门或地方发改委审批。项目建议书经批准后,称为"立项",立项仅仅说明一个项目有投资的必要性,但尚需进一步开展研究论证。

项目建议书按要求编制完成后,应根据建设规模分别报送有关部门审批。按现行规定,大中型及限额以上项目的项目建议书首先应报送行业归口主管部门,同时抄送国家计委。行业归口主管部门根据国家中长期规划要求,着重从资金来源、建设布局、资源合理利用、经济合理性、技术政策等方面进行初审,通过后报国家计委。国家计委再从建设总规模、生产力总布局、资源优化配置及资金供应可能、外部协作条件等方面进行综合平衡后审批。凡行业归口主管部门初审未通过的项目,国家计委不予审批;凡属小型或限额以下项目的项目建议书,按项目隶属关系由部门或地方计委审批。

项目建议书经批准后,可以进行详细的可行性研究工作,但并不表明项目非上不可,项目建议书不是项目的最终决策。

(二)可行性研究阶段

可行性研究是对建设项目在技术上是否可行和经济上是否合理进行科学的分析和论证。凡经可行性研究未通过的项目,不得编制向上报送的可行性研究报告和进行下一步工作。

建设项目可行性研究是指在项目决策前,通过对与项目有关的工程、技术、经济等各方面条件和情况的调查、研究、分析,对各种可能的建设方案进行比较论证,并对项目建成后的经济效益进行预测和评价的一种科学分析方法,它主要评价项目技术上的先进性和适用性、经济上的盈利性和合理性、建设的可能性和可行性。可行性研究是项目前期工作的重要内容,它从项目建设和生产经营全过程考察分析项目的可行性。目的是回答项目是否有必要建设、是否可能建设和如何进行建设的问题,其结论为投资者的最终决策提供直接的依据。

可行性研究是一个由粗到细的分析研究过程,按照国际惯例,可以分为投资机会研究、初步可行性研究和详细可行性研究三个阶段。

1. 投资机会研究

投资机会研究为项目的投资方向和设想提出建议。根据国民经济发展长远规划和行业地区规划、经济建设方针、建设任务和技术经济政策,在一个确定的地区和部门内,利用对自然资源和市场的调查、预测,寻找最有利的投资机会,提出项目投资建议。

在投资机会研究阶段,需要编制项目建议书,提出项目的大致设想,初步分析项目建设的必要性和可行性。

2. 初步可行性研究

项目建议书经国家计划部门批准后,对于那些投资规模较大、工艺技术复杂的大中型骨干建设项目,在进行全面分析研究之前,往往需要先进行初步可行性研究。

初步可行性研究是介于机会研究和详细可行性研究的中间阶段。其目的是对项目初步评估进行专题辅助研究,广泛分析、筛选方案,鉴定项目的选择依据和标准,确定项目的初步可行性。通过编制初步可行性研究报告,判定是否有必要进行下一步的详细可行性研究。

3. 详细可行性研究

详细可行性研究为项目决策提供技术、经济、社会及商业方面的依据,是项目投资决策的基础。研究的目的是对建设项目进行深入细致的技术经济论证,重点对建设项目进行财务效益和经济效益的分析评价,经过多方案比较,选择最佳方案,确定建设项目的最终可行性。本阶段的最终成果为可行性研究报告。

建设项目经过以上三步可行性研究后,应围绕以下几个方面写出"可行性研究报告"。

(1)建设项目提出的背景,投资的必要性和经济意义;

(2)市场需求情况的调查和拟建规模;

(3)资源、原材料、燃料及协作情况;

(4)厂址方案和建厂条件;

(5)设计方案;

(6)环境保护;

(7)生产组织、劳动定员;

(8)投资估算和资金筹措;

(9)产品成本估算;

(10)经济效益评价;

(11)结论。

建设项目可行性报告完成之后,应提交相应政府机关审批。其中政府投资项目可行性研究报告审批流程如图 1-2 所示。

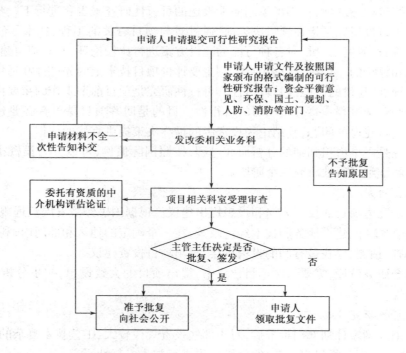

图 1-2　政府投资项目可行性研究报告审批流程图

(三)设计工作阶段

设计是对拟建工程的实施在技术上和经济上所进行的全面而详尽的安排,是基本建设计划的具体化,是组织施工的依据。一般项目进行"两阶段设计",即初步设计和施工图设计。根据建设项目的特点和需要,可在初步设计之后,增加技术设计阶段,习惯上称为"三阶段设计"。

1. 初步设计

是根据可行性研究报告提出的设计任务书所做的具体实施方案,目的是为了阐明在指定的地点、时间和投资控制数额内,拟建项目在技术上的可能性和经济上的合理性,并通过对工程项目所做出的基本技术经济指标规定,编制项目总概算。

初步设计不得随意改变被批准的可行性研究报告所确定的建设规模、产品方案、工程标准、建设地址和总投资等控制目标。如果初步设计提出的总概算超过可行性研究报告总投资的10%以上,或其他主要指标需要变更时,应说明原因和计算依据,并重新向原审批单位报批可行性研究报告。

2. 技术设计

又称为扩大初步设计,根据初步设计和更详细的调查研究资料来编制,以进一步解决初步设计中的重大技术问题,如工艺流程、建设结构、设备选型及数量确定等,使建设项目的设计更具体、更完善,技术指标更高。

3. 施工图设计

根据初步设计或技术设计的要求,结合现场实际情况,完整地表现建筑物外型、内部空间分割、结构体系、构造状况以及建筑群的组成和周围环境的配合。它还包括各种运输、通信、管道系统、建筑设备的设计。在工艺方面,应具体确定各种设备的型号、规格及各种非标准设备的制造加工图。

(四)建设准备阶段

建设项目在开工建设之前要切实做好各项准备工作,其主要内容包括:

(1)征地、拆迁和场地平整;

(2)完成施工用水、用电、用路等工作;

(3)组织设备、材料订货;

(4)准备必要的施工图纸;

(5)组织施工招标投标,择优选定施工单位。

除按照国务院规定的权限和程序批准开工报告的建筑工程以外,其他建筑工程在开工前,建设单位应当按照国家有关规定向工程所在地县级以上人民政府建设行政主管部门申请领取施工许可证,申请领取施工许可证,应当具备下列条件:

(1)已经办理该建筑工程用地批准手续;

(2)在城市规划区的建筑工程,已经取得规划许可证;

(3)需要拆迁的,其拆迁进度符合施工要求;

(4)已经确定建筑施工企业;

(5)有满足施工需要的施工图纸及技术资料;

(6)有保证工程质量和安全的具体措施;

(7)建设资金已经落实;

(8)法律、行政法规规定的其他条件。

(五)建设实施阶段

建设项目经批准获得施工许可证之后,项目便进入了建设实施阶段。这是项目决策的实施、建成投产、发挥投资效益的关键环节。建设单位应当自领取施工许可证之日起三个月内开工。因故不能按期开工的,应当向发证机关申请延期;延期以两次为限,每次不超过三个月。既不开工又不申请延期或者超过延期时限的,施工许可证自行废止。

按照国务院有关规定批准开工报告的建筑工程,因故不能按期开工或者中止施工的,应当及时向批准机关报告情况。因故不能按期开工超过六个月的,应当重新办理开工报告的批准手续。

在建设实施阶段还要进行生产准备。生产准备是项目投产前由建设单位进行的一项重要工作。它是衔接建设和生产的桥梁,是建设阶段转入生产经营的必要条件。建设单位应适时组成专门班子或机构做好生产准备工作。

生产准备工作的内容根据企业的不同而异,总的来说,一般包括下列内容:

(1)组织管理机构,制定管理制度和有关规定;

(2)招收并培训生产人员,组织生产人员参加设备的安装、调试和工程验收;

(3)签订原材料、协作产品、燃料、水、电等供应及运输的协议;

(4)进行工具、器具、备品、备件等的制造或订货;

(5)其他必须的生产准备。

(六)竣工验收阶段

当建设项目按设计文件的规定内容全部施工完成并满足质量要求以后,便可组织验收。它是建设全过程的最后一道程序,是投资成果转入生产或使用的标志,是建设单位、设计单位和施工单位向国家汇报建设项目的生产能力或效益、质量、成本、收益等全面情况及交付新增资产的过程。竣工验收对促进建设项目及时投产,发挥投资效益及总结建设经验,都有重要作用。通过竣工验收,可以检查建设项目实际形成的生产能力或效益,也可避免项目建成后继续消耗建设费用。

第二节　建　设　项　目

一、建设项目的概念

基本建设项目又称建设项目,一般是指在一个场地或几个场地上,按一个总体设计进行施工的各个工程项目的总和,它是由一个或几个单项工程组成。在工业建设中,建设一座工厂就是一个建设项目;在民用建设中,一般以一个住宅小区、一所学校、医院等为一个建设项目。

二、建设项目的分解

为便于建设项目管理和确定建筑产品价格,建设项目可以划分为若干个单项工程、单位工程、分部工程和分项工程。

(一)单项工程

单项工程一般是指有独立设计文件,建成后可以独立发挥生产能力或效益的一组配套齐全的工程项目。从施工的角度看,单项工程就是一个独立的交工系统,它在建设项目总体施工部署和管理目标的指导下,形成自身的项目管理方案和目标,按其投资和质量的要求,如期建成交付生产和使用。

单项工程是建设项目的组成部分,一个建设项目有时可以仅包括一个单项工程,也可以包括许多单项工程。生产性建设项目的单项工程,一般是指能独立生产的车间,包括厂房建筑、设备的安装及设备、工具、器具、仪器的购置等。非生产性建设项目的单项工程,如一所学校的办公楼、教学楼、图书馆、食堂、宿舍等。

单项工程的施工条件往往具有相对的独立性,因此,一般单独组织施工和竣工验收。单项工程体现了建设项目的主要建设内容,是新增生产能力或工程效益的基础。

（二）单位工程

单位工程是指具有独立设计文件,可以独立组织施工,但完工后一般不能独立发挥生产能力或效益的工程,它是单项工程的组成部分。一个单项工程按专业性质及作用不同又可分解为若干个单位工程。例如一个生产车间的建造,可分为厂房建造、电气照明、给水排水、工业管道安装、机械设备安装和电气设备安装等若干单位工程。

一个单位工程往往不能单独形成生产能力或发挥工程效益,只有在几个有机联系、互为配套的单位工程全部建成竣工后才能提供生产和使用。例如,工业车间厂房必须与电气照明、给水排水、工业管道安装、机械设备安装和电气设备安装完成后,形成一个单项工程交工系统才能具有生产能力。这是单位工程与单项工程的区别之所在。

（三）分部工程

分部工程是单位工程的组成部分。一般工业与民用建筑工程按部位可划分为地基与基础工程、主体工程(或墙体工程)、地面与楼面工程、门窗工程、装修工程、屋面工程6部分;设备安装工程分为建筑采暖与煤气工程、建筑电气安装工程、通风与空调工程、电梯安装工程4部分。

（四）分项工程

分项工程是分部工程的组成部分,一般是按工种划分,也是形成建筑产品基本构件的施工过程,例如钢筋工程、模板工程、混凝土工程、砌砖工程、木门窗制作工程等等。分项工程是建筑施工生产活动的基础,也是计量工程用工、用料和机械台班消耗的基本单元,同时又是工程质量形成的直接过程。分项工程既有其作业活动的独立性,又有相互联系、相互制约的整体性。

建设项目的分解如图1-3所示。

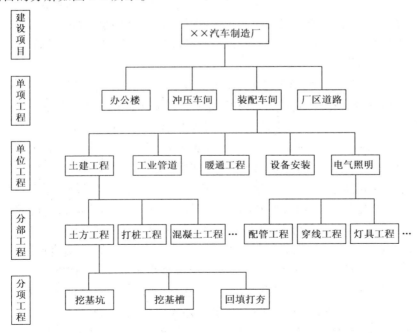

图1-3　建设项目分解示意图

11

三、建设项目的特点

建设项目除具备一般项目的特征之外,还具有以下特点:

(1)固定性。由于建筑产品的基础都要和土地直接联系,以大地作为地基,因而建筑产品在建造中和建成后是不能移动的。建筑产品建在哪里就在哪里发挥作用。

(2)多样性。由于对建筑产品的功能要求是多种多样的,使得每个建筑产品都有其独特的形式和独特的结构,因而需要单独设计。即使功能要求相同、建筑类型相同,但由于地形、地质、水文、气象等自然条件不同及交通运输、材料供应等社会条件不同,在建造时往往亦需要对原设计图纸、施工组织与施工方法等做适当修改。由于建筑产品的这种多样性,因而可以说建筑产品具有单件性的特点。

(3)体积庞大。建筑产品是房屋或构筑物,要在房屋内部布置各种生产和生活需要的设备与用具,要在其中进行生产与生活,因而建筑产品要占据广阔的空间。

(4)投资额巨大,建设周期长。由于体积庞大,在建造的过程中要消耗大量的人工、材料和机械,因此造价高,少则几千万,多则几十个亿。且建设项目规模大、技术复杂、涉及的专业面宽,从项目设想到施工、投入使用,少则需要几年,多则需要十几年。这就要求项目建设只能成功,不能失败,否则将造成严重后果,甚至影响国民经济发展。

第三节　建设项目的投资

一、建设项目的投资构成

建设项目总投资是为完成工程项目建设并达到使用要求或生产条件,在建设期内预计或实际投入的全部费用总和。生产性建设项目总投资包括建设投资、建设期贷款利息和流动资金三部分;非生产性建设项目总投资包括建设投资和建设期贷款利息两部分。其中建设投资和建设期贷款利息之和对应于固定资产投资,固定资产投资与建设项目的工程造价在量上相等。

（一）固定资产投资

固定资产投资,由设备工器具购置费、建筑安装工程费、工程建设其他费用、预备费(包括基本预备费和涨价预备费)、建设期贷款利息和固定资产投资方向调节税(目前暂不征收)组成。

设备工器具购置费,是指按照建设工程设计文件要求,建设单位(或其委托单位)购置或自制达到固定资产标准的设备和新、扩建项目配置的首套工器具及生产家具所需的费用。设备工器具购置费由设备原价、工器具原价和运杂费组成。在生产性建设工程中,设备工器具投资主要表现为其他部门创造的价值向建设工程中的转移,但这部分投资是建设工程投资中的积极部分,它占工程投资比例的提高,意味着生产技术的进步和资本有机构成的提高。

建筑安装工程费,是指建设单位用于建筑和安装工程方面的投资,它由建筑工程费和安装工程费两部分组成。建筑工程费是指建设工程涉及范围内的建筑物、构筑物、场地平整、道路、室外管道铺设、大型土石方工程费用等。安装工程费是指主要生产、辅助生产、公用工程等单项工程中需要安装的机械设备、电器设备、专用设备、仪器仪表等设备的安装及配件工程费,以及工艺、供热、供水等各种管道、配件、闸门和供电外线安装工程费用等。

工程建设其他费用,是指未纳入以上两项的,根据设计文件要求和国家有关规定应由项目投资支付的为保证工程建设顺利完成和交付使用后能够正常发挥效用而发生的一些费用。工程建设其他费用可分为三类：第一类是土地使用费，包括土地征用及迁移补偿费和土地使用权出让金；第二类是与项目建设有关的费用，包括建设单位管理费、勘察设计费、研究试验费等；第三类是与未来企业生产经营有关的费用，包括联合试运转费、生产准备费、办公和生活家具购置费等。

固定资产投资可以分为静态投资部分和动态投资部分。静态投资部分由建筑安装工程费、设备工器具购置费、工程建设其他费和基本预备费组成。动态投资部分，是指在建设期内，因建设期利息、建设工程需缴纳的固定资产投资方向调节税和国家新批准的税费、汇率、利率变动以及建设期价格变动引起的投资额增加。包括涨价预备费、建设期利息和固定资产投资方向调节税。

（二）工程造价

工程造价通常是指工程建设预计或实际支出的费用。由于所处的角度不同，工程造价有不同的含义。

含义一：从投资者（业主）的角度分析，工程造价是指建设一项工程预期开支或实际开支的全部固定资产投资费用。投资者为了获得投资项目的预期效益，需要对项目进行策划决策及建设实施，直至竣工验收等一系列投资管理活动。在上述活动中所花费的全部费用，就构成了工程造价。从这个意义上讲，建设工程造价就是建设工程项目固定资产总投资。

含义二：从市场交易的角度分析，工程造价是指为建成一项工程，预计或实际在工程发承包交易活动中所形成的建筑安装工程费用或建设工程总费用。显然，工程造价的这种含义是指以建设工程这种特定的商品形式作为交易对象，通过招标投标或其他交易方式，在进行多次预估的基础上，最终由市场形成的价格。这里的工程既可以是涵盖范围很大的一个建设工程项目，也可以是其中的一个单项工程或单位工程，甚至可以是整个建设工程中的某个阶段，如建筑安装工程、装饰装修工程，或者其中的某个组成部分。

工程承发包价格是工程造价中一种重要的，也是较为典型的价格交易形式，是在建筑市场通过招标投标，由需求主体（投资者）和供给主体（承包人）共同认可的价格。

工程造价的两种含义实质上就是从不同角度把握同一事物的本质。对市场经济条件下的投资者来说，工程造价就是项目投资，是"购买"工程项目要付出的价格；同时，工程造价也是投资者作为市场供给主体"出售"工程项目时确定价格和衡量投资经济效益的尺度。

建设项目总投资和工程造价构成如图1-4所示。

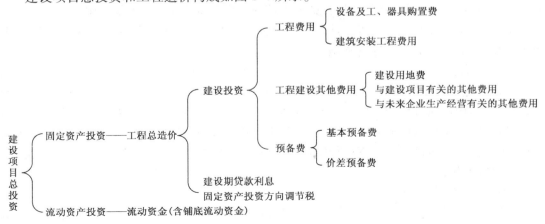

图 1-4　我国现行建设项目投资构成和工程造价的构成

二、建设项目投资的确定

建设项目周期长、规模大、造价高,因此按建设程序要分阶段进行,即在建设程序的各个阶段,合理确定投资估算、设计概算、修正设计概算、施工图预算、承包合同价、结算价、竣工结算与决算。这是个逐步深化、逐步细化和逐步接近实际造价的过程。建设项目投资确定过程如图1-5所示。

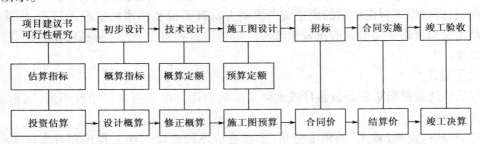

图1-5 建设项目投资确定示意图

(一)投资估算

投资估算一般是指在基本建设前期工作(规划、项目建议书和设计任务书)阶段,建设单位向国家申请拟立建设项目或国家对拟立项目进行决策时,确定建设项目在规划、项目建议书、设计任务书等不同阶段的相应投资总额而编制的经济文件。国家对任何一个拟建项目,都要通过全面的可行性论证后,才能决定其是否正式立项。在可行性论证过程中,除考虑国家经济发展上的需要和技术上的可行性外,还要考虑经济上的合理性。投资估算是在初步设计前期各个阶段工作中,作为论证拟建项目在经济上是否合理的重要文件。可行性研究报告被批准后,投资估算就作为控制设计任务书下达的投资限额,对初步设计概算编制起控制作用,也可作为资金筹措及建设资金贷款的计划依据。

(二)设计概算

设计概算是指在初步设计阶段,由设计单位根据初步设计或扩大初步设计图纸、概算定额或概算指标、各项费用定额或取费标准、建设地区的自然、技术经济条件和设备预算价格等资料,预先计算和确定建设项目从筹建到竣工验收、交付使用的全部建设费用的文件。

设计概算可分为单位工程概算、单项工程综合概算、建设项目总概算三级,根据设计总概算确定的投资数额,经主管部门审批后,就成为该项工程基本建设投资的最高限额。在工程建设过程中,不论是年度基本建设投资计划安排、银行拨款和贷款、施工图预算、竣工决算等,未经规定的程序批准,不能突破这一限额。

(三)修正概算

修正概算是指采用三阶段设计形式时,在技术设计阶段,随着设计内容的深化,可能会发现建设规模、结构性质、设备类型和数量等内容与初步设计内容相比有出入,为此,设计单位根据技术设计图纸、概算指标或概算定额、各项费用取费标准、建设地区自然、技术经济和设备预算价格等资料,对初步设计总概算进行修正而形成的经济文件。修正概算比设计概算更准确,但受设计概算的控制。

(四)施工图预算

施工图预算是指在施工图设计阶段,当工程设计完成后,施工单位根据施工图纸、施工组织设计和国家规定的现行工程预算定额、单位估价表及各项费用的取费标准、建筑材料预算价格、建设地区的自然和技术经济条件等资料,进行计算和确定单位工程或单项工程建设费用的经济文件。它是确定单位工程和单项工程预算造价的依据,同时也是签订工程施工合同、实行工程预算包干、进行工程竣工结算的依据。施工图预算比设计概算或修正概算更为详尽和准确,但同样要受前一阶段所确定的工程造价的控制。

（五）合同价

合同价是指在工程招投标阶段,通过签订总承包合同、建筑安装工程承包合同、设备材料采购合同以及技术和咨询服务合同等确定的价格。合同价属于市场价格的性质,它是由承发包双方,也即商品和劳务买卖双方根据市场行情共同议定和认可的成交价格,建筑工程施工承发包合同价要受施工图预算的制约。按计价方法不同,建设工程合同有许多类型。不同类型合同的合同价内涵也有所不同。按现行有关规定的三种合同价形式是:固定总价合同价、可调合同价和工程成本加酬金合同价。

（六）施工预算

施工预算是指施工阶段,在施工图预算的控制下,施工队根据施工图、施工定额(包括劳动定额、材料和机械台班消耗定额)、单位工程施工组织设计或分部(项)工程施工过程设计和降低工程成本技术组织措施等资料,通过工料分析,计算和确定完成一个单位工程或其中的分部(项)工程所需的人工、材料、机械台班消耗量及其相应费用的经济文件。它是施工企业内部编制施工、材料、劳动力等计划和限额领料的依据,同时也是考核单位用工、进行经济核算的依据。

（七）工程结算

工程结算是指一个单项工程、单位工程、分部工程或分项工程完工,并经建设单位及有关部门验收后,施工企业根据施工过程中现场实际情况的记录、设计变更通知书、现场工程更改签证、预算定额、材料预算价格和各项费用标准等资料,在概算范围内和施工图预算的基础上,按规定编制的向建设单位办理结算工程价款,取得收入,用以补偿施工过程中的资金耗费,确定施工盈亏的经济文件。

工程结算一般有定期结算、阶段结算和竣工结算等方式。它们是结算工程价款、确定工程收入、考核工程成本、进行计划统计、经济核算及竣工决算的依据。其中竣工结算是反映工程全部造价的经济文件。以它为依据通过建设银行,向建设单位办理完工程结算后,就标志着双方所承担的合同义务和经济责任的结束。

（八）竣工决算

竣工决算是指在竣工验收后,由建设单位编制的建设项目从筹建到建成投产或使用的全部实际成本的技术经济文件。它是建设投资管理的重要环节,是工程竣工验收、交付使用的重要依据,也是进行建设项目财务总结、银行对其实行监督的必要手段。

由以上说明可以看出,建设项目投资的确定过程是一个由粗到细、由浅入深、由概略到精确的计价过程,也是一个复杂而重要的管理系统。

三、建设项目投资的特点

建设项目投资的特点是由建设项目的特点决定的。

（一）建设项目投资需单独计算

每个建设项目都有专门的用途,所以其结构、面积、造型和装饰也不尽相同。即使是用途相同的建设项目,技术水平、建筑等级和建筑标准也有所差别,同时,建设项目还必须在结构、造型等方面适应工程所在地的气候、地质、水文等自然条件,这就使建设项目的实物形态千差万别。再加上不同地区构成投资费用的各种要素的差异,最终导致建设项目投资的千差万别。

（二）建设项目投资组合性

一个建设项目是一个工程综合体。这个综合体可以分解为许多有内在联系的单项工程、单位工程、分部工程和分项工程,建设项目的这种组合性决定了其投资确定的过程是一个组合的过程。这一特征在计算设计概算和施工图预算时尤为明显,所以也反映到合同价和结算价。其计算过程和计算顺序是:分部分项工程造价→单位工程造价→单项工程造价→建设项目总造价。

（三）建设项目投资确定的多次性

建设项目投资大、周期长,因此要按建设程序分阶段进行,相应地也要在不同阶段多次性计价,具体过程如前所述。

（四）建设项目投资需动态跟踪调整

每项建设项目从立项到竣工都有一个较长的建设期,在这个期间都会出现一些不可预料的变化因素对建设项目投资产生影响。如工程设计变更,设备、材料、人工价格变化,国家利率、汇率调整,因不可抗力出现或因承包方、发包方原因造成的索赔事件出现等,必然要引起建设项目投资的变动。所以,建设项目投资在整个建设期内都是不确定的,需随时进行动态跟踪、调整,直至竣工决算后才能真正形成。

复习思考题

1. 什么是基本建设?
2. 基本建设为什么必须遵照一定的工作程序?
3. 基本建设程序有哪几个阶段? 各阶段都包括哪些内容?
4. 建设项目如何进行分解?
5. 请简述建设项目的投资构成。
6. 确定基本建设投资有何特点?
7. 建设项目投资的确定过程有哪几步?
8. 建设项目投资为什么需动态跟踪调整?

第二章　建设工程招投标与合同管理

第一节　概　　述

一、建设工程招投标的概念与分类

（一）建设工程招投标的概念

1. 建设工程招标

建设工程招标是指招标人在发包建设项目之前,公开招标或邀请投标人,根据招标人的意图和要求提出报价,择日当场开标,以便从中择优选定中标人的一种经济活动。

2. 建设工程投标

是工程招标的对称概念,指具有合法资格和能力的投标人根据招标条件,经过初步研究和估算,在指定期限内填写标书,提出报价,并等候开标,决定能否中标的经济活动。

招投标实质上是一种市场竞争行为。建设工程招投标是以工程设计或施工,或以工程所需的物资、设备、建筑材料等为对象,在招标人和若干个投标人之间进行的,它是商品经济发展到一定阶段的产物。在市场经济条件下,它是一种最普遍、最常见的择优方式。招标人通过招标活动来选择条件优越者,使其力争用最优的技术、最佳的质量、最低的价格和最短的周期完成工程项目任务。投标人也通过这种方式选择项目和招标人,以使自己获得更丰厚的利润。

（二）建设工程招投标的分类

根据招投标的范围和内容,建设工程招投标可分为建设项目总承包招投标、工程勘察设计招投标、工程施工招投标和设备材料招投标等。

1. 建设项目总承包招投标

又叫建设项目全过程招投标,在国外称之为"交钥匙"工程招投标,它是指从项目建议书开始,包括可行性研究报告、设备材料询价与采购、工程施工、生产准备、投料试车,直至竣工投产、交付使用全面实行招标。工程总承包单位根据建设单位(业主)所提出的工程要求,对项目建议书、可行性研究、勘察设计、设备询价选购、材料订货、工程施工、职工培训、试生产、竣工投产等实行全面报价投标。

2. 工程勘察设计招投标

是指招标单位就拟建工程的勘察和设计任务发布通告,以法定方式吸引勘察单位或设计单位参加竞争,经招标单位审查获得投标资格的勘察、设计单位,按照招标文件的要求、在规定时间内向招标单位填报投标书,招标单位从中择优确定中标单位完成工程勘察或设计任务。

3. 工程施工招投标

是针对工程施工阶段的全部工作开展的招投标,根据工程施工范围大小及专业不同,可分为全部工程招投标、单项工程招投标和专业工程招投标等。

4. 设备材料招投标

是针对设备、材料供应及设备安装调试等工作进行的招投标。

二、建设工程招投标的范围

我国《招标投标法》指出,凡在中华人民共和国境内进行下列建设工程,包括项目的勘察、设计、施工、监理以及与工程建设有关的重要设备、材料等的采购,必须进行招标。

(1)大型基础设施、公用事业等关系社会公共利益、公众安全的项目;

(2)全部或者部分使用国有资金投资或者国家融资的项目;

(3)使用国际组织或者外国政府贷款、援助资金的项目。

对于涉及国家安全、国家秘密、抢险救灾或者属于利用扶贫资金实行以工代赈、需要使用农民工等特殊情况,不适宜进行招标的项目,按照国家有关规定可以不进行招标。

三、建设工程招投标的方式

根据《招标投标法》规定,建设工程的招标方式包括公开招标和邀请招标两种。

(一)公开招标

也称无限竞争性招标,即由招标单位在报刊、广播、电视或专门的刊物上刊登招标公告,投标人只要符合规定的条件都可以自行投标,数量不受限制。其优点是业主有较大的选择范围,可在众多的投标人之中选定报价合理、工期较短、信誉较好的承包商;同时也有助于开展竞争,打破垄断,促使承包商努力提高工程和服务质量,缩短工期和降低成本。缺点是公开招标工作量大,一方面所需准备的文件较多(如招标公告、招标文件、合同协议书等);另一方面审查标书的工作量也比较大。公开招标常用于结构复杂或大型工程项目、世界银行贷款项目以及政府投资的工程,一般中小型项目较少采用。

(二)邀请招标

也称有限竞争性招标,是指招标单位以投标邀请书的方式邀请特定的法人或者其他组织投标。招标人采用邀请招标方式的,应当向三个以上具备承担招标项目能力、资信良好的特定的法人或者其他组织发出投标邀请书。邀请招标虽然也能够邀请到有经验和资信可靠的投标者投标,保证履行合同,但限制了竞争范围,可能会失去技术上和报价上有竞争力的投标者。因此,在我国建设市场中应大力推行公开招标。

在必须实行招标发包的工程中,凡属政府和国有企事业单位投资以及政府、国有企事业单位控股投资的工程,必须实行公开招标,按照公开、公正、平等竞争的原则,择优选定承包单位。实行公开招标的项目法人或招标投标监督管理机构对报名投标单位的资质条件、财务状况、有无承担类似工程的经验等进行审查,经资格审查合格的,方可参加投标。对以上规定范围以外的工程,也可以采用邀请招标的方式,由招标单位向不少于3家符合资质条件的单位发出投标邀请书,邀请其参加投标。

实行公开招标的工程,必须在有形建筑市场或建设行政主管部门指定的报刊上发布招标公告,也可以同时在其他全国性或国外报刊上刊登招标公告。实行邀请招标的工程,也应在有建筑市场发布招标信息,由招标单位向符合承包条件的单位发出邀请。凡按照规定应该招标的工程而不进行招标,应该公开招标的工程而不公开招标的,招标单位所确定的承包单位一律无效。建设行政主管部门可按照《建筑法》第八条的规定,不予颁发施工许可证;对于违反规定擅自施工的,可依据《建筑法》第六十四条的规定,追究其法律责任。

四、建设工程施工招投标的程序

建设工程项目按照国家有关规定需要履行项目审批手续的,建设单位应当向建设主管部门上报拟建工程名称、建设地点、投资规模、资金来源、当年投资额、工程规模、结构类型、发包方式、计划开竣工日期、工程筹建等情况,备案后建设主管单位则可开始办理建设单位的资质审查。能够办理招标的建设单位应具备以下条件:

(1)是法人或依法成立的其他组织;

(2)有与招标工程相适应的经济、法律咨询和技术管理人员;

(3)有组织编制招标文件的能力;

(4)有审查投标人资质的能力;

(5)有组织开标、评标、定标的能力。

凡不具备上述2~5项条件的建设单位,须委托具有相应资质的中介机构代理招标。

工程项目报审和招标人资质审查完成后,方可进行招投标。为进行招标投标,招标人和投标人都要进行充分的准备,并按一定的程序完成。建设工程施工公开招投标程序一般如图 2-1 所示。

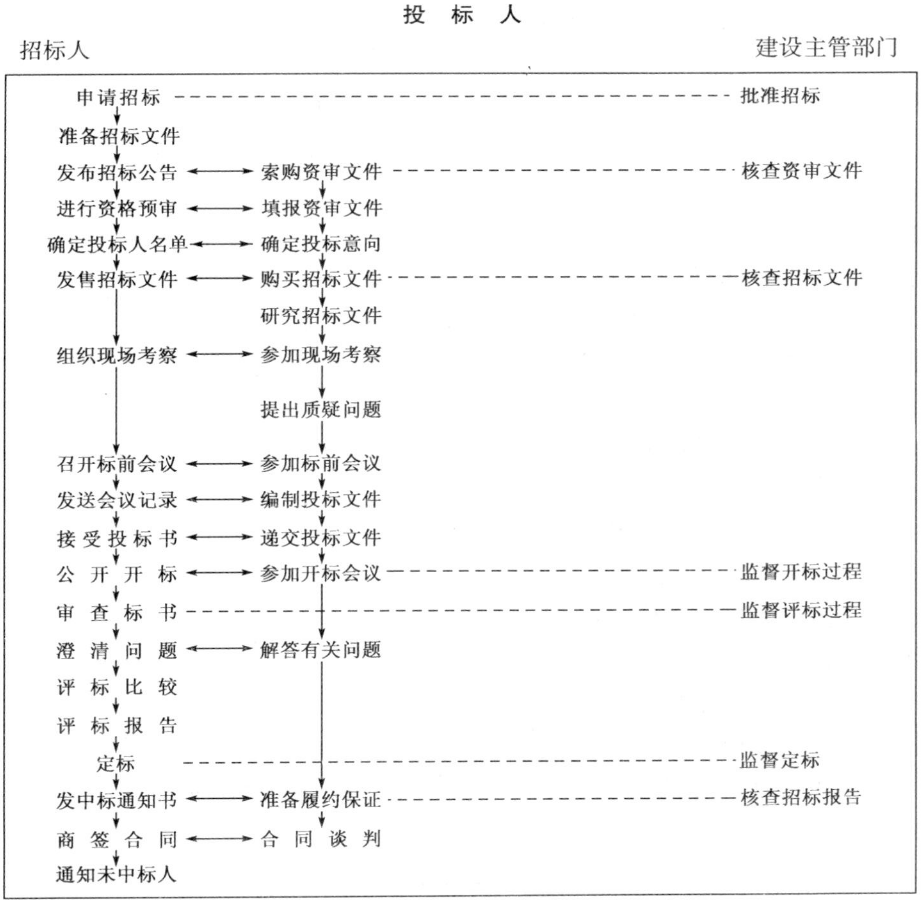

图 2-1　施工招投标程序

第二节 建设工程招标标底与投标报价

一、建设工程招标标底、最高限价与投标报价的计算方法

《建筑工程施工发包与承包计价管理办法》（中华人民共和国建设部令第16号）第二条规定：工程承发包计价包括编制工程量清单、最高投标限价、招标标底、投标报价，进行工程结算，以及签订和调整合同价款等活动。其中招标标底、最高投标限价与投标报价的编制可以采用工料单价法和综合单价法两种计价方法。

（一）工料单价法

工料单价法，采用的分部分项工程量的单价为直接工程费单价。直接工程费以人工、材料、机械的消耗量及其相应价格确定。企业管理费、利润、规费和税金等按照有关规定另行计算。

工料单价法根据其所含价格和费用标准的不同，又可分为以下两种计算方法：

（1）按现行定额的人工、材料、机械的消耗量及其预算价格确定直接工程费，企业管理费、利润、规费和税金等，按有关规定计算，这种方法称为"定额法"。

（2）按全国建筑工程预算工程量计算规则和基础定额确定直接成本中的人工、材料、机械消耗量，再按市场价格计算直接工程费，然后计算企业管理费、利润、规费和税金等，这种方法称为"实物法"。

采用工料单价时，在工料单价确定后，乘以相应定额项目工程量并汇总，得出直接工程费，再按照相应的取费程序计算企业管理费、利润、规费和税金等其他各项费用，汇总后形成工程造价。

（二）综合单价法

综合单价法，即分部分项工程量的单价为综合单价。综合单价包括完成一个规定计量单位所需的人工费、材料和工程设备费、施工机具使用费和企业管理费、利润以及一定范围内的风险费用。工程量乘以相应的综合单价汇总就得到分部分项工程费，然后按规定的办法汇总形成工程造价。

综合单价法按其所包含项目工作内容及工程计量方法的不同，又可分为以下三种表达形式：

（1）参照现行预算定额（或基础定额）对应子目所约定的工作内容、计算规则进行报价。

（2）按招标文件约定的工程量计算规则，比如建设工程工程量计算规范的计算规则以及每一分部分项工程所包括的工作内容进行报价。

（3）由投标者依据招标图纸、技术规范，按其计价习惯，自主报价，即工程量的计算方法、投标价的确定均由投标者根据自身情况决定。

采用综合单价时，在综合单价确定后，乘以相应项目工程量，经汇总即可得出分部分项工程费，再按相应的办法计取措施项目、其他项目、规费项目、税金项目费，各项目费汇总后得出相应工程造价。

一般情况下，综合单价法比工料单价法能更好地控制工程价格，使工程价格接近市场行情，有利于竞争，同时也有利于降低建设工程造价。

二、建设工程招标标底

(一)标底的概念

标底是指招标人根据招标项目的具体情况,编制的完成招标项目所需的全部费用,是依据国家规定的计价依据和计价办法计算出来的工程造价,是招标人对建设工程的期望价格。标底由成本、利润、税金等组成,一般应控制在批准的总概算及投资包干限额内。

在国外,标底一般被称为"估算成本"(如世行、亚行等)、"合同估价"(如世贸组织《政府采购协议》);我国台湾省则将其称为"底价"。

《招标投标法》没有明确规定招标工程是否必须设置标底价格,招标人可根据工程的实际情况自己决定是否需要编制标底价格。一般情况下,即使采用无标底招标方式进行工程招标,招标人在招标时还是需要对招标工程的建造费用做出估计,使心中有一基本价格底数,同时由此也可对各个投标报价的合理性做出理性的判断。

(二)标底的作用

对设置标底价格的招标工程,标底价格是招标人的预期价格,对工程招标阶段的工作有着一定的作用:

(1)标底价格是招标人控制建设工程投资、确定工程合同价格的参考依据;

(2)标底价格是衡量、评审投标人投标报价是否合理的尺度和依据。

因此,标底价格必须以严肃认真的态度和科学的方法进行编制,应当实事求是,综合考虑和体现发包方和承包方的利益。不合理的标底可能会导致工程招标的失误,达不到降低建设投资、缩短建设工期、保证工程质量、择优选用工程承包队伍的目的。编制切实可行的标底价格,真正发挥标底的作用,严格衡量和审定投标人的投标报价,是工程招标工作能否达到预期目标的关键。

三、最高投标限价

最高投标限价又称为招标控制价,是招标人根据国家或省级、行业建设主管部门颁发的有关计价依据和办法,以及拟定的招标文件和招标工程量清单,结合工程具体情况编制的招标工程的最高投标限价。

《建筑工程施工发包与承包计价管理办法》规定:国有资金投资的建筑工程招标的,应当设有最高投标限价;非国有资金投资的建筑工程招标的,可以设有最高投标限价或者招标标底。最高投标限价及其成果文件,应当由招标人报工程所在地县级以上地方人民政府住房城乡建设主管部门备案。

最高投标限价应当依据工程量清单、工程计价有关规定和市场价格信息等编制。招标人设有最高投标限价的,应当在招标时公布最高投标限价的总价,以及各单位工程的分部分项工程费、措施项目费、其他项目费、规费和税金。

投标报价不得低于工程成本,不得高于最高投标限价。投标报价低于工程成本或者高于最高投标限价总价的,评标委员会应当否决投标人的投标。

四、投 标 报 价

工程的投标报价,是投标人按照招标文件中规定的各种因素和要求,根据本企业的实际水平和能力、各种环境条件等,对承建投标工程所需的成本、拟获利润、相应的风险费用等进行计算后提出的报价。

如果设有标底,投标报价时要研究招标文件中评标时如何使用标底:一是以靠近标底者得分最高,则报价就无需追求最低标价;二是标底价只作为招标人的期望,但仍要求低价中标,这时,投标人就要努力采取措施,使标价最具竞争力(最低价),又能使报价不低于成本,从而获得理想的利润。由于"既能中标,又能获利"是投标报价的原则,所以投标人的报价必须有雄厚的技术、管理实力作后盾,编制出有竞争力,又能盈利的投标报价。

五、评 标 定 价

《招标投标法》第四十条规定:"评标委员会应当按照招标文件确定的评标标准和方法,对投标文件进行评审和比较;设有标底的,应当参考标底"。所以评标的依据一是招标文件,二是标底(如果设有标底时)。

该法第四十一条规定:中标人的投标应符合下列两个条件之一:一是"最大限度地满足招标文件中规定的各项综合评价标准",该评价标准中当然包含投标报价;二是"能够满足招标文件的实质性要求,并且经评审的投标价格最低,但是投标价低于成本的除外"。这第二项条件主要是说的投标报价。

中标者的报价,即为决标价,是签订合同的价格依据。所以招标投标定价方式也是一种工程价格的定价方式,在定价的过程中,招标文件及标底价均可认为是发包人的定价意图;投标报价可认为是承包人的定价意图;中标价可认为是两方都可接受的价格。所以在合同中予以确定,合同价便具有法律效力。

第三节　建设工程承包合同

建设工程承包合同的计价方式按国际通行做法,分为总价合同、单价合同和成本加酬金合同。按照 2014 年 2 月 1 日起施行的《建筑工程施工发包与承包计价管理办法》第十三条的规定,发承包双方在确定合同价款时,应当考虑市场环境和生产要素价格变化对合同价款的影响,实行工程量清单计价的建筑工程,鼓励发承包双方采用单价方式确定合同价款;建设规模较小、技术难度较低、工期较短的建筑工程,发承包双方可以采用总价方式确定合同价款;紧急抢险、救灾以及施工技术特别复杂的建筑工程,发承包双方可以采用成本加酬金方式确定合同价款。综合两种方法,建设工程承包合同的计价方式可以分为:

一、总 价 合 同

(一)固定总价合同

承包人按投标时业主接受的合同价格一笔包死。在合同履行过程中,如果业主没有要求变更原定的承包内容,承包商在完成承包任务后,不论其实际成本如何,均应按合同价获得工程款的支付。

采用固定总价合同时,承包商因要考虑承担合同履行过程中的主要风险,因此投标报价较高。固定总价合同的适用条件一般为:

(1)招标时设计深度已达到施工图阶段,合同履行过程中不会出现较大的设计变更,承包人依据的报价工程量与实际完成的工程量不会有较大差异;

(2)工程规模较小、技术不太复杂的中小型工程,或承包工作内容较为简单的工程部位,这可以让承包人在报价时合理地预见到实施过程中可能遇到的各种风险；

（3）合同期较短（一般为一年期之内）的承包合同，双方可以不必考虑市场价格浮动可能对承包价格的影响。

（二）调值总价合同

这种合同与固定总价合同基本相同，但合同期较长（一年以上），只是在固定总价合同的基础上，增加合同履行过程中因市场价格浮动对承包价格调整的条款。由于合同期较长，不可能让承包商在投标报价时合理地预见一年后市场价格浮动的影响，因此，应在合同内明确约定合同价款的调整原则、方法和依据。

（三）固定工程量总价合同

在工程量报价单内，业主按单位工程及分项工作内容列出实施工作量，承包人分别填报各项内容的直接费单价，然后再单列间接费、管理费、利润等项内容，最后算出总价，并据此签订合同。合同内原定工作内容全部完成后，业主按总价支付给承包人全部费用。如果中途发生设计变更或增加新的工作内容，则用合同内已确定的单价来计算新增工程量，以便对总价进行调整。

二、单 价 合 同

是指承包人按工程量报价单内的分项工作内容填报单价，以实际完成工程量乘以所报单价来计算结算价款的合同。承包人所填报的单价应为计算各种摊销费用后的综合单价，而非直接费单价。合同履行过程中无特殊情况，一般不得变更单价。

单价合同大多用于工期长、技术复杂、实施过程中发生各种不可预见因素较多的大型土建工程，以及业主为了缩短项目建设周期，初步设计完成后就进行施工招标的工程。单价合同的工程量清单内所开列的工程量为估计工程量，而非准确工程量。

常用的单价合同有以下两种形式：

（一）估计工程量单价合同

承包人在投标时以工程量报价单中开列的工作内容和估计工程量填报相应单价后，累计计算合同价。此时的单价应为计及各种摊销费用后的综合单价，即成品价，不再包括其他费用项目。在合同履行过程中，以实际完成工程量乘以单价作为支付和结算的依据。

这种合同较为合理地分担了合同履行过程中的风险。因为承包人据此报价的清单工程量为初步设计估算的工程量，如果实际完成工程量与估计工程量有较大差异时，采用单价合同可以避免业主过大的额外支出或承包人的亏损。另外，承包人在投标阶段不可能合理准确预见的风险可不必计入合同价内，有利于业主取得较为合理的报价。估计工程量单价合同按照合同工期的长短，也可以分为固定单价合同和可调价单价合同两类，调价方法与总价合同方法相同。

（二）纯单价合同

招标文件中仅给出各项工程内的工作项目一览表、工程范围和必要说明，而不提供工程量。投标人只要报出各项目的单价即可，实施过程中按实际完成工程量结算。

由于同一工程在不同的施工部位和外部环境条件下，承包人的实际成本投入不尽相同，因此仅以工作内容填报单价不易准确，而且对于间接费分摊在许多工种中的复杂情况，或有些不易计算工程量的项目内容，采用纯单价合同往往会引起结算过程中的麻烦，甚至导致合同争议。

三、成本补酬合同

成本补酬合同是将工程项目的实际投资划分成直接成本费和承包商完成工作后应得酬金两部分。实施过程中发生的直接成本费由业主实报实销,另按合同约定的方式给承包商相应报酬。

成本补酬合同大多适用于边设计、边施工的紧急工程或灾后修复工程。由于在签订合同时,业主还提供不出可供承包商准确报价的详细资料,因此,在合同内只能商定酬金的计算方法。按照酬金的计算方式不同,成本补酬合同有成本加固定百分比酬金、成本加固定酬金、成本加奖罚、最高限额成本加固定最大酬金等几种形式。

(一)成本加固定百分比酬金合同

成本加固定百分比酬金合同,发包方对承包方支付的人工、材料和施工机械使用费、其他直接费、施工管理费等按实际直接成本全部据实补偿,同时按照实际直接成本的固定百分比付给承包方一笔酬金,作为承包方的利润。

这种合同使得建安工程总造价及付给承包方的酬金随工程成本而水涨船高,不利于鼓励承包方降低成本,很少被采用。

(二)成本加固定酬金合同

成本加固定酬金合同与上述成本加固定百分比酬金合同价相似。其不同之处仅在于发包方付给承包方的酬金是一笔固定金额的酬金。

采用上述两种合同方式时,为了避免承包方企图获得更多的酬金而对工程成本不加控制,往往在承包合同中规定一些"补充条款",以鼓励承包方节约资金,降低成本。

(三)成本加奖罚合同

采用这种合同,首先要确定一个目标成本,这个目标成本是根据粗略估算的工程量和单价表编制出来的。在此基础上,根据目标成本来确定酬金的数额,可以是百分数的形式,也可以是一笔固定酬金。然后,根据工程实际成本支出情况另外确定一笔奖金,当实际成本低于目标成本时,承包方除从发包方获得实际成本、酬金补偿外,还可根据成本降低额得到一笔奖金。当实际成本高于目标成本时,承包方仅能从发包方得到成本和酬金的补偿。此外,视实际成本高出目标成本情况,若超过合同价的限额,还要处以一笔罚金。除此之外,还可设工期奖罚。

这种合同形式可以促使承包人降低成本,缩短工期,而且目标成本随着设计的进展而加以调整,承发包双方都不会承担太大风险,故应用较多。

(四)最高限额成本加固定最大酬金合同

在这种合同中,首先要确定限额成本、报价成本和最低成本,当实际成本没有超过最低成本时,承包方花费的成本费用及应得酬金等都可得到发包方的支付,并与发包方分享节约额;如果实际工程成本在最低成本和报价成本之间,承包方只能得到成本和酬金;如果实际工程成本在报价成本与最高限额成本之间,则只能得到全部成本;实际工程成本超过最高限额成本时,则超过部分发包方不予支付。

这种合同形式有利于控制工程造价,并鼓励承包方最大限度地降低工程成本。

四、影响合同计价方式选择的因素

在工程实践中,采用哪一种合同计价方式,是选用总价合同、单价合同还是成本加酬金合同,采用固定价还是可调价方式,应根据建设工程的特点、业主对筹建工作的设想,对工程费用、工期和质量的要求等，综合考虑后进行确定。

（一）项目的复杂程度

规模大且技术复杂的工程项目，承包风险较大，各项费用不易估算准确，这时不宜采用固定总价合同。或者有把握的部分采用固定总价合同，估算不准的部分采用单价合同或成本加酬金合同。有时，在同一工程中采用不同的合同形式，是业主和承包人合理分担工程实施中不确定风险因素的有效办法。

（二）工程设计工作的深度

工程招标时所依据的设计文件的深度，即工程范围的明确程度和预计完成工程量的准确程度，经常是选择合同计价方式时应考虑的重要因素。因为招标图纸和工程量清单的详细程度是否能让投标人合理报价，取决于已完成的设计工作的深度。

（三）工程施工的难易程度

如果施工中有较大部分采用新技术和新工艺，当发包方和承包方在这方面过去都没有经验，且在国家颁布的标准、规范、定额中又没有可作为依据的标准时，为了避免投标人盲目地提高承包价格或由于对施工难度估计不足而导致承包亏损，不宜采用固定总价合同，较为保险的做法是选用成本加酬金合同。

（四）工程进度要求的紧迫程度

在招标过程中，对一些紧急工程，如灾后恢复工程、要求尽快开工且工期较紧的工程等，可能仅有实施方案，还没有施工图纸，因此不可能让承包人报出合理的价格。此时，采用成本加酬金合同比较合理。

复习思考题

1. 什么是工程招投标？

2. 建设工程招投标分为哪几类？

3. 建设工程的招标方式有哪几种？

4. 简述建设工程施工招投标的程序。

5. 建设工程招标标底与投标报价如何计算？

6. 合同价可以采用哪几种方式？

7. 影响合同计价方式选择的因素是什么？

第二篇　建筑工程定额

第三章　建筑安装工程定额概述

第一节　建筑安装工程定额概念和作用

一、定　额

在社会生产中,为了生产某一种合格产品,都要消耗一定数量的人工、材料、机具、机械台班和资金。这种消耗数量,受各种生产条件的影响,因此是各不相同的,在一个产品中,这种消耗越大,则产品的成本越高,在产品价格一定的条件下,企业的盈利就会降低,对社会的贡献也就较低,因此降低产品生产过程中的消耗有着十分重要的意义。但是这种消耗不可能无限地降低,它在一定的生产条件下,必然有一个合理的数额。因此,根据一定时期的生产水平和产品的质量要求,规定出一个合理的消耗标准,这种标准就称为定额。

因此,定额的定义可以表述如下:

在合理的劳动组织和合理地使用材料和机械的条件下,完成单位合格产品所消耗的资源数量标准。

定额中数量标准的多少称为定额水平。确定定额水平是编制定额的核心,定额水平是一定时期生产力的反映,它与劳动生产率的高低成正比,与资源消耗量的多少成反比。不同的定额,定额水平也不相同,一般有平均先进水平和社会平均水平。

二、建筑安装工程定额

建筑安装工程定额,是指在一定的社会生产力发展水平条件下,在正常的施工条件和合理的劳动组织、合理地使用材料及机械的条件下,完成单位合格建筑产品所规定的资源消耗标准。

(1)"一定的社会生产力发展水平"说明了定额所处的时代背景,定额应是这一时期技术和管理的反映,是这一时期的社会生产力水平的反映。

(2)"正常的施工条件"用来说明该单位产品生产的前提条件,如浇筑混凝土是在常温下进行的,挖土深度或安装高度是在正常的范围以内等;否则,定额往往规定在特殊情况下需作相应的调整。

(3)"合理的劳动组织,合理地使用材料和机械"是指定额规定的劳动组织、生产施工应符合国家现行的施工及验收规范、规程、标准,材料应符合质量验收标准,施工机械应运行正常。

(4)"单位合格建筑产品"中的单位是指定额子目中的单位,由于定额类型和研究对象的不同,这个"单位"可以指某一单位的分项工程、分部工程或单位工程。如:10m³ 砖基础,100m² 场地平整,1 座烟囱等。在定额概念中规定了单位产品必须是合格的,即符合国家施工及验收规范和质量评定标准的要求。

(5)"资源消耗标准"是指施工生产中所必须消耗的人工、材料、机械、资金等生产要素的数量标准。

由此可见,建筑工程定额不仅规定了建筑工程投入和产出的数量关系,而且还规定了具体的工作内容、质量标准和安全要求。定额是质量和数量的统一体。

三、建筑工程定额的特点

(一)定额的科学性

建筑工程定额的制定是在当时的实际生产力水平条件下,在实际生产中大量测定、综合、分析研究,广泛搜集资料的基础上制定出来的;是在认真研究客观规律的基础上,自觉遵循客观规律的要求,用科学的方法确定各项消耗量标准,能正确的反映当前建筑业生产力水平。

(二)定额的法令性

建筑工程定额是由国家或其授权机关组织编制和颁发的一种法令性指标,在执行范围之内,任何单位都必须严格遵守和执行。未经原制定单位批准,不得任意改变其内容和水平。如需进行调整、修改和补充,必须经授权部门批准,必须在内容和形式上同原定额保持一致。因此,定额具有经济法规的性质。

(三)定额的群众性

定额的群众性是指定额的制定和执行都要有广泛的群众基础。它的制定通常采用工人、技术人员、专职定额人员三结合的方式,使拟订的定额能够从实际出发,反映建筑安装工人的实际水平,并保持一定的先进性。定额的执行要依靠广大群众的生产实践活动才能完成。

(四)定额的相对稳定性和时效性

建筑工程定额是对一定时期建筑工程技术和管理水平的真实反映,而随着生产力的发展,原有的定额就不再与已经提高了的生产力水平相适应,它的作用也会因此减弱、消失甚至产生负效应,此时,原定额就必须重新编制或修订了。因此,建筑工程定额具有显著的时效性。但是,社会生产力的发展有一个由量变至质变的过程,而且定额的贯彻执行必须有一个时间过程,因而,每一次制定颁发的定额都具有相对的稳定性,一般在 5~10 年之间。一方面,编制或修订定额是一项十分繁重的工作,这些工作的完成需要较长的周期;另一方面,定额如果朝令夕改,则必然造成人们学习、执行定额的困难和混乱,使定额的法令性很难得到保证。总之,从长期看,定额是不断变化发展的,而从一段时期看,定额则是相对稳定的。

(五)针对性

针对不同的研究对象,就有不同的建筑工程定额,如土建工程定额、古建筑园林工程定额、给排水工程定额等;针对不同的用途,又有不同的定额,如施工定额、预算定额等。因此,每一种定额都具有它独特的使用范围,即针对性。即便在同一种定额中,不同的定额子目也针对不同的单位产品,且在一个定额子目中,不仅规定了该单位产品的资源消耗标准,而且还规定了针对该单位产品的工作内容、工作方法、质量标准和安全要求。具有较强的针对性,应用时不能随意套用。

四、建筑工程定额的作用

（一）编制计划的基础

无论国家还是企业的计划,都直接或间接地以各种定额作为计算人力、物力、财力等各种资源需要量的依据,所以定额是编制计划的基础。

（二）确定建筑工程造价的依据

根据设计规定的工程标准、数量及其相应的定额确定人工、材料、机械的消耗数量及单位预算价值和各种费用标准确定工程造价。

（三）贯彻按劳分配原则的尺度

由于工时消耗定额具体落实到每个劳动者身上,因此,可用定额来对每个工人所完成的工作进行考核,确定他们所完成的劳动量,并以此来决定支付给他们的劳动报酬。

（四）加强企业管理的重要工具

定额本身是一种法定标准。因此,要求每一个执行的人,都必须严格按照定额的要求,并在生产过程中进行监督,从而达到提高劳动生产率、降低成本的目的。同时,企业在计算和平衡资源需要量、组织材料供应、编制施工进度计划和作业计划、组织劳动力、签发任务书、考核工料消耗、实行承包责任制等一些系统管理工作时,需要以定额作为计算标准。因此它是加强企业管理的重要工具。

（五）总结先进生产方法的手段

定额是在先进合理的条件下,通过对生产过程的观察、实测、分析、研究、综合后制定的,它可以准确地反映出生产技术和劳动组织的先进合理程度。因此,我们可以用定额标定的方法为手段,对同一产品在同一操作条件下的不同的生产方法进行观察、分析和研究,从而可以总结比较完善的生产方法,然后再经过试验,在生产中进行推广运用。

第二节　建筑工程定额的分类

一、建筑工程定额的分类

建筑工程定额的种类很多,按照定额的构成要素、编制程序和用途、专业和主编部门及使用范围的不同,建筑工程定额通常分类如下:

(1)按生产要素分劳动定额、材料消耗定额、机械台班使用定额。

(2)按编制程序和用途分为施工定额、预算定额、概算定额、概算指标和投资估算指标。

(3)按编制单位和执行范围划分有全国统一定额、地区统一定额、企业定额。

(4)按专业不同可分为建筑工程定额、给排水工程定额、电气照明工程定额、公路工程定额、铁路工程定额和井巷工程定额等。

另外,还有按国家有关规定制定的计取间接费等费用定额(图3-1)。

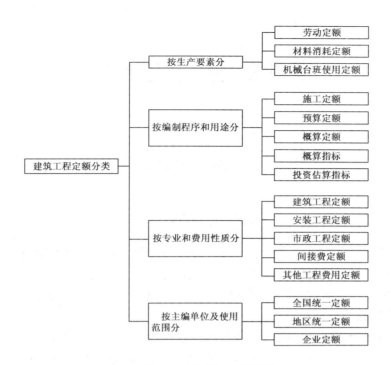

图 3-1　建筑安装定额的分类

复习思考题

1. 什么是建筑安装工程定额？
2. 建筑工程定额的特点是什么？
3. 建筑工程定额的作用是什么？
4. 建筑工程定额按编制程序和用途分为哪几种？
5. 建筑工程定额是如何分类的？

第四章　施　工　定　额

第一节　施工定额概述

一、施工定额的概念

施工定额是指在正常的施工条件下,以施工过程或工序为标定对象而规定的完成单位合格产品所需消耗的人工、材料和机械台班消耗的数量标准。施工定额是施工企业直接用于建筑工程施工管理的一种定额,是建筑安装企业的生产定额,也是施工企业组织生产和加强管理,在企业内部使用的一种定额。

施工定额是由劳动定额、材料消耗定额和机械台班定额三个部分组成。

施工定额的项目划分很细,是工程建设定额中分项最细、定额子目最多的一种定额,也是工程建设定额中的基础性定额。

二、施工定额的作用

(1)施工定额是企业计划管理的依据;

(2)施工定额是编制施工预算、加强企业成本管理的基础;

(3)施工定额是下达施工任务书和限额领料单的依据;

(4)施工定额是计算工人劳动报酬的依据;

(5)施工定额是编制预算定额的基础。

三、施工定额的编制

(一)编制原则

1.平均先进原则

所谓平均先进原则,是指在正常的条件下,多数施工班、组或生产者经过努力可以达到,少数班、组或生产者可以接近,个别班、组或生产者可以超过的定额水平。

2.简明适用原则

所谓简明适用原则是指定额结构合理,定额步距大小适当,文字通俗易懂,计算方法简便,易为群众掌握运用。它具有多方面的适应性,能在较大范围内满足不同情况、不同用途的需要。

(1)项目划分合理。定额项目是定额结构形式的主要内容,项目划分合理是指项目齐全、粗细恰当,这是定额结构形式简明适用的核心。定额项目齐全关系到定额的适用范围,项目划分粗细关系到定额的使用价值。

（2）步距大小适当。所谓定额步距,是指同类型产品或同类工作过程、相邻定额工作标准项目之间的水平间距,例如:砌筑砖墙的一组定额,其步距可以按砖墙厚度分1/4砖墙、1/2砖墙、3/4砖墙、1砖墙、1砖半墙和2砖墙等划分,则砖墙砌筑的定额步距就保持在1/4~1/2墙厚之间。也可以将步距适当扩大,保持在1/2~1砖墙厚之间。显然,步距小,定额细,精度高,而步距大,则定额粗,综合程度大,精度就会降低。

3. 以专家为主的原则

定额的编制要求有一支经验丰富、技术与管理知识全面、有一定政策水平的稳定的专家队伍。在贯彻以专家为主的原则同时,必须注意走群众路线。因为广大建筑安装工人既是施工生产的实践者,又是定额的执行者,最了解施工生产的实际和定额的执行情况。尤其是现场勘测时和组织新定额试点时,这一点非常重要。

（二）编制依据

（1）现行的全国建筑安装工程统一劳动定额、材料消耗定额和机械台班消耗定额;

（2）现行的建筑安装工程施工验收规范,工程质量检查评定标准,技术安全操作规程;

（3）有关建筑安装工程历史资料及定额测定资料;

（4）有关建筑安装工程标准图等。

（三）编制方法

施工定额的编制方法,目前全国尚无统一规定,各地区(企业)可根据需要自己组织编制。但总的归纳起来,施工定额有两种编制方法:一是实物法,即施工定额由劳动消耗定额、材料消耗定额和机械台班消耗定额三部分组成;二是实物单价法,即由劳动消耗定额、材料消耗定额和机械台班消耗定额,分别乘以相应单价并汇总得出单位总价,称为"施工定额单价表"。无论采用何种形式,其编制步骤主要如下:

（1）确定定额项目。为了满足简明适用原则的要求,并具有一定的综合性,施工定额的划分应遵循以下几项具体要求:不能把彼此逐日隔开的工序综合在一起;不能把不同专业的工人或小组完成的工序综合在一起;定额项目应具有一定的灵活性,可分可合。

（2）选择计量单位。施工定额项目的计量单位,必须能确切地、形象地反映该产品的形状特征,便于工程量与工料消耗的计算,同时又能保证一定的精确度,并便于基层人员的掌握使用。

（3）确定制表方案。定额表格的内容应明了易懂,便于查阅。定额表格一般应包括:项目名称、工作内容、计量单位、定额编号、附注、人工、材料、机械台班的消耗量等。

（4）确定定额水平。定额水平应根据实际的资料,经过认真的核实和计算,反复平衡后,才能把确定的各项数量标准填入定额表格。

（5）写编制说明和附注。定额的编制说明包括总说明、分册说明和分节说明。

总说明一般包括定额的编制依据和原则;定额的用途及适用范围;工程质量及安全要求;资源消耗的计算方法;有关规定的使用注意等。

分册说明一般包括定额项目和工作内容;施工方法说明;有关规定的说明和工程量计算方法;质量及安全要求等。

分节说明主要内容包括具体的工作内容、施工方法、劳动小组成员等。

（6）汇编成册、审定、颁发。

第二节 劳动定额

一、劳动定额的概念和作用

劳动定额也称人工定额,是指在正常的施工技术组织条件下,生产单位合格产品所需要的劳动消耗量的标准。

劳动定额的作用有:

(1)是编制施工定额、预算定额和概算定额的基础;

(2)是计算定额用工、编制施工进度计划、劳动工资计划等的依据;

(3)是衡量工人劳动生产率、考核工效的主要尺度;

(4)是确定定员标准和合理组织生产的依据;

(5)是贯彻按劳分配原则和推行经济责任制的依据。

二、劳动定额的表示形式

劳动定额的表现形式有时间定额和产量定额两种。

(一)时间定额

时间定额也称人工定额。是指在一定的施工技术和组织条件下,某工种、某种技术等级的工人班组或个人,完成单位合格产品所必须消耗的工作时间。定额时间包括基本工作时间、辅助工作时间、准备与结束时间、必需休息时间以及不可避免的中断时间。

时间定额以"工日"为单位,如:工日/m、工日/m²、工日/m³、工日/t 等。每个工日现行规定时间为 8 个小时,其计算公式表示如下:

$$单位产品时间定额(工日) = \frac{1}{每工日产量} \qquad (4\text{-}1)$$

或

$$单位产品时间定额(工日) = \frac{小组成员工日数总和}{小组台班产量} \qquad (4\text{-}2)$$

(二)产量定额

产量定额是指在一定的施工技术和组织条件下,某工种、某种技术等级的工人班组或个人,在单位时间内所应完成合格产品的数量。

产量定额的计量单位是以产品的单位计算,如:m/工日、m²/工日、m³/工日、t/工日等,其计算公式表示如下:

$$小组产量 = \frac{1}{单位产品时间定额(工日)} \qquad (4\text{-}3)$$

或

$$小组台班产量 = \frac{小组成员工日数总和}{单位产品时间定额(工日)} \qquad (4\text{-}4)$$

(三)时间定额和产量定额的关系

时间定额和产量定额之间的关系是互为倒数关系,即

$$时间定额 \times 产量定额 = 1$$

由上述关系可知,当时间定额减少时,产量定额就相应增加,当时间定额增加时,而产量定

额就相应减少。但二者增减的百分比并不相同。

例如，当时间定额减少 10% 时，则产量定额增加量为：$\dfrac{10}{10-1}=11.1\%$。

表 4-1 摘自 2012 年《全国建筑安装工程统一劳动定额》砖墙部分。

砖 墙 劳 动 定 额

表 4-1

项　目		混 水 内 墙				混 水 外 墙					序号
		0.5 砖	0.75 砖	1 砖	1.5 砖及1.5 砖以外	0.5 砖	0.75 砖	1 砖	1.5 砖	2 砖及2 砖以外	
综合	塔吊	1.38	1.34	1.02	0.994	1.5	1.44	1.09	1.04	1.01	1
	机吊	1.59	1.55	1.24	1.21	1.71	1.65	1.3	1.25	1.22	2
砌　砖		0.865	0.815	0.482	0.448	0.98	0.915	0.549	0.491	0.458	3
运输	塔吊	0.434	0.437	0.44	0.44	0.434	0.437	0.44	0.44	0.44	4
	机吊	0.642	0.645	0.654	0.654	0.642	0.645	0.652	0.652	0.652	5
调制砂浆		0.085	0.089	0.101	0.106	0.085	0.089	0.101	0.106	0.107	6
编号		12	13	14	15	16	17	18	19	20	

（四）综合时间定额和综合产量定额

由表 4-1 可看出，劳动定额按标定的对象不同又可分为单项工序定额和综合定额。综合定额表示完成同一产品中的各单项（工序）定额的综合。计算方法如下：

$$综合时间定额（工日）= 各单项（工序）时间定额的总和 \tag{4-5}$$

$$综合产量定额 = \frac{1}{综合时间定额（工日）} \tag{4-6}$$

例如，表 4-1 所示（编号 19），一砖半厚混水外墙，塔式起重机作垂直和水平运输，每 $1m^3$ 砖墙的综合时间定额是 1.04 工日，它是由砌砖、运输、调制砂浆三个工序的时间定额之和得来的，即 $0.491 + 0.44 + 0.106 = 1.04$ 工日。

$$其综合产量定额 = \frac{1}{1.04} = 0.962（m^3）$$

三、劳动定额制定方法

（一）工人工作时间分析

工人的工作时间是指工人在工作班内消耗的工作时间。按性质分为定额时间和非定额时间两部分。

定额时间也即必须消耗的时间，指工人在正常施工条件下，为完成一定产品所消耗的时间。

非定额时间即非生产所必须的工作时间，也就是工时损失，它与产品生产无关，而和施工组织和技术上的缺点有关，与工人在施工过程中的过失或某些偶然因素有关。

有关工作时间的分类如图 4-1 所示。

1. 定额时间

定额时间由有效工作时间、休息时间及不可避免的中断时间 3 个部分组成。

1）有效工作时间

有效工作时间包括准备和结束时间、基本工作时间及辅助工作时间。从生产效果来看，它是与产品生产直接相关的时间消耗。

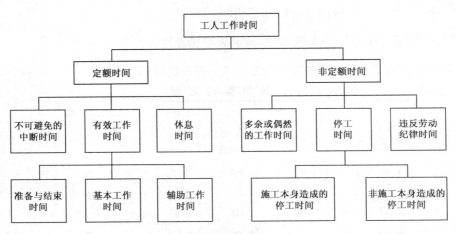

图 4-1 工作时间的分类

（1）准备和结束工作时间

准备和结束工作时间可分为两部分：一部分为工作班内的准备与结束工作时间，如工作班中的领料、领工具、布置工作地点、检查、清理及交接班等；另一部分为任务内的准备和结束工作时间，如接受任务书、技术交底、熟悉施工图等所消耗的时间。

（2）基本工作时间

基本工作时间是工人直接完成一定产品的施工工艺过程所消耗的时间，包括这一施工过程所有工序的工作时间，也就是劳动借助于劳动手段，直接改变劳动对象的性质、形状、位置、外表、结构等所消耗的时间。

（3）辅助工作时间

辅助工作时间是为了保证基本工作时间的正常进行所必须的辅助性工作的消耗时间。在辅助工作时间内，劳动者不能使产品的形状、大小、性质或位置等发生变化。例如：工具校正、机械调整、机器上油、搭设小型脚手架等所消耗的工作时间均属于辅助工作时间。

2）休息时间

休息时间是工人在工作过程中为恢复体力所必须的短暂休息和生理需要的时间。

3）不可避免的中断时间

不可避免的中断时间是指劳动者在施工活动中，由于工艺上的要求，在施工组织或作业中引起的难以避免的中断操作所消耗的时间。例如：汽车驾驶员在汽车装卸货时的消耗时间，起重机吊预制构件时安装工人等待的时间等。

2. 非定额时间

非定额时间也即损失时间，它由多余和偶然的工作时间、停工时间及违反劳动纪律所损失的时间三部分组成。

1）多余和偶然工作时间

多余和偶然工作时间是指在正常施工条件下不应发生或因意外因素所造成的时间消耗。例如：对已磨光的水磨石进行多余磨光，不合格产品的返工，抹灰工补上电工偶然遗留的墙洞等。

2）停工时间

停工时间是指在工作班内停止工作所造成的工时损失。停工时间按其性质可分为施工本身造成的停工时间和非施工本身造成的停工时间。

（1）施工本身造成的停工时间

施工本身造成的停工时间,是指由于施工组织不当,材料供应不及时等引起的停工时间。

(2)非施工本身造成的定额时间

非施工本身造成的定额时间,是指由于气候条件以及水、电中断引起的停工时间。

3)违反劳动纪律的损失时间

违反劳动纪律的损失时间,是指工人不遵守劳动纪律,如迟到、早退、聊天、擅自离开工作岗位等所造成的时间损失。

(二)制定劳动定额的方法

劳动定额的制定方法主要有技术测定法、统计分析法、经验估工法、比较类推法等。其中技术测定法是我国建筑安装工程收集定额基础资料的基本方法。

1.经验估工法

经验估工法是由定额专业人员、工程技术人员和有一定生产管理经验的工人三结合,根据个人或集体的经验经过图纸、施工规范等有关的技术资料,进行座谈、分析讨论和综合计算制定的。其特点是技术简单,工作量小,速度快,在一些不便进行定量测定和定量统计分析的定额编制中有一定的优越性;缺点是人为因素较多,科学性、准确性较差。

2.比较类推法

比较类推法又称典型定额法,是以同类型或相似类型的产品或工序的典型定额项目的定额水平为标准,经过分析比较,类推出同一组定额各相邻项目的定额水平的方法。这种方法简便、工作量小,只要典型定额选择恰当,切合实际,具有代表性,类推出的定额一般比较合理。

这种方法适用于同类型规格多、批量小的施工过程。随着施工机械化、标准化、装配化程度不断提高,这种方法的适用范围还会逐步扩大。

3.统计分析法

统计分析法就是把过去施工中同类工程或同类产品的工时消耗的统计资料,与当前生产技术组织条件的变化因素结合起来进行分析研究以制定劳动定额的方法。其特点为方法简单,有一定的准确度;若过去的统计资料不足会影响定额的水平。

4.技术测定法

技术测定法是一种细致的科学调查研究方法,是在深入施工现场的条件下,根据施工过程合理先进的技术条件、组织条件和施工方法,对施工过程各工序工作时间的各个组成部分进行实地观测,分别测定每一工序的工时消耗,通过测定的资料进行分析计算,并参考以往数据经过科学整理分析以制定定额的一种方法。

技术测定法有较充分的科学技术依据,制定的定额比较合理先进,有较强的说服力。但是,这种方法工作量较大,使它的应用受到一定限制。它一般用于产品数量大且品种少、施工条件比较正常、施工时间长、经济价值大的施工过程。

第三节 材料消耗定额

在建筑工程中,材料费用约占工程造价的 60% ~ 70% ,材料的运输、存贮和管理在工程施工中占极重要的地位。

一、材料消耗定额的概念和作用

材料消耗定额是指在正常的施工条件下和合理使用材料的情况下,完成单位合格的建筑产品所必需消耗的一定品种、规格的材料,包括原材料、半成品、燃料、配件和水、电等的数量标准。

材料消耗定额作用:

(1)是建筑企业确定材料需要量和储备量的依据;

(2)是建筑企业编制材料计划,进行单位工程核算的基础;

(3)是施工队对工人班组签发限额领料单的依据,也是考核、分析班组材料使用情况的依据;

(4)是推行经济承包制,促进企业合理用料的重要手段。

二、材料消耗定额的组成

材料消耗定额(即总消耗量)包括直接消耗在建筑产品实体上的净用量和在施工现场内运输及操作过程的不可避免的损耗量(不包括二次搬运、场外运输等损耗)。

用公式表示如下:

$$材料总消耗量 = 材料净用量 + 材料损耗量 \tag{4-7}$$

材料损耗量按式(4-8)计算:

$$材料损耗量 = 材料净用量 \times 材料损耗率 \tag{4-8}$$

将上述公式整理后得:

$$材料总消耗量 = 材料净用量 \times (1 + 材料损耗率) \tag{4-9}$$

材料的损耗率是通过观测和统计,由国家有关部门确定。

表 4-2 为部分建筑材料、成品、半成品的损耗率参考表。

部分建筑材料、成品、半成品的损耗率参考表　　　　　　　　表 4-2

材 料 名 称	工 程 项 目	损耗率(%)	材 料 名 称	工 程 项 目	损耗率(%)
标准砖	基础	0.4	石灰砂浆	抹天棚	1.5
标准砖	实砖墙	1	石灰砂浆	抹墙及墙裙	1
标准砖	方砖柱	3	水泥砂浆	天棚、梁、柱、腰线	2.5
多孔砖	墙		水泥砂浆	抹墙及墙裙	2
白瓷砖		1.5	水泥砂浆	地面、屋面	1
陶瓷锦砖	(马赛克)	1	混凝土(现浇)	地面	1
铺地砖	(缸砖)	0.8	混凝土(现浇)	其余部分	1.5
水磨石板		1	混凝土(预制)	桩基础、梁、柱	1
小青瓦粘土瓦及水泥瓦	(包括脊瓦)	2.5	混凝土(预制)	其余部分	1.5
天然砂		2	钢筋	现浇及预制混凝土	2
砂	混凝土工程	1.5	铁件	成品	1
砾(碎)石		2	钢材		6
生石灰		1	木材	门窗	6
水泥		1	木材	门心板制作	13.1
砌筑砂浆	砖砌体	1	玻璃	配制	15
混合砂浆	抹天棚	3	玻璃	安装	3
混合砂浆	抹墙及墙裙	2	沥青	操作	1

三、材料消耗定额的制定方法

根据材料使用次数的不同,建筑安装材料分为非周转性材料和周转性材料两类。非周转性材料也称为直接性材料,它是指在建筑工程施工中,一次性消耗并直接构成工程实体的材料,如砖、砂、石、钢筋、水泥等;周转性材料是指在施工中能够多次使用、反复周转但并不构成工程实体的工具性材料,如各种模板、脚手架、支撑等。

（一）一次性消耗材料消耗定额的制定

常用的制定方法有:观测法、试验法、统计法和计算法。

1. 观测法

观测法是在施工现场按一般的程序进行的,在合理使用材料的条件下,对施工过程中有代表性的工程结构的材料消耗数量,和形成产品的数量进行观测,并通过分析、研究,区分不可避免的材料损耗量和可以避免的材料损耗量,最后确定确切的材料消耗标准,列入定额。

2. 试验法

试验法是指在材料试验室中进行试验和测定数据的方法。例如:以各种原材料为变量因素,求得不同标号混凝土的配合比,从而计算出每立方米混凝土的各种材料耗用量。

试验法的不足之处是不能取得施工现场实际条件下的多种客观因素对材料耗用量的影响因此,在最终确定材料消耗量时还要进行具体分析。

3. 统计法

统计法是以现场积累的分部分项工程拨付材料数量、剩余材料数量以及总共完成产品数量的统计资料为基础,经过分析,计算出单位产品的材料消耗标准的方法。

4. 计算法

计算法是根据施工图直接计算材料耗用量的方法。但理论计算法只能算出单位产品的材料净用量,材料的损耗量仍要在现场通过实测取得。二者之和构成材料的总消耗量。

用计算法确定材料消耗定额举例如下:

（1）计算每 $1m^3$ 标准砖不同墙厚的砖和砂浆的材料消耗量

标准砖墙的计算厚度见表 4-3。

标准砖墙的计算厚度 表 4-3

墙厚砖数	$\frac{1}{2}$	$\frac{3}{4}$	1	$1\frac{1}{2}$	2
墙厚（m）	0.115	0.18	0.24	0.365	0.49

计算公式如下:

$$砖净用量（块）=\frac{2\times墙厚砖数}{墙厚\times（砖长+灰缝）（砖厚+灰缝）} \qquad (4-10)$$

$$砂浆净用量（m^3）=1-砖净用量\times每块转体积 \qquad (4-11)$$

$$砖消耗量=砖净用量\times（1+砖损耗率） \qquad (4-12)$$

$$砂浆消耗量=砂浆净用量\times（1+砂浆损耗率） \qquad (4-13)$$

$$每块标准砖体积=长\times宽\times厚=0.24\times0.115\times0.053=0.0014628（m^3）$$

$$灰缝厚=10（mm）$$

【例 4-1】 计算 $1m^3$ 一砖半厚的标准砖墙的砖和砂浆的消耗量（标准砖和砂浆的损耗率均为 1%）。

解:

$$砖净用量=\frac{2\times1.5}{0.365\times（0.24+0.01）（0.053+0.01）}=521.8（块）$$

$$砂浆净用量=1-521.8\times0.0014628=0.237m^3$$

砖消耗量 $=521.8 \times (1 + 1\%) = 527 (块)$

砂浆消耗量 $= 0.237 \times (1 + 1\%) = 0.239 (m^3)$

（2）$100m^2$ 块料面层材料消耗量的计算

块料面层一般指瓷砖、地面砖、墙面砖、大理石、花岗岩等。通常以 $100m^2$ 为计量单位,其计算公式为:

$$面层净用量 = \frac{100}{(块料长 + 灰缝)(块料宽 + 灰缝)} \tag{4-14}$$

$$面层消耗量 = 面层净用量 \times (1 + 损耗率)$$

【例4-2】 某工程有 $300m^2$ 地面砖,规格为 $150mm \times 150mm$,灰缝为 $1mm$,损耗率为 1.5%,试计算 $300m^2$ 地面砖的消耗量是多少?

解: $100m^2$ 地面砖净用量 $= \dfrac{100}{(0.15 + 0.001)(0.15 + 0.001)} \approx 4386 (块)$

$100m^2$ 地面砖消耗量 $= 4386 \times (1 + 1.5\%) = 4452 (块)$

$300m^2$ 地面砖消耗量 $= 3 \times 4452 = 13356 (块)$

（二）周转性材料消耗量的计算

周转性材料,是指在施工过程中不是一次性消耗的,而是可多次周转使用,经过修理、补充才逐渐耗尽的材料。如:模板、脚手架、临时支撑等。

周转性材料在单位合格产品生产中的损耗量,称为摊销量。计算方法介绍如下:

1. 一次使用量

周转材料的一次使用量是根据施工图计算得出的。它与各分部分项工程的名称、部位、施工工艺和施工方法有关。例如:钢筋混凝土模板的一次使用量计算公式为:

$$一次使用量 = 1m^3 构件模板接触面积 \times 1m^2 接触面积模板用量 \times (1 + 制作损耗率)$$

$$\tag{4-15}$$

2. 损耗率

又称补损率,是指周转性材料使用一次后,因损坏不能再次使用的数量占一次使用量的百分数。

3. 周转次数

是指周转性材料从第一次使用起可重复使用的次数。

影响周转次数的因素主要有材料的坚固程度、材料的使用寿命、材料服务的工程对象、施工方法及操作技术以及对材料的管理、保养等。一般情况下,金属模板、脚手架的周转次数可达数十次,木模板的周转次数在 5 次左右。

4. 周转使用量

周转使用量是指周转性材料每完成一次生产时所需材料的平均数量。

$$周转使用量 = \frac{一次使用量 + 一次使用量 \times (周转次数 - 1) \times 损耗率}{周转次数}$$

$$= 一次使用量 \times \left[\frac{1 + (周转次数 - 1) \times 损耗率}{周转次数}\right] \tag{4-16}$$

5. 周转回收量

周转回收量是指周转材料在一定的周转次数下,平均每周转一次可以回收的数量。

$$周转回收量 = \frac{一次使用量 - 一次使用量 \times 损耗率}{周转次数}$$

$$= 一次使用量 \times \left[\frac{1 - 损耗率}{周转次数}\right] \quad (4-17)$$

6. 周转材料摊销量

1）现浇混凝土结构的模板摊销量的计算

$$摊销量 = 周转使用量 - 周转回收量 \quad (4-18)$$

【例 4-3】 某工程现浇钢筋混凝土独立基础，1m³ 独立基础的模板接触面积为 3.2m²，每平方米模板接触面积需用板材 0.084m²，制作损耗率为 2%，模板周转 5 次，每次周转损耗率为 16.6%，计算该基础模板的周转使用量、回收量和施工定额摊销量。

解：一次使用量 $= 3.2 \times 0.084 \times (1 + 2\%) = 0.274 (m^3)$

$$周转使用量 = 0.274 \times \frac{1 + (5 - 1) \times 16.6\%}{5} = 0.091 (m^3)$$

$$回收量 = 0.274 \times \frac{1 - 16.6\%}{5} = 0.046 (m^3)$$

施工定额摊销量 $= 0.091 - 0.046 = 0.045 (m^3)$

2）预制混凝土结构的模板摊销量的计算

预制钢筋混凝土构件模板虽然也多次使用反复周转，但与现浇构件模板的计算方法不同，预制构件是按多次使用平均摊销的计算方法，不计算每次周转损耗率。因此，计算预制构件模板摊销量时，只需确定其周转次数，按图纸计算出模板一次使用量后，摊销量按下式计算：

$$摊销量 = \frac{一次使用量}{周转次数} \quad (4-19)$$

【例 4-4】 预制 0.5m³ 内钢筋混凝土柱，每 10m³ 模板一次使用量为 10.20m³，周转 25 次，计算摊销量。

解：摊销量 $= \frac{10.20}{25} = 0.408 (m^3)$

第四节　机械台班消耗定额

一、机械台班消耗定额概念

机械台班消耗定额，是指在正常施工条件、合理劳动组织和合理使用机械的条件下，完成单位合格产品所必须消耗机械台班数量的标准，简称机械台班定额。

机械台班定额以台班为单位，每一个台班按 8h 计算。

二、机械台班定额的表现形式

机械台班定额按其表现形式不同，可分为机械时间定额和机械产量定额。

（一）机械时间定额

机械时间定额是指在正常施工条件下、合理劳动组织和合理使用机械的条件下，完成单位合格产品所必须消耗的台班数量。用公式表示如下：

$$机械时间定额 = \frac{1}{机械台班产量定额} \quad (4\text{-}20)$$

（二）机械产量定额

机械时间定额是指在正常施工条件下、合理劳动组织和合理使用机械的条件下，单位时间内完成单位合格产品的数量。用公式表示如下：

$$机械产量定额 = \frac{1}{机械台班时间定额} \quad (4\text{-}21)$$

（三）机械台班人工配合定额

由于机械必须由工人小组配合，机械台班人工配合定额是指机械台班配合用工部分，即机械台班劳动定额。其表现形式为：机械台班工人小组的人工时间定额和完成合格产品数量，即：

$$单位产品的时间定额（工日） = \frac{小组成员班组总工日数}{每台班产量} \quad (4\text{-}22)$$

$$机械台班产量定额 = \frac{每台班产量}{班组总工日数} \quad (4\text{-}23)$$

第五节　施工定额的内容

现以北京地区现行的 1993 年颁发的《北京市建筑工程施工预算定额》为例，此定额属于施工定额范畴，是施工定额的一种形式。主要内容由三部分组成。

(1)文字说明部分。文字说明部分又分为总说明、分册(章)说明和分节说明三种。

总说明的基本内容包括定额编制依据、编制原则、用途、适用范围等。

分册说明的基本内容包括分册定额项目、工作内容、施工方法、质量要求、工程量计算规则、有关规定及说明等。

分节说明的主要内容有工作内容、质量要求、施工说明等。

(2)分节定额部分。它包括定额的文字说明、定额项目表和附注。文字说明上面已作介绍。

定额项目表是定额中的核心部分。表 4-4 所示是 1993 年《北京市建筑工程施工预算定额》中的砖石工程部分。

砖　石　工　程　　　　　　　　　　　　　　　表 4-4

定额编号	项目		单位	预算价值（元）	其中			预算用工（工日）	主要材料、机械			劳动定额 综合
					人工费（元）	材料费（元）	机械费（元）		红机砖（块）	M2.5 混合砂浆（m³）	1:3 水泥砂浆（m³）	
									0.23	(97.09)	172.12	
6-1	砌	基础	m³	159.03	16.63	142.40	—	1.183	507	0.26	—	1.088 / 0.919
6-2		外墙	m³	165.53	22.19	143.34	—	1.578	510	0.26	—	1.351 / 0.74
6-3	砖	内墙	m³	163.66	20.32	143.34	—	1.445	510	0.26	—	1.233 / 0.811

40

定额编号	项目		单位	施工预算								劳动定额
				预算价值（元）	其中			预算用工（工日）	主要材料、机械			综合
					人工费（元）	材料费（元）	机械费（元）		红机砖（块）	M2.5 混合砂浆（m³）	1:3 水泥砂浆（m³）	
									0.23	(97.09)	172.12	
6-4	砌砖	圆弧形墙	m³	167.13	23.79	143.34	—	1.692	510	0.26	—	1.441 / 0.694
6-5		1/2 砖墙	m³	175.85	30.62	145.23	—	2.178	535	0.22	—	1.86 / 0.538
6-6		1/4 砖墙	m³	213.76	59.85	153.91	—	4.257	602	0.15	—	3.772 / 0.265
6-7		1/2 保护墙	m³	26.90	2.85	24.05	—	0.203	63	—	0.055	0.069 / 5.926

（3）附录。附录一般放在定额分册说明之后,包括有名词解释、图示及有关参考资料。例如,材料消耗计算附表,砂浆、混凝土配合比表等。

复习思考题

1. 什么是施工定额?

2. 施工定额是由哪几个部分组成?

3. 施工定额的作用是什么?

4. 什么是劳动定额? 其表示形式有哪几种? 相互之间有何关系?

5. 定额时间由哪几个部分组成? 各部分包括哪些内容?

6. 制定劳动定额的方法有哪几种?

7. 什么是材料消耗定额? 其作用是什么?

8. 材料消耗定额由哪几部分组成?

9. 材料消耗定额的制定方法有哪几种?

10. 什么是机械台班消耗定额?

11. 机械台班定额的表现形式哪几种?

第五章　预算定额

第一节　预算定额概述

一、预算定额的概念

建筑工程预算定额简称预算定额,是指在正常合理的施工条件下,规定完成一定计量单位的分项工程或结构构件所必需的人工、材料和施工机械台班消耗的数量标准。

二、预算定额与施工定额的区别

预算定额是以施工定额为基础编制而成的,但这两种定额是不同的。它们的主要区别是:

（1）预算定额与施工定额的性质不同,预算定额不是企业内部使用的定额,不具有企业定额的性质,预算定额是一种计价定额,是编制施工图预算、标底、投标报价、工程结算的依据。

（2）施工定额作为企业定额,要求采用平均先进水平,而预算定额作为计价定额,要求采用社会平均水平。因此,在一般情况下,预算定额水平要比施工定额水平低 10% ~ 15% 。

（3）预算定额比施工定额综合的内容要更多一些。预算定额不仅包括了为完成该分项工程或结构构件的全部工序,而且还考虑了施工定额中未包含的内容,如:施工过程之间对前一道工序进行检验,对后一道工序进行准备的组织间歇时间、零星用工,材料在现场内的超运距用工等。

三、预算定额的作用

（1）是编制施工图预算、确定工程造价的依据;

（2）是编制单位估价表的依据;

（3）是施工企业编制人工、材料、机械台班需要量计划,考核工程成本,实行经济核算的依据;

（4）是建设工程招标投标中确定标底及投标报价,签订工程合同的依据;

（5）是建设单位和建设银行拨付工程价款和编制工程结算的依据;

（6）是编制概算定额与概算指标的基础。

第二节　人工、材料、机械台班消耗量的确定

一、预算定额人工消耗量的确定

预算定额中的人工消耗量(定额人工工日)是指完成某一计量单位的分项工程或结构构件所需的各种用工量的总和。定额人工工日不分工种、技术等级一律以综合工日表示。内容

包括基本用工、辅助用工、超运距用工和人工幅度差。

（一）基本用工

指完成某一计量单位的分项工程或结构构件所需的主要用工量。按综合取定的工程量和施工劳动定额进行计算。

$$基本用工工日数量 = \sum(工序工程量 \times 时间定额) \tag{5-1}$$

（二）辅助用工

指劳动定额中未包括的各种辅助工序用工，如材料加工等的用工。

$$辅助用工工日数量 = \sum(加工材料数量 \times 时间定额) \tag{5-2}$$

（三）超运距用工

指预算定额取定的材料、成品、半成品等运距超过劳动定额规定的运距应增加的用工量。

$$超运距 = 预算定额规定的运距 - 劳动定额规定的运距 \tag{5-3}$$

$$超运距用工数量 = \sum(超运距材料数量 \times 时间定额) \tag{5-4}$$

（四）人工幅度差

人工幅度差是指在劳动定额时间未包括而在预算定额中应考虑的在正常施工条件下所发生的无法计算的各种工时消耗。一般包括：

（1）工序交叉、搭接停歇的时间损失；

（2）机械临时维修、小修、移动等不可避免的影响时间损失；

（3）工程检验影响的时间损失；

（4）施工收尾及工作面小影响工效的时间损失；

（5）施工用水、电管线移动影响的时间损失；

（6）工程完工、工作面转移造成的时间损失；

（7）施工中难以预料的少量零星用工。

人工幅度差的计算方法是：

$$人工幅度差 = (基本用工 + 辅助用工 + 超运距用工) \times 人工幅度差系数 \tag{5-5}$$

国家现行规定的人工幅度差系数为 $10\% \sim 15\%$。

二、材料消耗指标的确定

（一）材料分类

预算定额内的材料，按其使用性质、用途和用量大小划分为 4 类，即：

（1）主要材料：是指直接构成工程实体的材料，其中也包括成品、半成品的材料。

（2）辅助材料：也是指直接构成工程实体，但使用量较小的一些材料，如垫木、钉子、铅丝等。

（3）周转性材料：施工中多次使用但并不构成工程实体的材料。如模板、脚手架等。

（4）次要材料：指用量小，价值不大，不便计算的零星用材料，如棉纱、编号用的油漆等。

（二）材料消耗指标的确定方法

建筑工程预算定额中的主要材料、成品或半成品的消耗量，应以施工定额的材料消耗定额为计算基础。应计算出材料的净用量，然后确定材料的损耗率，最后计算出材料的消耗量，并结合测定的资料，综合确定出材料消耗指标。如果某些材料成品或半成品没有材料消耗定额时，则应选择有代表性的施工图样，通过分析、计算，求得材料消耗指标。

1. 非周转性材料消耗指标

材料施工损耗量一般测定起来比较繁锁,为简便起见,多根据已往测定的材料施工(包括操作和运输)损耗率来进行计算。一般可按下式进行计算:

$$非周转性材料消耗量 = 材料净用量 + 材料损耗量$$
$$= 材料净用量 × (1 + 材料损耗率) \tag{5-6}$$

式中:材料净用量——一般可按材料消耗净定额或采用观察法、试验法和计算法确定;

材料损耗量——一般可按材料损耗定额或采用观察法、试验法和计算法确定;

材料损耗率——材料损耗量与净用量的百分比,即:

$$材料损耗率 = 损耗量/净用量 × 100\% \tag{5-7}$$

2. 周转性材料消耗量的确定

在预算定额中,周转性材料消耗指标分别用一次使用量和摊销量两个指标表示。一次使用量是指模板在不重复使用的条件下的一次使用量,一般供建设单位和施工企业申请备料和编制施工作业计划之用。摊销量是按照多次使用,分次摊销的方法计算,定额表中规定的数量是使用一次应摊销的实物量。

周转性材料摊销量,一般可按下式进行计算:

$$摊销量 = 周转使用量 - 回收量 × \frac{回收折价率}{1 + 间接费率} \tag{5-8}$$

其中,周转使用量和回收量的计算同施工定额。

三、机械台班消耗指标的确定

(1)预算定额机械台班消耗指标,应根据全国统一劳动定额中的机械台班产量编制。

(2)以手工操作为主的工人班组所配备的施工机械,如砂浆、混凝土搅拌机、垂直运输用塔式起重机,为小组配用,应以小组产量计算机械台班。

$$分项定额机械台班使用量 = 预算定额项目计量单位值/小组总产量 \tag{5-9}$$
$$小组总产量 = 小组总人数 × \sum(分项计算取定的比重 × 劳动定额每工综合产量) \tag{5-10}$$

(3)机械化施工过程,如机械化土石方工程、机械打桩工程、机械化运输及吊装工程所用的大型机械及其他专用机械,应在劳动定额中的台班定额的基础上另加机械幅度差。

机械幅度差:机械幅度差是指在劳动定额(机械台班量)中未曾包括的,而机械在合理的施工组织条件下所必须的停歇时间。在编制预算定额时应予以考虑。其内容包括:

①施工机械转移工作面及配套机械互相影响损失的时间;

②在正常的施工情况下,机械施工中不可避免的工序间歇;

③检查工程质量影响机械操作的时间;

④临时水、电线路在施工中移动位置所发生的机械停歇时间;

⑤工程结尾时,工作量不饱满所损失的时间。

$$分项定额机械台班使用量 = 预算定额项目计量单位值/机械台班产量 × 机械幅度差系数 \tag{5-11}$$

机械幅度差用机械幅度差系数表示,见表5-1。

序　号	项　目	机械幅度差系数(%)	序　号	项　目	机械幅度差系数(%)
1	机械土方	25	4	构件运输	25
2	机械石方	33	5	构件安装:起重机机械及电焊机	30
3	机械打桩	33			

第三节　人工、材料、机械预算价格的确定

一、人工预算价格的确定

人工预算价格也称人工工日单价或定额工资单价,是指一个建筑安装工人一个工作日在预算中应记入的全部人工费用。它基本上反映了建筑安装工人的工资水平和一个工人在一个工作日中可以得到的报酬。

定额工资单价以前是按 1980 年国家建工总局制定的一级工资标准和工资等级系数进行计算确定。2001 年国家对工资制度做了调整和改革,各省市根据这一精神,参照地区历史发展和经济状况,确定了基本工资和补贴的计算方法。

定额工资单价包括了基本工资、辅助工资、工资性质津贴、职工福利费、交通补助和劳动保护费等。

$$定额工资单价 = 基本工资 + 辅助工资 + 工资性质津贴 +$$
$$职工福利费 + 交通补助 + 劳动保护费 \qquad (5-12)$$

（一）基本工资

是根据建设部建人(1992)680 文《全民所有制大中型建筑安装企业的岗位技能工资制试行方案》和《全民所有制大中型建筑安装企业试行岗位技能工资制有关问题的意见》,按岗位工资加技能工资计算的发放生产工人的基本工资。

（二）辅助工资

是指生产工人年有效施工天数以外非作业天数的工资,包括职工学习、培训期间的工资,调动工作、探亲、休假期间的工资,因气候影响的停工工资,女工哺乳时间的工资,病假在 6 个月以内的工资及产、婚、丧假期的工资。

（三）工资性质津贴

是指按规定标准发放的物价补贴,如煤、燃气补贴,住房补贴,流动施工津贴,地区津贴等。

（四）职工福利费

是指按规定标准计提的职工福利费。

（五）交通补助和劳动保护费

是指按规定标准发放的交通费补助,劳动保护用品的购置费及修理费,徒工服装补贴,防暑降温费,以及在有碍身体健康环境中施工的保健费用等。

二、材料预算价格的确定

（一）材料预算价格的含义

材料预算价格是指材料(包括构件、成品及半成品)由来源地或交货点到达工地仓库或

施工现场指定堆放点后的出库价格。它由材料原价、供销部门手续费、包装费、采购保管费组成。

（二）材料预算价格的组成内容

1. 材料原价

材料原价是指材料出厂价、市场采购价或进口材料价。在编制材料预算价格时，尤其是编制地区材料预算价格时，由于要考虑材料的不同供应渠道不同来源地的不同原价，材料原价可以根据供应数量比例，按加权平均方法计算，计算公式如下：

$$\bar{P} = \frac{\sum\limits_{i=1}^{n} P_i Q_i}{\sum\limits_{i=1}^{n} Q_i} \qquad (5\text{-}13)$$

式中：$\bar{P}$——加权平均材料原价；

P_i——各来源地材料原价；

Q_i——各来源地材料数量或占总供应量的百分比。

【例5-1】某工地所需标准砖，由甲、乙、丙三地供应，数量如表5-2所示。

表5-2

货源地	数量（千块）	出厂价（元/千块）
甲地	800	150.00
乙地	1600	156.00
丙地	500	154.00

求标准砖的加权平均原价。

解：$\bar{P} = \dfrac{150 \times 800 + 156 \times 1600 + 154 \times 500}{800 + 1600 + 500} = 154.00$（元/千块）

2. 材料供销部门手续费

材料供销部门手续费是指购买材料的单位不能直接向生产厂家采购、订货，必须经过物资供销部门供应时所支付的手续费。

供销部门手续费包括材料入库、出库、管理和进货运杂费等。

计算公式：

$$供销部门手续费 = 材料原价 \times 手续费率 \qquad (5\text{-}14)$$

3. 材料包装费

材料包装费是指为了便于储运材料，保护材料，使材料不受损失而发生的包装费用，主要指耗用包装品的价值和包装费用。

此外，还需考虑扣除包装品的回收价值。

1）材料包装费计算公式

$$材料包装费 = 发生包装品的数量 \times 包装品单价 \qquad (5\text{-}15)$$

2）包装品回收价值的确定

$$包装品的回收价值 = 材料包装费 \times 包装品回收率 \times 包装品残值率 \qquad (5\text{-}16)$$

当确定包装品的回收率和残值率时，如地区有规定，按规定计算；若地区没有规定，可根据实际情况，参照以下比率确定：

（1）用木材制品包装，回收率70%，残值率20%。

（2）用铁皮、铁丝制品包装：

铁桶回收率95%，残值率50%；

铁皮回收率50%，残值率50%；

铁丝回收率20%，残值率50%。

（3）用纸皮、纤维品包装时，回收率60%，残值率50%。

（4）用草绳、草袋制品包装，不计算回收价值。

【例5-2】 乳胶漆用塑料桶包装，每吨用20个桶，每个桶的单价20.50元，回收率80%，残值率65%，试计算每吨乳胶漆的包装费、包装品回收价值。

解：（1）计算发生的包装费

$$乳胶漆包装费 = 20 \times 20.50 = 410.00（元/t）$$

（2）计算包装品回收价值

$$包装品回收价值 = 410.00 \times 80\% \times 65\% = 213.2（元/t）$$

4. 运杂费

材料运杂费是指材料由其来源地运至工地仓库或堆放场地后的全部运输过程中所支出的一切费用。包括车、船等的运输费、调车费或驳船费、装卸费及合理的运输损耗等。

调车费是指机车到非公用装货地点装货时的调车费用。

装卸费是指火车、汽车、轮船出入仓库时的搬运费。

材料运输损耗是指材料在运输、搬运过程中发生的合理（定额）损耗。

属于材料预算价格的运杂费和有关费用只能算到运至工地仓库后的全部费用。从工地仓库或堆置场地运到施工地点的各种费用应该包括在预算定额的原材料运输费中，或者计入材料二次搬运费中。

1）加权平均运费的计算

编制地区材料预算价格时，材料来源地的确定，应该贯彻就地、就近取材的原则，要根据物资合理分布情况和历年来物资实际分配情况来确定。当同一种材料有几个货源地时，应按各货源地供应的数量比例和运费单价，计算加权平均运费。

计算公式：

$$\bar{P} = \frac{\sum\limits_{i=1}^{n} P_i Q_i}{\sum\limits_{i=1}^{n} Q_i} \tag{5-17}$$

式中：$\bar{P}$——加权平均运费；

P_i——各来源地材料运输单价；

Q_i——各来源地材料供应量或占总供应量的百分比。

其他调车费或驳船费、装卸费计算方法与运输费相同。

2）材料运输损耗费的计算

材料运输损耗是指材料在运输、装卸和搬运过程中的合理损耗。一般按照有关部门规定的损耗率来确定，表5-3为部分材料损耗率参考表。

计算公式：

材料运输损耗费 =（材料加权平均原价 + 供销部门手续费 + 包装费 + 运费 +

调车费或驳船费 + 装卸费）× 运输损耗率 (5-18)

序号	材料名称	损失率（%）	序号	材料名称	损失率（%）
1	标准砖、空心砖	2	16	人造石及天然石制品	0.5
2	粘土瓦、脊瓦	2.5	17	陶瓷器具	1.0
3	水泥瓦、脊瓦	2.5	18	白石子	1.0
4	水泥	散2.0 袋1.5	19	石棉瓦	1.0
5	粗（细）砂	2.0	20	灯具	0.5
6	碎石	1.0	21	煤	1.0
7	玻璃及制品	3.0	22	耐火石	1.5
8	沥青	0.5	23	石膏制品	2.0
9	轻质、加气混凝土块	2.0	24	炉（水）渣	1.0
10	陶土管	1.0	25	混凝土管	0.5
11	耐火砖	0.5	26	白灰	1.5
12	缸砖、水泥砖	0.5	27	石屑、石粉	2.0
13	瓷砖、小瓷砖	1.0	28	石棉粉	0.5
14	蛭石及制品	1.5	29	耐火碎砖沫	2.0
15	珍珠岩及制品	1.5	30	石棉制品	0.5

3）材料运杂费计算

材料运杂费 = 运费 + 调车费或驳船费 + 装卸费 + 材料运输损耗费   （5-19）

5. 材料采购及保管费

材料采购及保管费是指材料供应部门在组织采购、供应和保管材料过程中所发生的各项费用。

计算公式：

材料采购及保管费 =（加权平均原价 + 供销部门手续费 + 包装费 + 运杂费）×

采购及保管费率   （5-20）

采购及保管费率综合取定值一般为2.5%。各地区可根据实际情况来确定。

6. 材料预算价格综合计算

材料预算价格 =（材料原价 + 供销部门手续费 + 包装费 + 运杂费）×

（1 + 采购保管费率）– 包装品回收价值   （5-21）

【例5-3】根据表5-4资料计算某种涂料的材料预算价格。

表5-4

货源地	数量（kg）	出厂价（元/kg）	运费（元/kg）	装卸费（元/kg）	运输损耗率（%）	供销部门手续费率（%）	采购及保管费率（%）
甲地	2000	25.00	1.5	0.8	2.0	3	2.5
乙地	500	27.50	1.2	0.7	2.0	3	2.5
丙地	1000	26.00	1.4	0.6	2.0	3	2.5

采用塑料桶包装，每桶装20kg，每个桶单价10元，回收率80%，残值率60%。

解：（1）加权平均原价

$$\bar{P} = \frac{25.00 \times 2000 + 27.50 \times 500 + 26.00 \times 1000}{2000 + 500 + 1000} = 25.64（元/kg）$$

48

（2）供销部门手续费 $= 25.64 \times 3\% = 0.77$（元/kg）

（3）包装费 $= 10.00/20 = 0.50$（元/kg）

包装品回收价值 $= 0.5 \times 0.8 \times 0.6 = 0.24$（元/kg）

（4）运杂费

①运费 $= \dfrac{1.5 \times 2000 + 1.2 \times 500 + 1.4 \times 1000}{2000 + 500 + 1000} = 1.43$（元/kg）

②装卸费 $= \dfrac{0.8 \times 2000 + 0.7 \times 500 + 0.6 \times 1000}{2000 + 500 + 1000} = 0.73$（元/kg）

③材料运输损耗费 $= (25.64 + 0.77 + 0.50 + 1.43 + 0.73) \times 2\% = 0.58$（元/kg）

材料运杂费 $= 1.43 + 0.73 + 0.58 = 2.74$（元/kg）

（5）该涂料材料预算价格 $= (25.64 + 0.77 + 0.50 + 2.74) \times (1 + 2.5\%) - 0.24 = 30.15$（元/kg）

答：该涂料的材料预算价格为 30.15 元/kg。

【例 5-4】 某地方材料，经货源调查后确定，甲地可以供货 20%，原价 93.50 元/t；乙地可供货 30%，原价 91.20 元/t；丙地可以供货 15%，原价 94.80 元/t；丁地可以供货 35%，原价 90.80 元/t。甲乙两地为水路运输，甲地运距 103km，乙地运距 115km，运费 0.35 元/（km·t），装卸费 3.4 元/t，驳船费 2.5 元/t，途中损耗 3%；丙丁两地为汽车运输，运距分别为 62km 和 68km，运费 0.45 元/（km·t），装卸费 3.6 元/t，调车费 2.8 元/t，途中损耗 2.5%。材料包装费均为 10 元/t，采购保管费率 2.5%，计算该材料的预算价格。

解：（1）加权平均原价 $= 93.50 \times 0.2 + 91.20 \times 0.3 + 94.80 \times 0.15 + 90.80 \times 0.35 = 92.06$（元/t）

（2）地方材料直接从厂家采购，不计供销部门手续费

（3）包装费 10（元/t）

（4）运杂费

①运费 $= (0.2 \times 103 + 0.3 \times 115) \times 0.35 + (0.15 \times 62 + 0.35 \times 68) \times 0.45 = 34.18$（元/t）

②装卸费 $= (0.2 + 0.3) \times 3.4 + (0.15 + 0.35) \times 3.6 = 3.5$（元/t）

③调车驳船费 $= (0.2 + 0.3) \times 2.5 + (0.15 + 0.35) \times 2.8 = 2.65$（元/t）

④加权平均途耗率 $= (0.2 + 0.3) \times 3\% + (0.15 + 0.35) \times 2.5\% = 2.75\%$

材料运输损耗费 $= (92.06 + 10 + 34.18 + 3.5 + 2.65) \times 2.75\% = 3.92$（元/t）

材料运杂费 $= 34.18 + 3.5 + 2.65 + 3.92 = 44.25$（元/t）

（5）该地方材料预算价格 $= (92.06 + 10 + 44.25) \times (1 + 2.5\%) = 149.97$（元/t）

答：该地方材料的预算价格为 149.97（元/t）。

另外，也可以将上述材料预算价格中的 5 项费用划分为 3 项：

①供应价格：材料、设备在本市的销售价格，包括出厂价、包装费以及由产地运至本市或由生产厂运至供销部门仓库的运杂费和供销部门的手续费。

$$供应价格 = 材料原价 + 供销部门手续费 + 包装费 + 外埠运费 \qquad (5\text{-}22)$$

②市内运费：自本市生产厂或供销部门仓库运至施工现场或施工单位指定地点的运杂费；由外埠采购的材料、设备自本市车站（到货站）运至施工现场或施工单位指定地点的运杂费。

表 5-5 选自 1996 年《北京市建筑工程材料预算价格》第一册附录建筑材料市内运费。

序号	材料类别	范　围	计取单位	市内运费
01	黑色及有色金属	全章	t	45.00
02	水泥及水泥制品	其中:水泥	t	25.00
		加气混凝土砌块、板,泡沫水泥砖	m³	13.00
		其他诸项	供应价格	15%
03	木材	其中:原木,厚板	m³	25.00
		其他诸项	供应价格	2.5%
04	玻璃	全章	供应价格	3%
05	砖、瓦、灰、砂、石	其中:机制红、蓝砖,瓦	千块	50.00
		非承重粘土空心砖	千块	225.00
		承重粘土空心砖	千块	110.00
		陶粒、水泥、炉渣空心砖,粘土珍珠岩砖	m³	35.00
		石棉水泥瓦、脊瓦,玻璃钢波形瓦、脊瓦,透明尼龙瓦	供应价格	4%

③采购及保管费 =（供应价格 + 市内运费）× 采购及保管费率　　　　　（5-23）

表 5-6 选自北京市《建筑工程材料预算价格》中部分材料供应价格与预算价格,其中:

材料预算价格 = 供应价格 + 市内运费 + 采购及保管费　　　　　（5-24）

北京市《建筑工程材料预算价格》中部分材料供应价格与预算价格　表 5-6

序　号	物资名称	规格及特征（mm）	计量单位	供应价格（元）	预算价格（元）
0100001	碳素结构圆（方）钢	直径 5.5 ~ 9		2700.00	2814.00
0100002	碳素结构圆（方）钢	直径 10 ~ 14		2750.00	2865.00
0100003	碳素结构圆（方）钢	直径 15 ~ 24		2780.00	2896.00
0100004	碳素结构圆（方）钢	直径 25 ~ 36		2680.00	2793.00
0100005	碳素结构圆（方）钢	直径 38 以上		2630.00	2742.00
0100006	优质碳素结构圆（方）钢	钢号 08 ~ 70　边长 8 ~ 14		2760.00	2875.00
0100007	优质碳素结构圆（方）钢	钢号 08 ~ 70　边长 15 ~ 32	t	2620.00	2732.00
0100008	优质碳素结构圆（方）钢	钢号 08 ~ 70　边长 32 以上		2510.00	2619.00
0100009	合金结构圆（方）钢	钢号 40 ~ 50　8 ~ 28		3980.00	4126.00
0100010	合金结构圆（方）钢	钢号 40 ~ 50　28 以上		3840.00	3982.00
0100011	冷拔钢丝	4 ~ 5		4690.00	4853.00
0100012	钢绞线	普通		6600.00	6811.00
0100013	钢绞线	低松弛		7600.00	7836.00
0400001	平板玻璃	厚度 2		13.00	13.72
0400002	平板玻璃	厚度 3		16.00	16.89
0400003	平板玻璃	厚度 4		22.00	23.23
0400004	平板玻璃	厚度 5		27.00	28.51
0400005	平板玻璃	厚度 6		36.00	38.01

序号	物资名称	规格及特征 （mm）	计量 单位	供应价格 （元）	预算价格 （元）
0400006	磨砂玻璃	厚度2		17.00	17.95
0400007	磨砂玻璃	厚度3	m²	30.00	31.67
0400008	磨砂玻璃	厚度4		37.00	39.06
0400009	磨砂玻璃	厚度5		45.00	47.51
0400010	磨砂玻璃	厚度6		55.00	58.07
0400011	浮法玻璃	厚度3		23.00	24.28
0400012	浮法玻璃	厚度4		30.00	31.67
0400013	浮法玻璃	厚度5		38.00	40.12

【例5-5】 求直径10~14mm的碳素结构圆（方）钢的预算价格。

解： 查表5-5、表5-6，得：

$$供应价格 = 2750（元/t）$$

$$市内运费 = 45（元/t）$$

$$采购及保管费 = (2750 + 45) \times 2.5\% = 69.88（元/t）$$

$$材料预算价格 = 供应价格 + 市内运费 + 采购及保管费$$

$$= 2750 + 45 + 69.88$$

$$= 2865（元/t）$$

【例5-6】 求5mm的浮法玻璃预算价格。

解： 查表5-5、表5-6，得：

$$供应价格 = 38.00（元/m^3）$$

$$市内运费 = 供应价格 \times 3\% = 38 \times 3\% = 1.14（元/m^2）$$

$$采购及保管费 = (38 + 1.14) \times 2.5\% = 0.98（元/m^2）$$

$$预算价格 = 供应价格 + 市内运费 + 采购及保管费$$

$$= 38.00 + 1.14 + 0.98 = 40.12（元/m^2）$$

（三）进口材料、设备预算价格的组成

建设单位或设计单位指定使用进口材料或设备时，应依据其到岸期完税后的外汇牌价折算为人民币价格，另加运至本市的运杂费、市内运杂费和2.5%的采购及保管费组成预算价格。

进口材料、设备预算价格的计算公式为：

$$M = A + B \tag{5-25}$$

$$N = (M + C) \times 1.025 \tag{5-26}$$

式中：M——进口材料、设备供应价格；

N——进口材料、设备预算价格；

A——材料、设备到岸期完税后的外汇牌价折成人民币价格；

B——实际发生的外埠运杂费；

C——实际发生的市内运杂费。

对于材料预算价格中缺项的材料、设备,应按实际供应价格(含实际发生的外埠运杂费),加市内运杂费及采购保管费,组成补充预算价格。

三、施工机械台班预算价格的确定

（一）概念

施工机械台班预算价格亦称施工机械台班使用费。它是指在单位工作台班中为使机械正常运转所分摊和支出的各项费用。

（二）机械台班预算价格的组成

机械台班预算价格按建设部建标(1994)449 号文颁发的《全国统一施工机械台班费用定额》的规定,由八项费用组成。这些费用按其性质划分为第一类费用和第二类费用。

（1）第一类费用。第一类费用亦称不变费用,是指属于分摊性质的费用。包括:折旧费、大修理费、经常修理费和安拆费及场外运费。

（2）第二类费用。第二类费用亦称可变费用,是指属于支出性质的费用。包括:燃料动力费、人工费、养路费及车船使用税、保险费。

（三）第一类费用的计算

1）台班折旧费

台班折旧费是指机械设备在规定的使用期限内(耐用总台班),陆续收回其原值及付贷款利息等费用。其计算公式:

$$台班折旧费 = \frac{机械预算价格 \times (1 - 残值率) + 贷款利息}{耐用总台班} \tag{5-27}$$

（1）预算价格。机械预算价格由机械出厂(或到岸完税)价格和由生产厂(销售单位交货地点或口岸)运至使用单位库房,并经过主管部门验收的全部费用组成。计算公式如下:

$$国产运输机械预算价格 = 出厂(或销售)价格 \times (1 + 购置附加费率) +$$
$$供销部门手续费 + 一次运费 \tag{5-28}$$

（2）残值率。残值率是指机械报废时其回收残余价值占原值的比率。国家规定的残值率在 3% ~5% 范围内。

（3）耐用总台班是指机械设备从开始投入使用至报废前所使用的总台班数。

$$耐用总台班 = 大修理间隔台班 \times 大修理周期 \tag{5-29}$$

（4）贷款利息是指用于支付购置机械设备所需贷款的利息。贷款利息一般按复利计算。

【例 5-7】设 6t 载重汽车的预算价格为 98760 元,残值率为 3%,大修理间隔台班为 550个,大修理周期为 3 个,贷款利息为 20845 元,试计算台班折旧费。

解:耐用总台班 = 550 × 3 = 1650(个)

$$6t 载重汽车折旧费 = \frac{98760 \times (1 - 3\%) + 20845}{1650} = 70.69(元/台班)$$

2）大修理费

大修理费是指机械设备按规定的大修理间隔台班进行必要的大修理,以恢复正常使用功能所需的费用。计算公式如下:

$$台班大修理费 = \frac{一次大修理费 \times (大修理周期 - 1)}{耐用总台班} \tag{5-30}$$

$$大修理周期 = 寿命期大修次数 + 1 \tag{5-31}$$

【例5-8】 设6t载重汽车一次大修费为9800元,大修周期为3个,耐用总台班1650个,试计算台班大修费。

解: 台班大修费 = $9800 \times (3-1)/1650 = 11.88$(元/台班)

3)经常修理费

经常修理费是指机械设备除大修理外的各级保养及临时故障排除所需费用;为保障机械正常运转所需替换设备,随机配置的工具、附具的摊销及维护费用;机械运转及日常保养所需润滑、擦拭材料费用和机械停置期间的维护保养费用等。

$$台班经常修理费 = 大修理费 \times K_a \tag{5-32}$$

$$式中:K_a = \frac{典型机械台班经常修理费测算值}{典型机械台班大修理费测算值} \tag{5-33}$$

4)安拆费及场外运输费

(1)安拆费:是指机械在施工现场进行安装、拆卸所需的人工、材料、机械费、试运转费以及安装所需的辅助设施(机械的基础、底座、固定锚桩、行走轨道、枕木等)的折旧、搭设、拆除等费用。其计算公式为:

$$台班安拆费 = \frac{机械一次安装拆卸费 \times 每年平均安装拆卸次数}{年工作台班} \tag{5-34}$$

(2)场外运输费:是指机械整体或分件自停放场地运至施工现场或由一个工地运至另一个工地,运距25km以内的机械进出场运输及转移(机械的装卸、运输、辅助材料等)费用。其计算公式为:

$$台班场外运费 = \frac{(一次运输及装卸费 + 辅助材料一次摊销费 + 一次架线费) \times 年运输次数}{年工作台班}$$

$$\tag{5-35}$$

(四)第二类费用的计算

1)人工费

人工费是指机上司机、司炉及其他操作人员的工作日工资及上述人员在机械规定的年工作台班以外基本工资和工资性津贴,其计算公式为:

$$台班人工费 = 机上操作人员人工工日数 \times 人工工日单价 \tag{5-36}$$

2)动力燃料费

动力燃料费是指机械在运转施工作业中所耗用的电力、固体燃料(煤、木柴)、液体燃料(汽油、柴油)、水和风力等费用。其计算公式为:

$$台班动力燃料费 = 台班动力燃料消耗量 \times 动力燃料的预算单价 \tag{5-37}$$

3)养路费及车船使用税

养路费及车船使用税是指机械按国家及省、市有关规定应交纳的养路费、运输管理费、车辆年检费、牌照费和车船使用税等的台班摊销费用。其计算公式为:

$$台班养路费及车船使用税 = \frac{载重量 \times 年工作月数 \times 养路费[元/(t \cdot 月)] + 年车船使用税}{年工作台班}$$

$$\tag{5-38}$$

《全国统一施工机械台班费用定额》基础数据摘录如表5-7所示。

序号	机 械 名 称	规格	预算价格（元）	残值率（%）	使用总台班（台班）	大修间隔期（台班）	一次大修理费（元）	使用周期	K_a
1	载重汽车	6t	91649	2	1900	950	19732.06	2	5.61
2	自卸汽车	6t	151261	2	1650	825	27611.04	2	4.14
3	混凝土输送泵	10m³/h	147000	4	1120	560	22083.96	2	2.23
4	塔式起重机	8t	727650	3	3600	1200	47944.60	3	3.94
5	履带式柴油打桩机	5t	2499000	3	2700	900	189124.20	3	1.95
6	滚筒式电动混凝土搅拌机	500L	53550	4	1750	875	8228.68	2	1.95
7	电动葫芦　双速	10t	25452	4	800	400	7455.52	2	2.62
8	钢筋调直机	φ14	15735	4	1000	500	2182.81	2	2.66

第四节　单位估价表

一、单位估价表概念及基价确定

单位估价表是确定建筑安装产品直接费的文件,以建筑安装工程概预算定额规定的人工、材料、机械台班消耗量为依据,以货币形式表示分部分项工程单位概预算价值而制定的价格表。

单位估价表的基价确定(图 5-1):

$$定额基价 = 人工费 + 材料费 + 机械费 \tag{5-39}$$
$$人工费 = 概预算定额人工工日数 \times 地区相应人工预算价格 \tag{5-40}$$
$$材料费 = \sum(概预算定额材料消耗数量 \times 地区材料预算价格) \tag{5-41}$$
$$机械费 = \sum(概预算定额机械消耗数量 \times 地区相应机械台班预算价格) \tag{5-42}$$

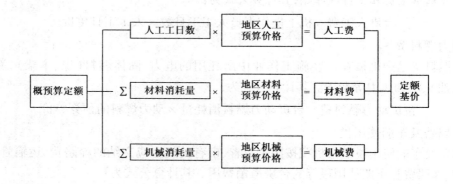

图 5-1　定额基价构成及其相互关系

二、单位估价表的编制依据

(1)现行全国统一概预算定额和本地区统一概预算定额及有关定额资料;

（2）现行地区的工资标准；

（3）现行地区材料预算价格；

（4）现行地区施工机械台班预算价格；

（5）国务院有关地区单位估价表的编制方法及其他有关规定。

三、单位估价表的编制步骤

（一）选定预算定额项目

单位估价表是针对某一地区使用而编制的，所以要选用本地区适用的定额项目（包括定额项目名称、定额消耗量和定额计量单位等），本地区不用的项目可不编入单位估价表中。本地常用预算定额中没有的项目可做补充完善，以满足使用要求。

（二）抄录预算定额人工、材料、机械台班的消耗数量

将预算定额中所选定的项目的人工、材料、机械台班消耗数量，抄录在单位估价表的分项工程相应栏目中。

（三）选择和填写单价

将地区日工资标准、材料预算价格、施工机械台班预算价格分别填入工程单价计算表中相应的单价栏内。

（四）进行基价计算

基价计算可直接在单位估价表中进行，也可通过工程单价计算表计算出各项费用后，再把结果填入单位估价表。

（五）复核与审批

将单位估价表中的数量、单价、费用等认真进行核对，以便纠正错误，汇总成册，由主管部门审批后，可出版印刷、颁发执行。

四、单位估价表与预算定额

从理论上讲，预算定额只规定单位分项工程或结构构件的人工、材料、机械台班消耗的数量标准，不用货币表示。地区单位估价表是将单位分项工程或结构构件的人工、材料、机械台班消耗量在本地区用货币形式表示，一般不列工、料、机消耗的数量标准。但实际上，为了便于进行施工图预算的编制，有些地区往往将预算定额和地区单位估价表合并。即在预算定额中不仅列出"三量"指标，同时列出"三费"指标及定额基价，还列出基价所依据的单价并在附录中列出材料预算价格表，使预算定额与地区单位估价表融为一体。

五、预算定额手册的内容

预算定额手册的内容由定额总说明、建筑面积计算规则、分部工程定额及有关的附录组成。

（一）预算定额总说明

预算定额总说明一般用来说明以下内容：

（1）预算定额的适用范围，指导思想及定额编制的目的与作用；

（2）编制定额的原则及主要依据；

（3）使用本定额必须遵守的规则及定额在编制过程中包括及未包括的内容；

（4）定额所采用的材料规格标准，允许换算的原则；

（5）各分部工程定额的共性问题统一规定及使用方法。

（二）建筑面积计算规则

建筑面积计算规则是由国家统一规定制定的，是计算工业建筑与民用建筑面积的依据。

（三）分部工程定额

分部工程定额是预算定额手册的主体部分，内容包括：

（1）分部工程定额说明。分部工程定额说明主要说明该分部工程所包括的定额项目内容，工程量的计算方法及分部工程定额内综合的内容，允许换算的界限及其他规定。

（2）分项工程定额表头说明。定额项目表表头上方说明分项工程的工作内容。

（3）定额项目表。定额项目表的主要内容包括：

①分项工程定额名称；

②分项工程定额编号；

③分项工程基价，其中包括人工费、材料费、机械费；

④人工消耗量及人工预算单价；

⑤主要材料、周转材料名称、消耗数量及预算单价，零星材料一般以其他材料形式以金额表示；

⑥主要机械的名称规格、消耗数量及预算单价，次要机械一般以其他机械费形式以金额表示。

（4）附注。在定额表的下方附注说明定额应调整的内容和方法。

（四）附录

附录是预算定额手册的有机组成部分，定额附录由四部分组成：

（1）各种不同强度等级的砂浆，混凝土的配合比；

（2）建筑机械台班费用定额；

（3）主要材料施工损耗率表；

（4）建筑材料名称、规格及预算价格表。

第五节　全国统一基础定额简介

一、基础定额的概念

根据国家计委计综合（1992）490号文的要求，建设部组织制定的《全国统一建筑工程基础定额》（土建工程）GJD—101—95和《全国统一建筑工程预算工程量计算规则》GJDGZ—101—95，已经审定，依据建设部建标（1995）736号的要求，已批准发布，并于发布之日起施行。

建筑工程基础定额是完成规定计量单位分项工程计价的人工、材料、施工机械台班消耗量标准。

建筑工程基础定额适用于工业与民用建筑的新建、扩建、改建工程；适用于海拔高程2000m以下，地震烈度7度以下地区。超过上述情况时，可结合高原地区的特殊情况和地震烈度要求,由各省、自治区、直辖市或国务院有关部门制定调整办法。

二、基础定额的性质

全国统一基础定额是完成规定计量单位分项工程计价的人工、材料、施工机械台班消耗量标准。它只有定额消耗量而没有价,是完全意义上的定额,不能直接用于编制概预算。

三、基础定额的作用

(1)是统一全国建筑工程预算工程量计算规则、项目划分、计量单位的依据;

(2)是编制建筑工程(土建部分)地区单位估价表,确定工程造价,编制概算定额及投资估算指标的依据;

(3)也可作为制定招标工程标底、企业定额和投标报价的基础;

(4)是编制工程预算和工程量清单及确定建筑工程消耗量的依据。

四、基础定额的编制依据

(1)国家现行的规范、规程、质量评定标准;

(2)国家现行的标准图集、通用图集及有关省、自治区、直辖市的标准图集和做法;

(3)1985 年全国统一建筑安装劳动定额;

(4)1981 年原国家建委《建筑工程预算定额修改稿》,1983 年建设部《全国统一建筑装饰工程预算定额》及各省、自治区、直辖市现行定额;

(5)各部门、省、自治区、直辖市提供的补充定额和有关资料及现场实地调查资料。

五、基础定额的内容

《全国统一建筑工程基础定额》主要由总说明、章说明、定额项目表和附录等组成。与基础定额配套使用的《全国统一建筑工程预算工程量计算规则》主要由总则、建筑面积计算规则和土建工程预算工程量计算规则(节说明)等几部分组成。

(一)总说明、总则、章节说明

总说明主要明确了基础定额的概念、适用范围、编制依据,人工、材料、机械台班消耗量的确定及基础定额的作用等。

总则主要明确了《全国统一建筑工程预算工程量计算规则》的作用,计算工程量的依据、单位等。

章、节说明主要与基础定额的章说明和工程量计算规则中的册说明对应,构成章节工程项目计算工程量的规则。

(二)定额项目表

基础定额的项目表主要由项目内容、工作内容、计量单位、项目表等组成。

(三)附录

章节中附录主要列出本章中部分项目配件表;总附录中,主要列出了根据现行规范、标准编制的各种配合比的定额消耗量。

基础定额各章节及子目划分情况如表5-8 所示。

章号	章(分部)名称	子目数	计量单位	章号	章(分部)名称	子目数	计量单位
1	土、石方工程	327	10m³	9	屋面及防水工程	154	100m²
2	桩基础工程	142	10m³	10	防腐、防潮、隔热工程	224	100m²
3	脚手架工程	67	100m³	11	装饰工程	670	100m²
4	砌筑工程	97	10m²	12	金属结构制作工程	50	t
5	钢筋混凝土工程	566	10m³	13	建筑工程垂直运输定额	162	100m²
6	构件运输及安装工程	483	100m²,10m³,t	14	建筑物超高增加人工、机械定额	20	100m²
7	门窗及木结构工程	417	100m²,10m³				
8	楼地面工程	162	100m²	15	附录	173	

《全国统一建筑工程基础定额》统一用表格形式表现,见表 5-9。

《全国统一建筑工程基础定额》砌筑砖基础、单面清水墙 表 5-9

定 额 编 号		4-1	4-2	4-3	4-4	4-5	4-6
项 目	单 位	砖基础	单面清水砖墙				
			1/2 砖	3/4 砖	1 砖	1 砖半	2 砖及 2 砖以上
人工 综合工日	工日	12.18	21.97	21.63	18.87	17.83	17.14
材料 水泥砂浆 M5	m³	2.36	—	—	—	—	—
水泥砂浆 M10	m³		1.95	2.13	—	—	—
水泥混合砂浆 M2.5	m³				2.25	2.40	2.45
普通粘土砖	千块	5.236	5.641	5.510	5.314	5.35	5.31
水	m³	1.05	1.13	1.10	1.06	1.07	1.06
机械 灰浆搅拌机 200L	台班	0.39	0.33	0.35	0.38	0.40	0.41

第六节 2012 年《北京市建设工程计价依据—预算定额》简介

一、定 额 内 容

2012 年《北京市建设工程计价依据—预算定额》(以下简称 2012 年北京市预算定额)共分七部分二十四册,包括:

(1)房屋建筑与装饰工程预算定额:房屋建筑与装饰工程共一册;

(2)仿古建筑工程预算定额:仿古建筑工程共一册;

(3)通用安装工程预算定额:机械设备安装工程,热力设备安装工程,静置设备与工艺金属结构制作安装工程,电气设备安装工程,建筑智能化工程,自动化控制仪表安装工程。通风空调工程,工业管道工程,消防工程,给排水、采暖、燃气工程,通信设备及线路工程,刷油、防腐蚀、绝热工程共十二册;

(4)市政工程预算定额:市政道路、桥梁工程,市政管道工程共两册;

(5)园林绿化工程预算定额:庭园工程,绿化工程共两册;

(6)构筑物工程预算定额:构筑物工程共一册;

（7）城市轨道交通工程预算定额：土建工程，轨道工程，通信、信号工程，供电工程，智能与控制、机电工程共五册。

与之配套使用的有《北京市建设工程和房屋修缮材料预算价格》、《北京市建设工程和房屋修缮机械台班费用定额》。

二、定额的编制依据

2012 年北京市预算定额是在全国和北京市有关定额的基础上，结合多年来的执行情况，以及行之有效的新技术、新工艺、新材料、新设备的应用，并根据正常的施工条件、国家颁发的施工及验收规范、质量评定标准和安全技术操作规程，施工现场文明安全施工及环境保护的要求，现行的标准图、通用图等为依据编制。

2012 年北京市预算定额是根据目前北京市产施工企业的装备设备水平、成熟的施工工艺、合理的施工工艺、合理的劳动组织条件制定的，除各章另有说明外，均不得因上述因素的差异而对定额子目进行调整或换算。

三、定额的适用范围

2012 年北京市预算定额适用于北京市行政区域内的工业与民用建筑、市政、园林绿化、轨道交通工程的新建、扩建；复建仿古工程；建筑整体更新改造；市政改建以及行道新辟栽植和旧园林栽植改造等工程。不适用于房屋修缮工程、临时性工程、山区工程、道路及园林养护工程等。

四、定 额 作 用

2012 年北京市预算定额作为北京市行政区域内编制施工图预算、进行工程招标、国有投资工程编制招标控制价、签订建设工程承包合同、拨付工程款和办理竣工结算的依据；是统一本市建设工程预（结）算工程量计算规则、项目名称及计量单位的依据；是完成规定计量单位分项工程计价所需的人工、材料、施工机械台班消耗量的标准；也是编制概算定额和估算指标的基础；是经济纠纷调解的参考依据。

五、定额消耗量的规定

定额消耗量的确定及包括的内容

（1）2012 年北京市预算定额的人工消耗量包括：基本用工、超运距用工和人工幅度差。不分列工种和技术等级，一律以综合工日表示。

（2）2012 年北京市预算定额的材料消耗量包括：主要材料、辅助材料和零星材料等，并计入了相应的损耗，其内容和范围包括从工地仓库、现场集中堆放地点或现场加工地点至操作或安装地点的运输损耗、施工操作损耗和施工现场堆放损耗。

（3）2012 年北京市预算定额的机械台班消耗量是按正常合理的机械配备综合取定的。

（4）2012 年北京市预算定额中包括材料（设备）自施工现场仓库或现场指定堆放点运至安装地点的水平和垂直运输。

六、人工费单价的组成

2012 年北京市预算定额的人工单价包括：基本工资、辅助工资、工资性质津贴、交通补助和劳动保护费。

七、2012 年北京市预算定额其他有关规定

（1）定额中的模板、脚手架和机械都是按租赁编制的。

（2）定额各章工程量计算规则中带底纹字体部分是国家标准工程量清单计量规范中工程量计算规则一致的内容。

（3）机械台班单价中不包括柴油、汽油等动力燃料费，柴油、汽油已列入材料费中，实际使用中定额消耗量不允许调整。

（4）措施项目中的安全文明施工费根据有关文件规定，投标时不允许让利。

（5）凡定额内未注明单价的材料，基价中均不包括其价格，应根据"（）"内的用量，按材料预算价格列入工程预算。

（6）定额工作内容除各章节已说明的主要工序外，还包括施工准备、配合质量检验、工种间交叉配合等次要工序。

（7）定额中凡注明"×××"以内（下）者，均包括"×××"本身；注明"×××以外（上）"者，则不包括"×××"本身。

八、2012 年北京市预算定额中的房屋建筑与装饰分册说明

（1）房屋建筑与装饰工程预算定额包括：土石方工程，地基处理与边坡支护工程，桩基工程，砌筑工程，混凝土及钢筋混凝土工程，金属结构工程，木结构工程，门窗工程，屋面及防水工程，保温、隔热、防腐工程，楼地面装饰工程，墙、柱面装饰与隔断、幕墙工程，天棚工程，油漆、涂料、裱糊工程，其他装饰工程，工程水电费，措施项目共十七章。

（2）定额的工效是按建筑物檐高 25m 以下为准编制的，超过 25m 的高层建筑物，另按规定计算超高施工增加费。

（3）定额装饰工程章节中已综合了层高 3.6m 以下的简易脚手架，层高超过 3.6m 时，另执行定额第十七章措施项目相应定额子目。

（4）定额中已综合了一般成品保护费用，不得另行计算。

（5）定额中注明材料的材质、型号、规格与设计要求不同时，材料价格可以换算。

（6）预拌混凝土价格中不包括外加剂的费用，发生时另行计算。

（7）地基处理与边坡支护工程、桩基工程、金属结构工程、施工排水、降水工程中综合了工程水、电费，其他章节的工程水电费执行第十六章工程水电费相应定额子目。

（8）定额中凡注明厚度的子目，设计要求的厚度与定额不同时，执行增减厚度定额子目。

（9）定额已综合考虑了各种地质（山区及近山区除外），执行中不得调整。

（10）金属构件、预制构件价格中包括了加工厂至安装地点的运输费用。

（11）镶贴石材、块料中的磨边、倒角费用已包含在材料价格中，不得另行计算。

（12）室外道路、停车场工程执行市政工程预算定额相应定额子目。

（13）室外管道工程执行通用安装工程预算定额相应定额子目。

（14）室外各种窨井、化粪池执行构筑物工程预算定额相应定额子目。

（15）建筑工程中设计有部分仿古项目的，执行仿古建筑工程定额相应子目。

第七节　预算定额的应用

预算定额的应用方法，一般分为定额的套用、定额的换算和编制补充定额三种情况。

一、定额的套用

定额的套用分以下三种情况：

（1）当分项工程的设计要求、作法说明、结构特征、施工方法等条件与定额中相应项目的设置条件（如工作内容、施工方法等）完全一致时，可直接套用相应的定额子目。

在编制单位工程施工图预算的过程中，大多数项目可以直接套用预算定额。

（2）当设计要求与定额条件基本一致时，可根据定额规定套用相近定额子目，不允许换算。

例如，在2001《北京市建设工程预算定额》中第五章规定：在毛石混凝土项目中，毛石的含量与设计要求不同时不得换算。

（3）当设计要求与定额条件完全不符时，可根据定额规定套用相应定额子目，不允许换算。

例如，定额中规定，有梁式满堂基础的反梁高度在1.5m以内时，执行梁的相应子目；梁高超过1.5m时，单独计算工程量，执行墙的相应定额子目。

二、定额的换算

当设计要求与定额条件不完全一致时，应根据定额的有关规定先换算、后套用。预算定额规定允许换算的类型一般分为：价差换算和其他换算。

（一）价差换算

价差换算是指设计采用的材料、机械等品种、规格与定额规定不同时所进行的价格换算。例如由于钢种、木种不同需作的价格换算；砂浆、混凝土强度等级不同需作的价格换算等。

如在定额中规定：定额中的混凝土、砂浆强度等级是按常用标准列出的，若设计要求与定额不同时，允许换算。换算公式为：

换算后的定额基价 = 原定额基价 + （换入材料单价 − 换出材料单价）× 定额材料含量

$$(5-43)$$

【例5-9】 试确定 M7.5 水泥砂浆砌加气块墙的定额基价。

解： 由于砌加气块墙定额子目（4-35）中是按水泥砂浆编制的，设计为 M7.5 水泥砂浆，与定额不符，根据定额规定，可以换算。

查定额 4-35 子目，加气块墙定额基价为 215.54 元，水泥砂浆的定额含量为 0.15。

查定额附录得：

M7.5 水泥砂浆的材料单价为 159 元/m³，M5 水泥砂浆的材料单价为 135.21 元/m³。

M7.5 水泥砂浆砌加气块墙的定额基价 = 215.54 + （159 − 135.21）× 0.15 = 219.11（元）

【例5-10】 试确定现场搅拌浇筑 C50 混凝土柱的定额基价。

解： 由于现场搅拌浇筑柱的定额子目中，定额按混凝土的强度等级 C30（5-17）、C35（5-18）和 C40（5-19）编制的，设计为 C50 混凝土柱，与定额不符，根据定额规定，可以换算。

查定额 5-19 子目，C40 混凝土柱的定额基价为 301.84 元，混凝土的定额含量为 0.986。C50 混凝土的材料单价为 260.5 元/m³，C40 混凝土的材料单价为 235.39 元/m³。

现场搅拌浇筑 C50 混凝土柱的定额基价 = 301.84 + （260.58 − 235.39）× 0.986 = 326.68（元）

（二）其他换算

例如在 2001 预算定额中规定：本定额中注明的门窗、装饰材料的材质、型号、规格与设计要求不同时，材料价格可以换算。

三、编制补充定额

根据北京市建设工程造价计价办法规定：在编制建设工程预算、招标标底、投标报价、工程结算时，对于新材料、新技术、新工艺的工程项目，属于定额缺项项目时，应编制补充定额，有关编制补充预算定额管理办法请参见有关规定。

复习思考题

1. 什么是预算定额？

2. 预算定额与施工定额的区别是什么？

3. 预算定额的作用是什么？

4. 预算定额人工消耗量包括哪些内容？

5. 什么是人工幅度差？包括哪些内容？

6. 预算定额内的材料，按其使用性质、用途和用量大小划分为哪四类？

7. 周转性材料消耗量是如何确定的？

8. 人工预算价格是如何确定？

9. 什么是材料预算价格？材料预算价格是如何确定的？

10. 施工机械台班预算价格是如何确定的？

11. 什么是单位估价表，其基价是如何确定的？

第六章 概算定额与概算指标

第一节 概算定额

一、概算定额的概念

概算定额,全称是建筑安装工程概算定额,亦称扩大结构定额。它是按一定计量单位规定的,扩大分部分项工程或扩大结构部分的人工、材料和机械台班的消耗的数量标准。

概算定额是在预算定额基础上的综合和扩大,是介于预算定额和概算指标之间的一种定额。它是在预算定额的基础上,根据施工顺序的衔接和互相关联性较大的原则,确定定额的划分。按常用主体结构工程列项,以主要工程内容为主,适当合并相关预算定额的分项内容,进行综合扩大,较之预算定额具有更为综合扩大的性质,所以又称为"扩大结构定额"。

概算定额水平为社会平均水平,为使依据概算定额编制的设计概算能起到控制投资的作用,允许概算定额与预算定额水平之间有一个幅度差,一般控制在5%以内。

例如,在概算定额中的砖基础工程,往往把预算定额中的砌筑基础、敷设防潮层、回填土、余土外运等项目,合并为一项砖基础工程;在概算定额中的预制钢筋混凝土矩形梁,则综合了预制钢筋混凝土矩形梁的制作、钢筋调整、安装、接头、梁粉刷等工作内容。

二、概算定额的作用

概算定额的作用主要表现在以下几个方面:

(1)概算定额是初步设计阶段编制设计概算和技术设计阶段编制修正概算的依据;

(2)概算定额是设计方案比较的依据;

(3)概算定额是编制主要材料需要量的基础;

(4)概算定额是编制概算指标和投资估算指标的依据。

三、概算定额的编制依据

(1)现行的有关设计标准、设计规范、通用图集、标准定型图集、施工验收规范、典型工程设计图等资料;

(2)现行的预算定额、施工定额;

(3)原有的概算定额;

(4)现行的定额工资标准、材料预算价格和机械台班单价等;

(5)有关的施工图预算或工程结算等资料。

四、概算定额的内容

建筑工程概算定额的主要内容包括总说明、建筑面积计算规则、册章节说明、定额项目表和附录、附件等。

（1）总说明。主要是介绍概算定额的作用、编制依据、编制原则、适用范围、有关规定等内容。

（2）建筑面积计算规则。规定了计算建筑面积的范围、计算方法，不计算建筑面积的范围等。建筑面积是分析建筑工程技术经济指标的重要数据，现行建筑面积的计算规则，是由国家统一规定的。

（3）册章节说明。册章节（又称各章分部说明）主要是对本章定额运用、界限划分、工程员计算规则、调整换算规定等内容进行说明。

（4）概算定额项目表。定额项目表是概算定额的核心，它反映了一定计量单位扩大结构或构件扩大分项工程的概算单价，以及主要材料消耗量的标准。表6-1为1996年《北京市建设工程概算定额》第二章墙体工程中有关项目表。表头部分有工程内容，表中有项目计量单位、概算单价、主要工程量及主要材料用量等。

概算定额　墙体工程

表6-1

工程内容：砖墙和砌块墙包括了过梁、圈梁、钢筋混凝土加固带、加固筋、砖砌垃圾道、通风道、附墙烟囱等（女儿墙包括钢筋混凝土压顶。电梯井包括预埋铁件）

定额编号	项目			单位	概算单价（元）	其中（元）人工费	其中（元）材料费	其中（元）机械费	人工（工日）	主要工程量 砌体（m³）	主要工程量 现浇混凝土/工日
2-1	红机砖	外墙	墙厚 240	m²	60.15	9.39	49.99	0.77	0.44	0.227	0.012
2-2			365	m²	91.08	14.24	75.67	0.17	0.66	0.345	0.018
2-3			490	m²	121.99	19.09	101.35	1.55	0.88	0.463	0.024
2-4		内墙	115	m²	23.92	5.12	18.54	0.26	0.24	0.106	
2-5			240	m²	53.04	7.99	44.40	0.65	0.37	0.210	0.011
2-6			365	m²	81.22	12.19	67.99	1.04	0.57	0.319	0.017

定额编号	项目			主要材料 01001 钢筋（kg）	03002 模板（m³）	2001 水泥（kg）	06003 过梁（m³）	红机砖（块）	白灰（kg）	砂子（kg）	石子（kg）	钢模费（元）	其他材料费（元）	定额编号
2-1	红机砖	外墙	墙厚 240	2		15	0.006	116	5	105	15	1.08	0.22	2-1
2-2			365	3		23	0.009	176	7	160	23	1.62	0.34	2-2
2-3			490	4		31	0.012	236	10	214	31	2.15	0.45	2-3
2-4		内墙	115	1		4	0.002	57	2	38	14		0.06	2-4
2-5			240	2		14	0.005	107	4	97	22	0.99	0.20	2-5
2-6			365			21	0.008	163	7	148		1.53	0.31	2-6

（5）附录、附件。附录一般列在概算定额手册的后面，包括砂浆、混凝土配合比表，各种材料、机械台班造价表等有关资料，供定额换算、编制施工作业计划等使用。

第二节 概 算 指 标

一、概算指标的概念

概算指标是比概算定额更综合、扩大性更强的一种定额指标。它是以每100m²建筑面积或1000m³建筑体积、构筑物以作为计算单位规定出人工、材料、机械消耗数量标准或定出每万元投资所需人工、材料、机械消耗数量及造价的数量标准。

二、建筑工程概算指标的作用

（1）作为编制初步设计概算的主要依据；
（2）作为基本建设计划工作的参考；
（3）作为设计机构和建设单位选厂和进行设计方案比较的参考；
（4）作为投资估算指标的编制依据。

三、建筑工程概算指标的内容及表现形式

（一）概算指标的内容
包括总说明、经济指标和结构特征等：
（1）总说明包括概算定额的编制依据、适用范围、指标的作用、工程量计算规则及其他有关规定；
（2）经济指标包括工程造价指标、人工、材料消耗指标；
（3）结构特征及适用范围可作为不同结构间换算的依据；
（4）建筑物结构示意图。
（二）概算指标的表现形式
概算定额在表现方法上，分综合指标与单项指标两种形式。综合指标是按照工业与民用建筑或按结构类型分类的一种概括性较大的指标。而单项指标是一种以典型的建筑物或构筑物为分析对象的概算指标。单项概算指标附有工程结构内容介绍，使用时，若在建项目与结构内容基本相符，还是比较准确的。

现将按照1996年概算定额编制的某综合办公楼工程概算指标示例如下：

1. 工程概况（表6-2）

某 工 程 概 况   表6-2

项目名称:综合办公楼	工程地点:北京市三环以外
建筑面积:14726m²	工程总价:27681640元
结构类型:框架结构	单方造价:1879.8元/m²
工 程 特 征	

平面	4个区连接成口字形(51.9×16.8+17.4×47.6+34.48×15.3+39.45×67.05)	屋面	豆石平屋顶,沥青胶卷材三毡四油防水,聚乙烯泡沫塑料板保温
层数	1区、2区为6层,3区为7层,5区为2层。无地下室	门窗	外门窗铝合金普通玻璃,木制内门窗,设木窗帘盒、木暖气罩、磨石窗台板

项目名称:综合办公楼	工程地点:北京市三环以外
建筑面积:14726m²	工程总价:27681640 元
结构类型:框架结构	单方造价:1879.8 元/m²

工 程 特 征			
檐高	32.4m	楼梯	四部通高楼梯,面层为劈裂砖面层
层高	1区、2区、3区首层4.5m,顶层3.91m,其余各层均为 4m,5 区首层 5.75m,二层5.19m	楼地面	卫生间地砖面层,其余大部分房间为现制水磨石面层,局部为水泥及花岗石面层
基础	钢筋混凝土独立柱基础	天棚	大部分为铝合金龙骨吊顶,面层部分为石膏板,部分为矿棉板。卫生间耐擦洗涂料
墙体	陶粒砌块	内装修	大部分为抹灰喷耐擦洗涂料
楼板	12cm 厚现浇钢筋混凝土有梁板	外装修	面砖为主
给排水	冷热水供水系统,铸铁暖气片,卫生间坐式或蹲式大便器,消火栓系统,电热开水炉		
电气	动力、消防报警、避雷、变配电、电话、照明系统。电话只作预埋管线,房间多为日光灯,2 部电梯		

2.造价分析

1)土建工程费用分析:

(1)各项费用分析(表6-3)

(2)分部工程直接费分析(表6-4)

2)安装工程费用分析(表6-5)

3.土建、安装主要工料消耗数量(每平方米建筑面积用量)(表6-6)

各 项 费 用 分 析　　　　　　　　　　　表 6-3

单方工程费用	占土建工程总价(%)												
	直 接 费						间 接 费				两 金		
元/m²	人工费	材料费	机械费	临时设施费	现场经费	合计	企业管理费	利润	税金	工程造价	建筑行业劳保统筹基金	建材发展补充基金	工程总价
1451.99	9.86	53.65	7.55	1.29	2.63	74.98	12.17	6.75	3.19	97.09	0.97	1.94	100

分部工程直接费用分析　　　　　　　　　　　表 6-4

单方直接费		分部工程占直接费(%)						
元/m²	%	基础	结构	屋面	门窗	内装修	外装修	其他直接费
1031.8	100	9.82	32.83	0.29	1.35	38.97	0.68	16.06

66

表 6-5

安装工程费用分析

项目	单方工程费用	占 安 装 工 程 总 价 （%）								工程造价	两 金		工程总价
		直 接 费					间 接 费				建筑行业劳保统筹基金	建材发展补充基金	
	元/m²	人工费	材料费	临时设施费	现场经费	合计	企业管理费	利润	税金				
采暖	40.01	12.6	54.43	1.85	2.96	71.84	15.12	6.94	3.19	97.09	0.97	1.94	100
给排水	37.19	8.67	66.75	1.27	2.04	78.73	10.40	4.77	3.19	97.09	0.97	1.94	100
电气	178.73	9.87	62.98	1.45	2.32	76.62	11.85	5.43	3.19	97.09	0.97	1.94	100
变配电	171.86	0.92	91.04	0.14	0.22	92.32	1.07	0.51	3.19	97.09	0.97	1.94	100
合计	427.79	6.44	73.77	0.94	1.51	82.66	7.70	3.54	3.19	97.09	0.97	1.94	100

表 6-6

土建、安装主要材料消耗

名称	单位	数量	名称	单位	数量	名称	单位	数量	名称	单位	数量
①土建部分											
人工	工日	6.374	石子	kg	110.35	陶粒混凝土块	m³	0.184	门窗	m²	0.358
水泥	kg	197.50	镀锌钢板	kg	0.196	墙面砖	m²	0.612	玻璃	m²	0.231
钢筋	kg	46.254	工字钢	kg	0.047	地面砖	m²	0.028	防水卷材	m²	0.682
板方材	m³	0.003	焊接钢管	kg	0.179	缸砖	m²	0.091	聚氨酯涂膜	kg	0.075
型钢	kg	0.015	无缝钢管	kg	0.333	锦砖	m²	0.008	聚苯乙烯	m³	0.016
红机砖	块	18.101	大理石	m²	0.002	瓷砖	m²	0.096	涂料	kg	0.687
白灰	kg	13.916	花岗石	m²	0.041	轻钢龙骨	m	2.386	油漆	kg	0.317
砂子	kg	413.80	石膏板	m²	0.092	铝合金龙骨	m	3.233	大白	kg	0.044
②安装部分											
人工	工日	1.22	型钢	kg	0.966	无缝管	kg	0.010	铸铁管	m	0.182
钢筋	kg	0.017	镀锌型钢	kg	0.056	钢板	kg	0.038	石棉	kg	0.025
水泥	kg	0.664	焊接管	kg	4.383	电缆	m	0.088	油漆	kg	0.063
三合板	m²	0.002	镀锌管	kg	1.079	电线	m	6.221	玻璃布	m²	0.019

复习思考题

1. 什么叫概算定额？它有什么作用？

2. 什么叫概算指标？它有几种表现形式？其作用是什么？

3. 从定额的标定对象、编制程序、定额的项目划分(定额步距)、定额的水平和作用等方面说明劳动定额、预算定额、概算定额的主要区别。

第七章 单位工程预算的费用组成

工程项目建设活动的开展,要发生很多费用,其中像设备工器具购置活动并不创造价值,而建筑安装生产活动却可以创造价值,这些活动最基本特征是要追加活劳动,即要"兴工动料"。因此,在工程造价的各类费用中,建筑安装工程费用具有相对的独立性,它作为建筑安装单位工程价值的货币体现,亦被称为建筑安装工程造价。本章根据《建筑安装工程费用项目组成》(建标〔2013〕44号)讨论建筑安装单位工程预算的费用组成。在工程项目的建设过程中,要发生各种消耗,它们就在定额表中体现为各种费用项目,这些费用在工程项目的建设过程中所起的作用是不同的,定额中所确定的费率、计算的方法也各有差异,学习本章的主要目的是准确掌握工程项目各种费用组成及其计算。

第一节 建筑安装工程费用项目组成之一

建筑安装工程费,按照费用构成要素划分:由人工费、材料(包含工程设备,下同)费、施工机具使用费、企业管理费、利润、规费和税金组成。其中人工费、材料费、施工机具使用费、企业管理费和利润包含在分部分项工程费、措施项目费、其他项目费中,如图7-1所示。

一、人 工 费

人工费是指按工资总额构成规定,支付给从事建筑安装工程施工的生产工人和附属生产单位工人的各项费用,内容包括如下。

(1)计时工资或计件工资:是指按计时工资标准和工作时间或对已做工作按计件单价支付给个人的劳动报酬。

(2)奖金:是指对超额劳动和增收节支支付给个人的劳动报酬,如节约奖、劳动竞赛奖等。

(3)津贴补贴:是指为了补偿职工特殊或额外的劳动消耗和因其他特殊原因支付给个人的津贴,以及为了保证职工工资水平不受物价影响支付给个人的物价补贴,如流动施工津贴、特殊地区施工津贴、高温(寒)作业临时津贴、高空津贴等。

(4)加班加点工资:是指按规定支付的在法定节假日工作的加班工资和在法定日工作时间外延时工作的加点工资。

(5)特殊情况下支付的工资:是指根据国家法律、法规和政策规定,因病、工伤、产假、计划生育假、婚丧假、事假、探亲假、定期休假、停工学习、执行国家或社会义务等原因按计时工资标准或计时工资标准的一定比例支付的工资。

二、材 料 费

材料费是指施工过程中耗费的原材料、辅助材料、构配件、零件、半成品或成品、工程设备的费用,内容包括如下。

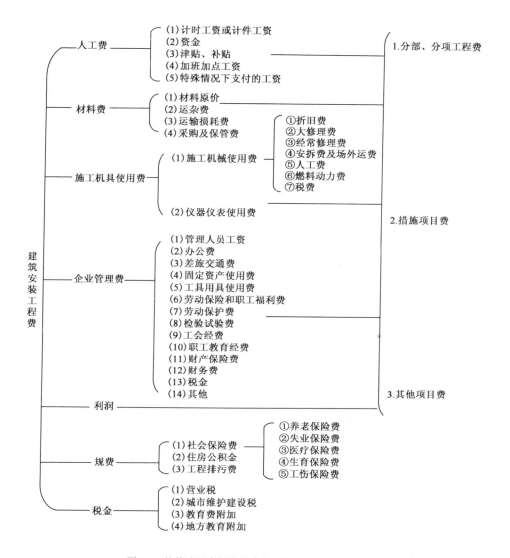

图7-1 按构成要素划分的建筑安装工程费用的组成

（1）材料原价：是指材料、工程设备的出厂价格或商家供应价格。

（2）运杂费：是指材料、工程设备自来源地运至工地仓库或指定堆放地点所发生的全部费用。

（3）运输损耗费：是指材料在运输装卸过程中不可避免的损耗。

（4）采购及保管费：是指为组织采购、供应和保管材料、工程设备的过程中所需要的各项费用，包括采购费、仓储费、工地保管费、仓储损耗。

工程设备是指构成或计划构成永久工程一部分的机电设备、金属结构设备、仪器装置及其他类似的设备和装置。

三、施工机具使用费

施工机具使用费是指施工作业所发生的施工机械、仪器仪表使用费或其租赁费。

（1）施工机械使用费，以施工机械台班耗用量乘以施工机械台班单价表示，施工机械台班单价应由下列 7 项费用组成。

①折旧费:指施工机械在规定的使用年限内,陆续收回其原值的费用。

②大修理费:指施工机械按规定的大修理间隔台班进行必要的大修理,以恢复其正常功能所需的费用。

③经常修理费:指施工机械除大修理以外的各级保养和临时故障排除所需的费用,包括为保障机械正常运转所需替换设备与随机配备工具附具的摊销和维护费用,机械运转中日常保养所需润滑与擦拭的材料费用及机械停滞期间的维护和保养费用等。

④安拆费及场外运费:安拆费指施工机械(大型机械除外)在现场进行安装与拆卸所需的人工、材料、机械和试运转费用以及机械辅助设施的折旧、搭设、拆除等费用;场外运费指施工机械整体或分体自停放地点运至施工现场或由一施工地点运至另一施工地点的运输、装卸、辅助材料及架线等费用。

⑤人工费:指机上司机(司炉)和其他操作人员的人工费。

⑥燃料动力费:指施工机械在运转作业中所消耗的各种燃料及水、电等。

⑦税费:指施工机械按照国家规定应缴纳的车船使用税、保险费及年检费等。

(2)仪器仪表使用费,是指工程施工所需使用的仪器仪表的摊销及维修费用。

四、企业管理费

企业管理费是指建筑安装企业组织施工生产和经营管理所需的费用,内容包括如下。

(1)管理人员工资:是指按规定支付给管理人员的计时工资、奖金、津贴补贴、加班加点工资及特殊情况下支付的工资等。

(2)办公费:是指企业管理办公用的文具、纸张、账表、印刷、邮电、书报、办公软件、现场监控、会议、水电、烧水和集体取暖降温(包括现场临时宿舍取暖降温)等费用。

(3)差旅交通费:是指职工因公出差、调动工作的差旅费、住勤补助费,市内交通费和误餐补助费,职工探亲路费,劳动力招募费,职工退休、退职一次性路费,工伤人员就医路费,工地转移费以及管理部门使用的交通工具的油料、燃料等费用。

(4)固定资产使用费:是指管理和试验部门及附属生产单位使用的属于固定资产的房屋、设备、仪器等的折旧、大修、维修或租赁费。

(5)工具用具使用费:是指企业施工生产和管理使用的不属于固定资产的工具、器具、家具、交通工具和检验、试验、测绘、消防用具等的购置、维修和摊销费。

(6)劳动保险和职工福利费:是指由企业支付的职工退职金、按规定支付给离休干部的经费,集体福利费、夏季防暑降温、冬季取暖补贴、上下班交通补贴等。

(7)劳动保护费:是企业按规定发放的劳动保护用品的支出,如工作服、手套、防暑降温饮料以及在有碍身体健康的环境中施工的保健费用等。

(8)检验试验费:是指施工企业按照有关标准规定,对建筑以及材料、构件和建筑安装物进行一般鉴定、检查所发生的费用,包括自设试验室进行试验所耗用的材料等费用。不包括新结构、新材料的试验费,对构件做破坏性试验及其他特殊要求检验试验的费用和建设单位委托检测机构进行检测的费用,对此类检测发生的费用,由建设单位在工程建设其他费用中列支。但对施工企业提供的具有合格证明的材料进行检测不合格的,该检测费用由施工企业支付。

(9)工会经费:是指企业按《中华人民共和国工会法》规定的全部职工工资总额比例计提

的工会经费。

（10）职工教育经费：是指按职工工资总额的规定比例计提，企业为职工进行专业技术和职业技能培训，专业技术人员继续教育、职工职业技能鉴定、职业资格认定以及根据需要对职工进行各类文化教育所发生的费用。

（11）财产保险费：是指施工管理用财产、车辆等的保险费用。

（12）财务费：是指企业为施工生产筹集资金或提供预付款担保、履约担保、职工工资支付担保等所发生的各种费用。

（13）税金：是指企业按规定缴纳的房产税、车船使用税、土地使用税、印花税等。

（14）其他：包括技术转让费、技术开发费、投标费、业务招待费、绿化费、广告费、公证费、法律顾问费、审计费、咨询费、保险费等。

五、利　　润

利润是指施工企业完成所承包工程获得的盈利。

六、规　　费

规费是指按国家法律、法规规定，由省级政府和省级有关权力部门规定必须缴纳或计取的费用。包括：

（1）社会保险费。

①养老保险费是指企业按照规定标准为职工缴纳的基本养老保险费。

②失业保险费是指企业按照规定标准为职工缴纳的失业保险费。

③医疗保险费是指企业按照规定标准为职工缴纳的基本医疗保险费。

④生育保险费是指企业按照规定标准为职工缴纳的生育保险费。

⑤工伤保险费是指企业按照规定标准为职工缴纳的工伤保险费。

（2）住房公积金是指企业按规定标准为职工缴纳的住房公积金。

（3）工程排污费是指按规定缴纳的施工现场工程排污费。

其他应列而未列入的规费，按实际发生计取。

七、税　　金

税金是指国家税法规定的应计入建筑安装工程造价内的营业税、城市维护建设税、教育费附加以及地方教育附加。

第二节　建筑安装工程费用项目组成之二

建筑安装工程费，按照工程造价形成由分部分项工程费、措施项目费、其他项目费、规费、税金组成。分部分项工程费、措施项目费、其他项目费，包含人工费、材料费、施工机具使用费、企业管理费和利润，如图7-2所示。

一、分部分项工程费

分部分项工程费是指各专业工程的分部分项工程应予列支的各项费用。

（1）专业工程：是指按现行国家计量规范划分的房屋建筑与装饰工程、仿古建筑工程、通用安装工程、市政工程、园林绿化工程、矿山工程、构筑物工程、城市轨道交通工程、爆破工程等各类工程。

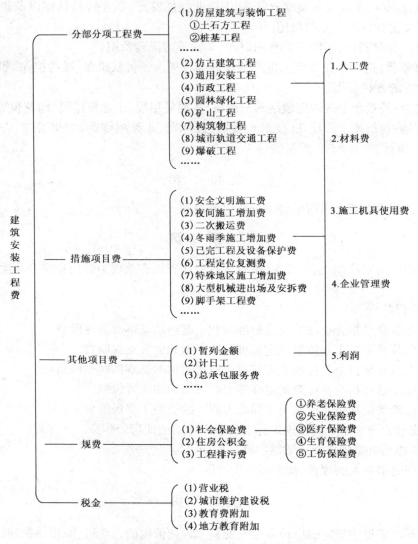

图 7-2　按造价形成划分的建筑安装工程费用的组成

（2）分部分项工程：是指按现行国家计量规范对各专业工程划分的项目。如房屋建筑与装饰工程划分的土石方工程、地基处理与桩基工程、砌筑工程、钢筋及钢筋混凝土工程等。

各类专业工程的分部分项工程划分见现行国家或行业计量规范。

二、措施项目费

措施项目费是指为完成建设工程施工，发生于该工程施工前和施工过程中的技术、生活、安全、环境保护等方面的费用。内容包括如下。

（1）安全文明施工费：

①环境保护费是指施工现场为达到环保部门要求所需要的各项费用。

②文明施工费是指施工现场文明施工所需要的各项费用。

③安全施工费是指施工现场安全施工所需要的各项费用。

④临时设施费是指施工企业为进行建设工程施工所必须搭设的生活和生产用的临时建筑物、构筑物和其他临时设施费用。包括临时设施的搭设、维修、拆除、清理费或摊销费等。

(2)夜间施工增加费:是指因夜间施工所发生的夜班补助费、夜间施工降效、夜间施工照明设备摊销及照明用电等费用。

(3)二次搬运费:是指因施工场地条件限制而发生的材料、构配件、半成品等一次运输不能到达堆放地点,必须进行二次或多次搬运所发生的费用。

(4)冬雨季施工增加费:是指在冬季或雨季施工需增加的临时设施、防滑、排除雨雪,人工及施工机械效率降低等费用。

(5)已完工程及设备保护费:是指竣工验收前,对已完工程及设备采取的必要保护措施所发生的费用。

(6)工程定位复测费:是指工程施工过程中进行全部施工测量放线和复测工作的费用。

(7)特殊地区施工增加费:是指工程在沙漠或其边缘地区、高海拔、高寒、原始森林等特殊地区施工增加的费用。

(8)大型机械设备进出场及安拆费:是指机械整体或分体自停放场地运至施工现场或由一个施工地点运至另一个施工地点,所发生的机械进出场运输及转移费用及机械在施工现场进行安装、拆卸所需的人工费、材料费、机械费、试运转费和安装所需的辅助设施的费用。

(9)脚手架工程费:是指施工需要的各种脚手架搭、拆、运输费用以及脚手架购置费的摊销(或租赁)费用。

措施项目及其包含的内容详见各类专业工程的现行国家或行业计量规范。

三、其他项目费

(1)暂列金额:是指建设单位在工程量清单中暂定并包括在工程合同价款中的一笔款项。用于施工合同签订时尚未确定或者不可预见的所需材料、工程设备、服务的采购,施工中可能发生的工程变更、合同约定调整因素出现时的工程价款调整以及发生的索赔、现场签证确认等的费用。

(2)计日工:是指在施工过程中,施工企业完成建设单位提出的施工图纸以外的零星项目或工作所需的费用。

(3)总承包服务费:是指总承包人为配合、协调建设单位进行的专业工程发包,对建设单位自行采购的材料、工程设备等进行保管以及施工现场管理、竣工资料汇总整理等服务所需的费用。

四、规 费

定义同本章第一节。

五、税 金

定义同本章第一节。

第三节　建筑安装工程费用参考计算方法

一、各费用构成要素参考计算方法

（一）人工费

1. 公式 1

$$人工费 = \sum (工日消耗量 \times 日工资单价)$$

$$日工资单价 = \frac{生产工人平均月工资(计时、计件) + 平均月(奖金 + 津贴补贴 + 特殊情况下支付的工资)}{年平均每月法定工作日}$$

公式 1，主要适用于施工企业投标报价时自主确定人工费，也是工程造价管理机构编制计价定额确定定额人工单价或发布人工成本信息的参考依据。

2. 公式 2

$$人工费 = \sum (工程工日消耗量 \times 日工资单价)$$

日工资单价是指施工企业平均技术熟练程度的生产工人在每工作日（国家法定工作时间内）按规定从事施工作业应得的日工资总额。

工程造价管理机构确定日工资单价，应通过市场调查、根据工程项目的技术要求，参考实物工程量人工单价综合分析确定。最低日工资单价，不得低于工程所在地人力资源和社会保障部门所发布的最低工资标准的：普工 1.3 倍、一般技工 2 倍、高级技工 3 倍。

工程计价定额不可只列一个综合工日单价，应根据工程项目技术要求和工种差别适当划分多种日人工单价，确保各分部工程人工费的合理构成。

公式 2，适用于工程造价管理机构编制计价定额时确定定额人工费，是施工企业投标报价的参考依据。

（二）材料费

1. 材料费

$$材料费 = \sum (材料消耗量 \times 材料单价)$$

$$材料单价 = [(材料原价 + 运杂费) \times [1 + 运输损耗率(\%)]] \times [1 + 采购保管费率(\%)]$$

2. 工程设备费

$$工程设备费 = \sum (工程设备量 \times 工程设备单价)$$

$$工程设备单价 = (设备原价 + 运杂费) \times [1 + 采购保管费率(\%)]$$

（三）施工机具使用费

1. 施工机械使用费

$$施工机械使用费 = \sum (施工机械台班消耗量 \times 机械台班单价)$$

$$机械台班单价 = 台班折旧费 + 台班大修费 + 台班经常修理费 + 台班安拆费及场外运费 + 台班人工费 + 台班燃料动力费 + 台班车船税费$$

工程造价管理机构在确定计价定额中的施工机械使用费时，应根据《建筑施工机械台班费用计算规则》结合市场调查编制施工机械台班单价。施工企业可以参考工程造价管理机构发布的台班单价，自主确定施工机械使用费的报价，如租赁施工机械，公式为：施工机械使用费 = $\sum$（施工机械台班消耗量 × 机械台班租赁单价）。

2.仪器仪表使用费

仪器仪表使用费 = 工程使用的仪器仪表摊销费 + 维修费

（四）企业管理费费率

1.以分部分项工程费为计算基础

$$企业管理费费率(\%) = \frac{生产工人年平均管理费}{年有效施工天数 \times 人工单价} \times 人工费占分部分项工程费比例(\%)$$

2.以人工费和机械费合计为计算基础

$$企业管理费费率(\%) = \frac{生产工人年平均管理费}{年有效施工天数 \times (人工单价 + 每一工日机械使用费)} \times 100\%$$

3.以人工费为计算基础

$$企业管理费费率(\%) = \frac{生产工人年平均管理费}{年有效施工天数 \times 人工单价} \times 100\%$$

上述公式适用于施工企业投标报价时自主确定管理费,是工程造价管理机构编制计价定额确定企业管理费的参考依据。

工程造价管理机构在确定计价定额中企业管理费时,应以定额人工费或(定额人工费 + 定额机械费)作为计算基数,其费率根据历年工程造价积累的资料,辅以调查数据确定,列入分部分项工程和措施项目中。

（五）利润

（1）利润,各施工企业可根据企业自身需求并结合建筑市场实际自主确定,列入报价中。

（2）工程造价管理机构在确定计价定额中利润时,应以定额人工费或(定额人工费 + 定额机械费)作为计算基数,其费率根据历年工程造价积累的资料,并结合建筑市场实际确定,以单位(单项)工程测算,利润在税前建筑安装工程费的比重可按不低于5%且不高于7%的费率计算。利润应列入分部分项工程和措施项目中。

（六）规费

1.社会保险费和住房公积金

社会保险费和住房公积金,应以定额人工费为计算基础,根据工程所在地省、自治区、直辖市或行业建设主管部门规定费率计算。

社会保险费和住房公积金 = Σ（工程定额人工费 × 社会保险费和住房公积金费率）

式中:社会保险费和住房公积金费率可以每万元发承包价的生产工人人工费和管理人员工资含量与工程所在地规定的缴纳标准综合分析取定。

2.工程排污费

工程排污费等其他应列而未列入的规费,应按工程所在地环境保护等部门规定的标准缴纳,按实计取列入。

（七）税金

税金计算公式:

$$税金 = 税前造价 \times 综合税率(\%)$$

综合税率:

（1）纳税地点在市区的企业,综合税率计算公式:

$$综合税率(\%) = \frac{1}{1 - 3\% - (3\% \times 7\%) - (3\% \times 3\%) - (3\% \times 2\%)} - 1$$

（2）纳税地点在县城、镇的企业,综合税率计算公式:

$$综合税率（\%）=\cfrac{1}{1-3\%-(3\%\times5\%)-(3\%\times3\%)-(3\%\times2\%)}-1$$

（3）纳税地点不在市区、县城、镇的企业，综合税率计算公式：

$$综合税率（\%）=\cfrac{1}{1-3\%-(3\%\times1\%)-(3\%\times3\%)-(3\%\times2\%)}-1$$

（4）实行营业税改增值税的，按纳税地点现行税率计算。

二、建筑安装工程计价参考公式

（一）分部分项工程费

$$分部分项工程费=\sum（分部分项工程量\times综合单价）$$

式中：综合单价包括人工费、材料费、施工机具使用费、企业管理费和利润以及一定范围的风险费用（下同）。

（二）措施项目费

1. 国家计量规范规定的应予计量的措施项目费，其计算公式为

$$措施项目费=\sum（措施项目工程量\times综合单价）$$

2. 国家计量规范规定的不宜计量的措施项目费计算方法如下

1）安全文明施工费

$$安全文明施工费=计算基数\times安全文明施工费费率（\%）$$

计算基数应为定额基价（定额分部分项工程费＋定额中可以计量的措施项目费）、定额人工费或（定额人工费＋定额机械费），其费率由工程造价管理机构根据各专业工程的特点综合确定。

2）夜间施工增加费

$$夜间施工增加费=计算基数\times夜间施工增加费费率（\%）$$

3）二次搬运费

$$二次搬运费=计算基数\times二次搬运费费率（\%）$$

4）冬雨季施工增加费

$$冬雨季施工增加费=计算基数\times冬雨季施工增加费费率（\%）$$

5）已完工程及设备保护费

$$已完工程及设备保护费=计算基数\times已完工程及设备保护费费率（\%）$$

上述2）～5）项措施项目的计费基数应为定额人工费或（定额人工费＋定额机械费），其费率由工程造价管理机构根据各专业工程特点和调查资料综合分析后确定。

（三）其他项目费

（1）暂列金额，由建设单位根据工程特点，按有关计价规定估算，施工过程中由建设单位掌握使用、扣除合同价款调整后如有余额，归建设单位。

（2）计日工，由建设单位和施工企业按施工过程中的签证计价。

（3）总承包服务费，由建设单位在招标控制价中根据总包服务范围和有关计价规定编制，施工企业投标时自主报价，施工过程中按签约合同价执行。

（四）规费和税金

建设单位和施工企业均应按照省、自治区、直辖市或行业建设主管部门发布标准计算规费和税金，不得作为竞争性费用。

三、相关问题的说明

（1）各专业工程计价定额的编制及其计价程序，均按本通知实施。

（2）各专业工程计价定额的使用周期原则上为5年。

（3）工程造价管理机构在定额使用周期内，应及时发布人工、材料、机械台班价格信息，实行工程造价动态管理，如遇国家法律、法规、规章或相关政策变化以及建筑市场物价波动较大时，应适时调整定额人工费、定额机械费以及定额基价或规费费率，使建筑安装工程费能反映建筑市场实际。

（4）建设单位在编制招标控制价时，应按照各专业工程的计量规范和计价定额以及工程造价信息编制。

（5）施工企业在使用计价定额时，除不可竞争费用外，其余仅作参考，由施工企业投标时自主报价。

第四节　建筑安装工程计价程序

一、建设单位工程招标控制价计价程序（表7-1）

建设单位工程招标控制价计价程序　　　　　　　　　　　　　　表7-1

工程名称：		标段：	
序　号	内　　容	计 算 方 法	金　额　（元）
1	分部分项工程费	按计价规定计算	
1.1			
1.2			
1.3			
1.4			
1.5			
2	措施项目费	按计价规定计算	
2.1	其中:安全文明施工费	按规定标准计算	
3	其他项目费		
3.1	其中:暂列金额	按计价规定估算	
3.2	其中:专业工程暂估价	按计价规定估算	
3.3	其中:计日工	按计价规定估算	
3.4	其中:总承包服务费	按计价规定估算	

序 号	内 容	计 算 方 法	金 额 （元）
4	规费	按规定标准计算	
5	税金(扣除不列入计税范围的工程设备金额)	$(1+2+3+4)×$规定税率	
招标控制价合计 $=1+2+3+4+5$			

二、施工企业工程投标报价计价程序（表7-2）

施工企业工程投标报价计价程序　　　　　　　　　　　　表7-2

工程名称：		标段：	
序 号	内 容	计 算 方 法	金 额 （元）
1	分部分项工程费	自主报价	
1.1			
1.2			
1.3			
1.4			
1.5			
2	措施项目费	自主报价	
2.1	其中:安全文明施工费	按规定标准计算	
3	其他项目费		
3.1	其中:暂列金额	按招标文件提供金额计列	
3.2	其中:专业工程暂估价	按招标文件提供金额计列	
3.3	其中:计日工	自主报价	
3.4	其中:总承包服务费	自主报价	
4	规费	按规定标准计算	
5	税金(扣除不列入计税范围的工程设备金额)	$(1+2+3+4)×$规定税率	
投标报价合计 $=1+2+3+4+5$			

78

三、竣工结算计价程序(表7-3)

竣工结算计价程序 表7-3

工程名称: 标段:

序 号	汇 总 内 容	计 算 方 法	金 额 (元)
1	分部分项工程费	按合同约定计算	
1.1			
1.2			
1.3			
1.4			
1.5			
2	措施项目	按合同约定计算	
2.1	其中:安全文明施工费	按规定标准计算	
3	其他项目		
3.1	其中:专业工程结算价	按合同约定计算	
3.2	其中:计日工	按计日工签证计算	
3.3	其中:总承包服务费	按合同约定计算	
3.4	索赔与现场签证	按发承包双方确认数额计算	
4	规费	按规定标准计算	
5	税金(扣除不列入计税范围的工程设备金额)	(1+2+3+4)×规定税率	
竣工结算总价合计 = 1+2+3+4+5			

复习思考题

1. 按费用构成要素划分,建筑安装工程费用项目包含哪些内容。

2. 人工费、材料费、施工机具使用费,各指什么费用?包括哪些内容?

3. 什么是企业管理费?包括哪些内容?

4. 什么是利润?包括哪些内容?

5. 什么是规费?包括哪些内容?

6. 什么是税金?包括哪些内容?如何计取?

7. 按造价形成划分,建筑安装工程费用项目包含哪些内容。

8. 什么是分部分项工程费?包括哪些内容?

9. 什么是措施项目费?包括哪些内容?

79

10. 建筑安装工程费用项目组成(按造价形成划分)中,其他项目费包括哪些内容?

11. 人工费、材料费、施工机具使用费的计算方法是什么?

12. 税金及综合税率的计算方法是什么?

13. 建筑安装工程计价参考公式的有哪些?

14. 建筑安装工程计价程序是什么?

15. 施工企业工程投标报价计价程序是什么?

16. 竣工结算计价程序是什么?

第三篇 建筑工程概算与工程量清单计价

第八章 单位工程施工图预算编制概述

第一节 施工图预算编制概述

一、施工图预算的概念和作用

（一）施工图预算的概念

施工图预算，即单位工程预算书，是在施工图设计完成后，工程开工前，根据已批准的施工图纸，在施工方案或施工组织设计已确定的前提下，按照国家或省市颁发的现行预算定额、费用标准、材料预算价格等有关规定，进行逐项计算工程量、套用相应定额、进行工料分析、计算直接费、并计取间接费、利润、税金等费用，确定单位工程造价的技术经济文件。

建筑安装工程预算，包括建筑工程预算和设备及安装工程预算。

建筑工程预算，又可分为一般土建工程预算、给排水工程预算、暖通工程预算、电气照明工程预算、构筑物工程预算及工业管道、电力、电信工程预算等；设备及安装工程预算，又可分为机械设备及安装工程预算和电气设备及安装工程预算。

本章只讨论"一般土建单位工程施工图预算"的编制。

（二）施工图预算的作用

（1）施工图预算是设计阶段控制工程造价的重要环节，是控制施工图设计不突破设计概算的重要措施。

（2）施工图预算是编制或调整固定资产投资计划的依据。

（3）对于实行施工招标的工程不属《清单规范》规定执行范围的，可用施工图预算作为编制标底的依据，此时它是承包企业投标报价的基础。

（4）对于不宜实行招标而采用施工图预算加调整价结算的工程，施工图预算可作为确定合同价款的基础或作为审查施工企业提出的施工图预算的依据。

二、施工图预算的编制依据

（一）经过审批后的施工图纸和说明书

经过审图部门审查批准后的施工图纸和说明书，是编制建筑工程预算的重要依据。包括所附的文字说明、有关的通用图集和标准图集、施工图纸会审记录等。这些资料表明了建筑工程的主要工作对象和工程的具体内容、技术特征、建筑结构尺寸及装修做法等。因而是编制施工图预算的重要依据之一。

（二）现行预算定额或地区单位估价表

现行的预算定额是编制预算的基础资料。编制工程预算，从分部分项工程项目的划分到工程量的计算，都必须以预算定额为依据。

地区单位估价表是根据现行预算定额、地区工人工资标准、施工机械台班使用定额和材料预算价格等进行编制的。它是预算定额在该地区的具体表现，也是该地区编制工程预算的基础资料。

（三）施工组织设计或施工方案

施工组织设计或施工方案是建筑施工中的重要文件，它对工程施工方法、材料、构件的加工和堆放地点都有明确规定。这些资料直接影响工程量的计算和预算单价的套用，是计算工程量、选套预算定额或单位估价表、计算其他费用的重要依据。

（四）地区取费标准（或间接费定额）和有关动态调价文件

工程所在地区规定的施工措施费、间接费、利润、税金等费用的取费率标准及有关造价文件，作为计算工程量、计取有关费用、最后确定工程造价的依据。

（五）招标文件

招标文件中有关承包范围、结算方式、包干系数的确定、价差调整等，都是编制施工图预算的主要依据。

（六）材料预算价格

工程所在地区不同，运费不同，所以材料预算价格也不同。由于材料费在工程造价中所占的比例较大，相同的工程项目，在不同的地区各自的预算造价是不同的。因此，必须以相应地区的材料预算价格，进行调整和换算，作为编制施工图预算的重要依据

（七）预算工作手册

预算工作手册将常用的数据、计算公式和系数等资料汇编成手册以便查用。它是迅速计算工程量，进行工料分析，编制施工图预算的主要基础资料。

（八）其他资料

国家或地区主管部门、工程所在地的工程造价管理部门所颁布的编制预算的补充规定、文件和说明等资料以及有关部门批准的拟建工程概算文件等。

三、施工图预算的编制方法和步骤

（一）施工图预算的编制方法

施工图预算是由单位工程施工图预算、单项工程施工图预算和建设项目施工图预算三级逐级综合汇总而成的。由于施工图预算是以单位工程为单位编制的，按单项工程汇总而成，所以施工图预算编制的关键在于编制好单位工程施工图预算。

施工图预算的编制方法有单价法和实物法两种。

1. 单价法

用单价法编制施工图预算，就是利用各地区、各部门编制的建筑安装工程单位估表或预算定额基价，根据施工图计算出的各分项工程量，分别乘以相应单价或预算定额基价并求和，得到直接工程费，再加上措施费，即为该工程的直接费；再以直接费或其中的人工费为计算基础，

按有关部门规定的各项取费率,求出该工程的间接费、利润及税金等费用;最后将上述各项费用汇总,即为一般土建单位工程预算造价。

这种编制方法简单方便,便于技术经济分析,是一种常用的编制方法。

2.实物法

用实物法编制土建单位工程施工图预算,就是根据施工图计算的各分项工程量分别乘以人工、材料、施工机械台班的定额消耗量,分类汇总得出该单位工程所需的全部人工、材料、施工机械台班消耗数量,然后再乘以当时、当地人工日单价、各种材料单价、施工机械台班单价,求出相应的人工费、材料费、机械使用费,再加上措施费,就可以求出该工程的直接费。间接费、利润及税金等费用计取方法与单位估价法相同。

实物法的优点是能比较及时地将反映各种材料、人工、机械的当时单价进入预算价格,不需调价,反映当时的工程价格水平。

(二)施工图预算的编制步骤

1.收集基础资料,做好准备

主要收集编制施工图预算的编制依据,包括施工图纸、有关的通用标准图、图纸会审记录、设计变更通知、施工组织设计、预算定额、取费标准及市场材料价格等资料。

2.熟悉施工图等基础资料

编制施工图预算前,应熟悉并检查施工图纸是否齐全、尺寸是否清楚,了解设计意图,掌握工程全貌。另外,针对要编制预算的工程内容搜集有关资料,包括熟悉并掌握预算定额的使用范围、工程内容及工程量计算规则等。

3.了解施工组织设计和施工现场情况

编制施工图预算前,应了解施工组织设计中影响工程造价的有关内容。例如,各分部分项工程的施工方法,土方工程中余土外运使用的工具、运距,施工平面图对建和正确套用或确定某些分项工程的基价。这对于正确计算工程造价,提高施工图预算质量,有着重要意义。

4.计算工程量

工程量计算,应严格按照图纸尺寸和现行定额规定的工程量计算规则,遵循一定的顺序,逐项计算分部分项工程子目的工程量。计算各分部分项工程量前,最好先列项。也就是按照分部工程中各分项子目的顺序,先列出单位工程中所有分项子目的名称,然后再逐个计算其工程量。这样,可以避免工程量计算中,出现盲目凌乱的状况,使工程量计算工作有条不紊地进行,也可以避免漏项和重项。

5.汇总工程量,套预算定额基价(预算单价)

各分项工程量计算完毕,并经复核无误后,按预算定额手册规定的分部分项工程顺序逐项汇总,然后将汇总后的工程量抄入工程预算表内,并把计算项目的相应定额编号、计量单位、预算定额基价以及其中的人工费、材料费、机械台班使用费填入工程预算表内。

6.进行工料分析

计算出该单位工程所需要的各种材料用量和人工日总数,并填入材料汇总表中。这一步骤通常与套定额单价同时进行,以避免二次翻阅定额。

7.价差调整

目前,预算定额基价中的材料费是根据编制定额所在地区的省会所在地的材料预算价格计算。由于地区材料预算价格随着时间的变化而发生变化,其他地区使用该预算定额时材料预算价格也会发生变化,所以,用单位估价法计算定额直接费后,一般还要根据工程所在地区的材料预算价格调整材料价差。

8. 计算工程直接费

计算各分项工程直接费并汇总,即为土建单位工程直接工程费,再以此为基数计算措施费,求和得到工程直接费。

9. 计取各项费用

按取费标准(或间接费定额)计算间接费、利润、税金等费用,求和得出工程预算造价,并填入预算费用汇总表中。同时计算技术经济指标,如单方造价等。

10. 编制说明

编制说明一般包括以下几项内容:

(1)编制预算时所采用的施工图名称、工程编号、标准图集以及设计变更情况。

(2)采用的预算定额及名称。

(3)间接费定额或地区发布的动态调价文件等资料。

(4)钢筋、铁件是否已经过调整。

(5)其他有关说明,通常是指在施工图预算中无法表示,需要用文字补充说明的。例如,分项工程定额中需要的材料无货,用其他材料代替,其价格待结算时另行调整,就需用文字补充说明。

11. 填写封面、装订成册、签字盖章

施工图预算书封面通常需填写的内容有:工程编号及名称、建筑结构形式、建筑面积、层数、工程造价、技术经济指标、编制单位、编制人及编制日期等。

最后,把封面、编制说明、费用计算表、工程预算表、工程量计算表、工料分析表等,按以上顺序编排并装订成册,编制人员签字盖章,有关单位审阅、签字并加盖单位公章后,便完成了土建单位工程施工图预算的编制工作。

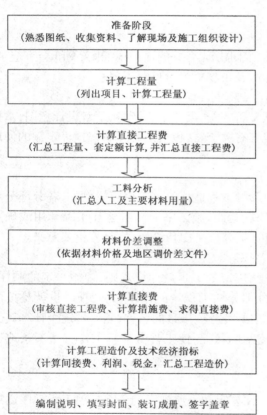

图 8-1 施工图预算的编制程序

四、施工图预算的编制程序

编制施工图预算是一项工作量大而复杂的工作,参加编制的人员在具备编制条件的基础上,可按图 8-1 所示程序进行。

第二节 单位工程施工图预算书的编制

单项工程施工图预算书是由土建、给排水工程、采暖工程、煤气工程、电气设备安装工程等若干个单位工程预算书组成的,现仅介绍土建单位工程施工图预算书的编制。

一、填写工程量计算表

（1）根据施工图纸及定额规定，按照一定计算顺序，列出单位工程施工图预算的分项工程项目名称。

（2）按定额要求，列出计量单位和分项工程项目的计算公式。一般采用表8-1形式进行工程量计算。要求各分部分项工程列项正确、层次分明、部位明确；计算过程清晰、步骤简洁明了、便于审查核对。

（3）将计算出的工程量同项目汇总后，填入工程量计算表内，作为计算工程直接费的依据。工程量计算如表8-1所示。

工　程　量　计　算　表　　　　　　　　　表 8-1

序号	轴线部位	项目名称	单位	数量	计算表达式及说明
		建筑面积	m²		
一		土石方工程			
1		平整场地	m²		
		—			

二、填写钢筋计算表

根据施工图、标准图、规范和预算定额等，对该单项工程的钢筋进行工程量计算，如表8-2所示。

钢筋工程量计算表　　　　　　　　　表 8-2

构件名称	构件数量	钢筋编号	钢筋直径（mm）	钢筋形式	单筋长度（m）	钢筋数量（根）	钢筋总长（m）	理论质量（kg/m）	钢筋总质量（t）

三、填写分部分项工程预算表

按工程量计算表的内容汇总，套预算定额，计算直接工程费，填入预算表。预算表如表8-3所示。

分部分项工程预算表　　　　　　　　　表 8-3

序号	定额编号	项目名称	单位	工程量	预算（元）		其中：人工（元）	
					单价	合价	单价	合价

四、填写分部分项工程工、料分析表

以分部分项工程为单位，分别进行工、料分析，然后汇总编制单位工程工、料分析表，如表8-4所示。

人工、材料分析表　　　　　　　　　　　　　　　　　　表 8-4

序号	定额编号	项目名称	单位	数量	人工(工日)	主要材料		

五、填写材料价差调整表

当采用单位估价法计算直接工程费时,对影响工程造价较大的主要材料(如钢材、水泥、大理石等)一般需进行单项材料价差调整。材料价差调整用表如表 8-5 所示。

材料价差调整表　　　　　　　　　　　　　　　　　表 8-5

序号	材料名称	单位	数量	预算价格	市场价格	单价差额	合价差额

六、填写土建单位工程直接工程费汇总表

将土建单位工程各分部分项直接工程费小计及人工费汇总于表 8-6,作为计取其他各项费用的依据。

土建单位工程直接工程费汇总表　　　　　　　　　表 8-6

序号	工程项目	直接费(元)	人工费(元)	材料费(元)	机械施工费(元)
一	土石方工程				
二	地基处理与边坡支护工程				
—					
	直接费汇总				

七、填写土建单位工程造价费用计算表

建筑安装工程费用计算程序没有全国统一的格式,一般由省、市、自治区工程造价主管部门结合本地区具体情况确定。费用计算表的格式见表 8-7。

工程造价费用计算表　　　　　　　　　　　　　　表 8-7

序　号	项 目 名 称	计 算 式	金　额　(元)
一	直接费		
1	直接工程费		
2	措施费		
二	间接费		
三	利润		
四	税金		
五	工程造价		

八、编写编制说明

编制说明一般包括以下内容：

（1）工程概况

（2）编制依据

（3）其他有关需要说明的问题

九、填写建筑工程预算书的封面

建筑工程预算书的封面格式见表8-8。

建筑工程预算书封面 表8-8

建筑工程施工图预算书			
建设单位：		工程名称：	
建筑面积：		结构类型：	
工程造价：		经济指标：	元/m²
编制单位：		编制人：	上岗证编号：
审核人：	上岗证编号：	年 月 日	

复习思考题

1.施工图预算的概念是什么？

2.施工图预算的作用是什么？

3.施工图预算的编制方法和步骤是什么？

4.施工图预算的编制程序是什么？

5.单位工程施工图预算书的编制需要依次填写哪些表格？

第九章　工程量计算概述

第一节　工程量计算注意事项

确定工程项目和计算工程量,是编制预算的重要环节。工程项目划分的是否齐全,工程量计算的正确与否,将直接影响预算的编制质量及速度。一般应注意以下几点:

(1)计算口径要一致。

计算工程量时,根据施工图列出的分项工程的口径与定额中相应分项工程的口径相一致。因此,在划分项目时,一定要熟悉定额中该项目所包括的工程内容。如楼地面工程的整体楼地面,北京市预算定额中包括了结合层、找平层、面层,因此在确定项目时,结合层和找平层就不应另列项目重复计算。

(2)计量单位要一致。

按施工图纸计算工程量时,各分项工程的工程量计量单位,必须与定额中相应项目的计量单位一致,不能凭个人主观臆断随意改变。计算公式要正确,取定尺寸来源要注明部位或轴线。如现浇钢筋混凝土构造柱定额的计量单位是 m^3,工程量的计量单位也应该是 m^3。定额中对工程量计算规则中的计量单位和工程量计算有效位数统一规定如下:

①"以体积计算"的工程量以"m^3"为计量单位,工程量保留小数点后两位数字。

②"以面积计算"的工程量以"m^2"为计量单位,工程量保留小数点后两位数字。

③"以长度计算"的工程量以"m"为计量单位,工程量保留小数点后两位数字。

④"以质量计算"的工程量以"t"为计量单位,工程量保留小数点后三位数字。

⑤"以数量计算"的工程量以"台、块、个、套、件、根、组、系统"等为计量单位,工程量应取整数。

定额各章计算规则另有具体规定,以其规定为准。

另外还要正确地掌握同一计量单位的不同含义,如阳台栏杆与楼梯栏杆虽然都是以延长"米"(m)为计量单位,但按定额的含义,前者是图示长度,而后者是指水平投影长度。

(3)严格执行定额中的工程量计算规则。

在计算工程量时,必须严格执行工程量计算规则,以免造成工程量计算中的误差,从而影响工程造价的准确性。如计算墙体工程量时应按 m^3 计算,并扣除门窗框外围面积,以及 $0.3m^2$ 以外的孔洞及圈梁、过梁、梁、柱所占的体积(其中门窗为框外围面积,而不是门窗洞口的面积)。

(4)计算必须要准确。

在计算工程量时,计算底稿要整洁,数字要清楚,项目部位要注明,计算精度要一致。工程量的数据一般精确到小数点后两位,钢材、木村及使用贵重材料的项目可精确到小数点后三位,余数四舍五入。

(5)尽量利用一数多用的计算原则,以加快计算速度。

①重复使用的数值,要反复核对后再连续使用。否则据比计算的其他工程量也都错了。

②对计算结果影响大的数字,要严格要求其精确度,如长×宽,面积×高,则对长或高的数字,就要求正确无误,否则差值很大。

③计算顺序要合理,利用共同因数计算其他有关项目。

(6)门窗和洞口要结合建筑平、立面图,对照清点,列出数量、面积明细表,以备扣除门窗面积、洞口面积之用。

(7)计算时要做到不重不漏。

为防止工程量计算中的漏项和重算,计算时应预先确定合理的计算顺序,通常采用以下几种方法:

①从平面图左上角开始,按顺时针方向逐步计算,绕一周后再回到左上角为止。这种方法适用于计算外墙、外墙基础、外墙装修、楼地面、天棚等工程量。

②按先上后下、先左后右,先外墙后内墙,先从施工图横轴顺序计算,后从施工图纵轴顺序计算。此种方法适用于计算内墙、内墙基础、和各种间壁墙、保温墙等工程量。

③按图纸上注明不同类别的构件、配件的编号顺序进行计算,这种方法适用于计算打桩工程、钢筋混凝土柱、梁、板等构件,金属构件、钢木门窗及建筑构件等。如结构图示,柱 Z1、Z2、…、Zn,梁 L1、L2、…、Ln;建筑图示,门窗编号 M1、M2、…、Mn,C1、C2、…、Cn 等。

(8)工程量的计算和汇总,都应该分层、分段(以施工分段为准)计算,分别计列分层分段的数量,然后汇总。这样既便于核算,又能满足其他职能部门业务管理上的需要。

为了便于整理核对,工程量计算顺序,使用时也可综合考虑:

①按施工顺序,先计算建筑面积,再计算基础、结构、屋面、装修(先室内后室外)、台阶、散水、管沟、构筑物等。

②结合图纸,结构分层计算,内装修分层、分房间计算,外装修分立面计算。

③按预算定额分部顺序编写,即土石方工程,地基处理与边坡支护工程,桩基工程,砌筑工程,混凝土及钢筋混凝土工程,金属结构工程,木结构工程,门窗工程,屋面及防水工程,保温、隔热、防腐工程,楼地面装饰工程,墙、柱面装饰与隔断、幕墙工程,天棚工程,油漆、涂料、裱糊工程,其他装饰工程,工程水电费,措施项目。

第二节　层高与檐高

一、建筑物层高的计算方法

层高是定额中计算结构工程、装修工程的主要依据,计算方法如下:

(1)建筑物的首层层高,按室内设计地坪高程至首层顶部的结构层(楼板)顶面高度,如图 9-1 所示。

(2)其余各层的层高,均为上下结构层顶面高程之差,如图 9-1 所示。

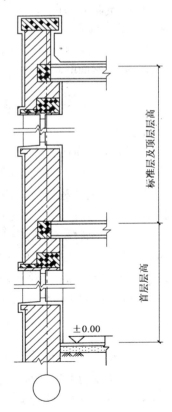

图 9-1　建筑物层高示意图

二、建筑物檐高的计算方法

由于建筑物檐高的不同,则选择垂直运输机械的类型也有所差异,同时也影响到劳动力和机械的生产效率,所以以准确地计算檐高,对工程造价的确定有着重要的意义,计算方法如下:

(1)平屋顶带挑檐者,从室外地坪高程算至挑檐板下皮的高度,如图9-2所示。

(2)平屋顶带女儿墙者,从室外设计地坪高程算至屋顶结构板上皮的高度,如图9-3所示。

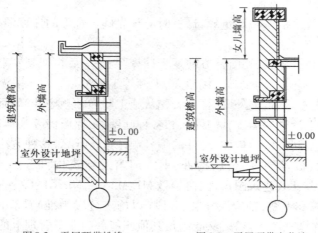

图9-2　平屋顶带挑檐　　　　图9-3　平屋顶带女儿墙

(3)坡屋面或其他曲面屋顶,从室外设计地坪高程算至墙(支撑屋架的墙)的中心线与屋面板交点的高度。

(4)阶梯式建筑物,按高层的建筑物计算檐高。

(5)突出屋面的水箱间、电梯间、楼梯间、亭台楼阁等均不计算檐高。

第三节　建筑面积计算规则

建筑面积是指房屋建筑水平面积,以 m² 为单位计算出的建筑物各层面积的总和。在我国的工程项目建设中,建筑面积一直是一项重要的技术经济数据,如依据建筑面积确定概算指标,计算每 m² 的工程造价、每 m² 的用工量、每 m² 的主要材料用量等;也是计算某些分项工程量的基本数据,如计算平整场地、综合脚手架、室内回填土、楼地面工程等,这些都与建筑面积有关;它还是计划、统计及工程概算的主要数量指标之一,如计划面积、竣工面积、在建面积等指标。此外确定拟建项目的规模,评价投资效益、设计方案的经济性和合理性,对单线工程进行技术经济分析等都涉及建筑面积相关数量与指标计算。《建筑工程建筑面积计算规范》(GB/T 50353—2013)相关规定如下。

一、建筑面积计算的相关术语

(1)层高:上下两层楼面或楼面与地面之间的垂直距离。

(2)自然层:按楼板、地板结构分层的楼层。

(3)架空层:建筑物深基础或坡地建筑吊脚架空部位不回填土石方形成的建筑空间。

(4)走廊:建筑物的水平交通空间。

90

（5）挑廊：挑出建筑物外墙的水平交通空间。

（6）檐廊：设置在建筑物底层出檐下的水平交通空间。

（7）回廊：在建筑物门厅、大厅内设置在二层或二层以上的回形走廊。

（8）门斗：在建筑物出入口设置的起分隔、挡风、御寒等作用的建筑过渡空间。

（9）建筑物通道：为道路穿过建筑物而设置的建筑空间。

（10）架空走廊：建筑物与建筑物之间，在二层或二层以上专门为水平交通设置的走廊。

（11）勒脚：建筑物的外墙与室外地面或散水接触部位墙体的加厚部分。

（12）围护结构：围合建筑空间四周的墙体、门、窗等。

（13）围护性幕墙：直接作为外墙起围护作用的幕墙。

（14）装饰性幕墙：设置在建筑物墙体外起装饰作用的幕墙。

（15）落地橱窗：突出外墙面根基落地的橱窗。

（16）阳台：供使用者进行活动和晾晒衣物的建筑空间。

（17）眺望间：设置在建筑物顶层或挑出房间的供人们远眺或观察周围情况的建筑空间。

（18）雨篷：设置在建筑物进出口上部的遮雨、遮阳篷。

（19）地下室：房间地平面低于室外地平面的高度超过该房间净高的1/2者为地下室。

（20）半地下室：房间地平面低于室外地平面的高度超过该房间净高的1/3，且不超过1/2者为半地下室。

（21）变形缝：伸缩缝（温度缝）、沉降缝和抗震缝的总称。

（22）永久性顶盖：经规划批准设计的永久使用的顶盖。

（23）飘窗：为房间采光和美化造型而设置的突出外墙的窗。

（24）骑楼：楼层部分跨在人行道上的临街楼房。

（25）过街楼：有道路穿过建筑空间的楼房。

二、计算建筑面积的规定

（1）单层建筑物的建筑面积（图9-4），应按其外墙勒脚以上结构外围水平面积计算，并应符合下列规定：

①单层建筑物高度在2.20m及以上者应计算全面积；高度不足2.20m者应计算1/2面积。

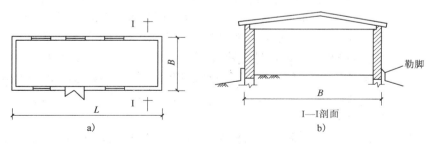

图9-4　单层建筑物面积计算

②利用坡屋顶内空间时净高超过2.10m的部位应计算全面积；净高在1.20m～2.10m的部位应计算1/2面积；净高不足1.20m的部位不应计算面积。

说明：单层建筑物高度指室内地面高程至屋面板板面结构高程之间的垂直距离。遇有以屋面板找坡的平屋顶单层建筑物，其高度指室内地面高程至屋面板最低处板面结构高程之间的垂直距离。

（2）单层建筑物内设有局部楼层者（图9-5），局部楼层的二层及以上楼层，有围护结构的应按其围护结构外围水平面积计算，无围护结构的应按其结构底板水平面积计算。层高在2.20m及以上者应计算全面积；层高不足2.20m者应计算1/2面积。

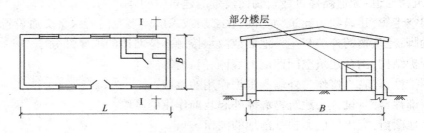

图9-5　单层建筑物内局部楼层面积算

（3）多层建筑物首层应按其外墙勒脚以上结构外围水平面积计算；二层及以上楼层应按其外墙结构外围水平面积计算。层高在2.20m及以上者应计算全面积；层高不足2.20m者应计算1/2面积。如图9-6所示。

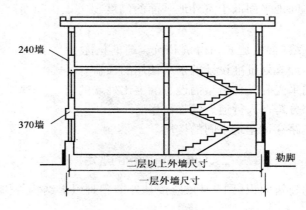

图9-6　多层建筑物面积计算

说明：建筑物最底层的层高，有基础底板的指基础底板上表面结构高程至上层楼面的结构高程之间的垂直距离；没有基础底板的指地面高程至上层楼面结构高程之间的垂直距离。最上一层的层高是指楼面结构高程至屋面板板面结构高程之间的垂直距离，遇有以屋面板找坡的屋面，层高指楼面结构高程至屋面板最低处板面结构高程之间的垂直距离。

（4）多层建筑坡屋顶内和场馆看台下，当设计加以利用时净高超过2.10m的部位应计算全面积；净高在1.20m至2.10m的部位应计算1/2面积；当设计不利用或室内净高不足1.20m时不应计算面积。如图9-7所示。

（5）地下室、半地下室（车间、商店、车站、车库、仓库等），包括相应的有永久性顶盖的出入口，应按其外墙上口（不包括采光井、外墙防潮层及其保护墙）外边线所围水平面积计算。层高在2.20m及以上者应计算全面积；层高不足2.20m者应计算1/2面积。如图9-8所示。

（6）坡地的建筑物吊脚架空层（图9-9）、深基础架空层，设计加以利用并有围护结构的，层高在2.20m及以上的部位应计算全面积；层高不足2.20m的部位应计算1/2面积。设计加以利用、无围护结构的建筑吊脚架空层，应按其利用部位水平面积的1/2计算；设计不利用的深基础架空层、坡地吊脚架空层、多层建筑坡屋顶内、场馆看台下的空间不应计算面积。如图9-10所示。

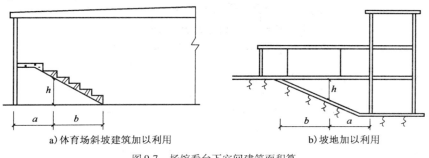

a) 体育场斜坡建筑加以利用　　　　b) 坡地加以利用

图 9-7　场馆看台下空间建筑面积算

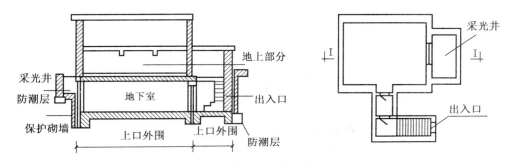

图 9-8　地下室、半地下室建筑面积计算

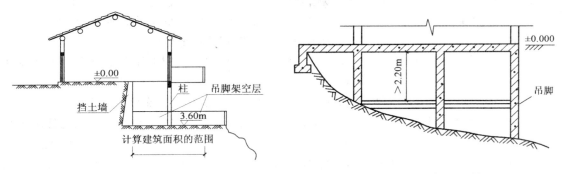

图 9-9　坡地建筑吊脚架空层　　　　图 9-10　吊脚建筑面积算

（7）建筑物的门厅、大厅按一层计算建筑面积。门厅、大厅内设有回廊时，应按其结构底板水平面积计算。层高在2.20m及以上者应计算全面积；层高不足2.20m者应计算1/2面积。

（8）建筑物间有围护结构的架空走廊，应按其围护结构外围水平面积计算。层高在2.20m及以上者应计算全面积；层高不足2.20m者应计算1/2面积。有永久性顶盖无围护结构的应按其结构底板水平面积的1/2计算。如图9-11所示。

（9）立体书库、立体仓库、立体车库，无结构层的应按一层计算，有结构层的应按其结构层面积分别计算。层高在2.20m及以上者应计算全面积；层高不足2.20m者应计算1/2面积。

说明：立体车库、立体仓库、立体书库不规定是否有"围护结构"，均按是否有"结构层"。

（10）有围护结构的舞台灯光控制室，应按其围护结构外围水平面积计算。层高在2.20m及以上者应计算全面积；层高不足2.20m者应计算1/2面积。

图 9-11　架空通廊面积算

（11）建筑物外有围护结构的落地橱窗、门斗、挑廊、走廊、檐廊,应按其围护结构外围水平面积计算。层高在 2.20m 及以上者应计算全面积;层高不足 2.20m 者应计算 1/2 面积。有永久性顶盖无围护结构的应按其结构底板水平面积的 1/2 计算。如图 9-12 所示。

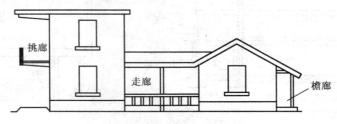

图 9-12　挑廊、走廊、檐廊面积计算

（12）有永久性顶盖无围护结构的场馆看台,应按其顶盖水平投影面积的 1/2 计算。

说明:这里所称的"场馆"实质上指的是"场"(如:足球场、网球场等),而不是"馆"("馆"应是有永久性顶盖和围护结构的,应按单层或多层建筑相关规定计算面积)。

（13）建筑物顶部有围护结构的楼梯间、水箱间、电梯机房等,层高在 2.20m 及以上者应计算全面积;层高不足 2.20m 者应计算 1/2 面积。

说明:如遇建筑物屋顶的楼梯间是坡屋顶,应按坡屋顶的相关条文计算面积。

（14）设有围护结构不垂直于水平面而超出底板外沿的建筑物,应按其底板面的外围水平面积计算。层高在 2.20m 及以上者应计算全面积;层高不足 2.20m 者应计算 1/2 面积。

说明:设有围护结构不垂直于水平面而超出底板外沿的建筑物是指向建筑物外倾斜的墙体,若遇有向建筑物内倾斜的墙体,应视为坡屋顶,应按坡屋顶有关条文计算面积。

（15）建筑物内的室内楼梯间、电梯井、观光电梯井、提物井、管道井、通风排气竖井、垃圾道、附墙烟囱,应按建筑物的自然层计算。如图 9-13 所示。

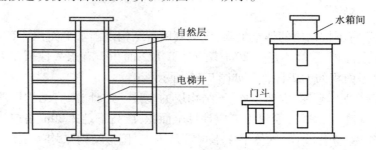

图 9-13　水箱间、门斗及自然层示意

计算室内楼梯间的面积时,应按楼梯依附的建筑物的自然层数计算并在建筑物面积内。

遇跃层建筑,其共用的室内楼梯应按自然层计算面积;上下两错层户室共用的室内楼梯,应选上一层的自然层计算面积(图9-14)。

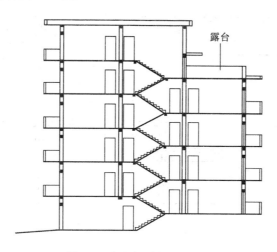

图9-14　户室错层剖面示意图

(16)雨篷结构的外边线至外墙结构外边线的宽度超过2.10m者,应按雨篷结构板的水平投影面积的1/2计算。

说明:雨篷均以其宽度超过2.10m或不超过2.10m衡量,超过2.10m者应按雨篷的结构板水平投影面积的1/2计算。有柱雨篷和无柱雨篷计算应一致。

(17)有永久性顶盖的室外楼梯,应按建筑物自然层的水平投影面积的1/2计算。

说明:室外楼梯,最上层楼梯无永久性顶盖,或不能完全遮盖楼梯的雨篷,上层楼梯不计算面积,上层楼梯可视为下层楼梯的永久性顶盖,下层楼梯应计算面积。

(18)建筑物的阳台均应按其水平投影面积的1/2计算,如图9-15所示。

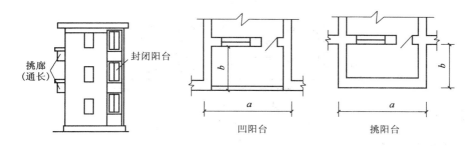

图9-15　阳台建筑面积计算

说明:建筑物的阳台,不论是凹阳台、挑阳台、封闭阳台、不封闭阳台,均按其水平投影面积的一半计算。

(19)有永久性顶盖无围护结构的车棚、货棚、站台、加油站、收费站等,应按其顶盖水平投影面积的1/2计算,如图9-16所示。

说明:在车棚、货棚、站台、加油站、收费站内设有有围护结构的管理室、休息室等,另按相关条款计算面积。

(20)高低联跨的建筑物,应以高跨结构外边线为界分别计算建筑面积;其高低跨内部连通时,其变形缝应计算在低跨面积内,如图9-17所示。

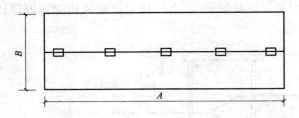
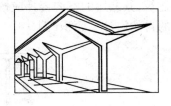

图9-16 站台建筑面积算

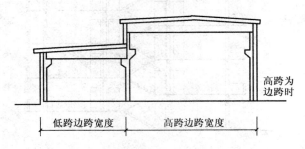

图9-17 高低联跨的建筑物面积计算

(21)以幕墙作为围护结构的建筑物,应按幕墙外边线计算建筑面积。

(22)建筑物外墙外侧有保温隔热层的,应按保温隔热层外边线计算建筑面积。

(23)建筑物内的变形缝,应按其自然层合并在建筑物面积内计算。

说明:这里所指的建筑物内的变形缝是与建筑物相连通的变形缝,即暴露在建筑物内,在建筑物内可以看得见的变形缝。

(24)下列项目不应计算面积:

①建筑物通道(骑楼、过街楼的底层),如图9-18所示。

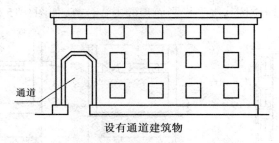

设有通道建筑物

图9-18 过街楼底层不计算建筑面积

②建筑物内的设备管道夹层。

③建筑物内分隔的单层房间,舞台及后台悬挂幕布、布景的天桥、挑台等。

④屋顶水箱、花架、凉棚、露台、露天游泳池。

⑤建筑物内的操作平台、上料平台、安装箱和罐体的平台。

⑥勒脚、附墙柱、垛、台阶、墙面抹灰、装饰面、镶贴块料面层、装饰性幕墙、空调室外机搁板(箱)、飘窗、构件、配件、宽度在2.10m及以内的雨篷以及与建筑物内不相连通的装饰性阳台、挑廊。

说明:以上内容,均不属于建筑结构,不应计算建筑面积。

⑦无永久性顶盖的架空走廊、室外楼梯和用于检修、消防等的室外钢楼梯、爬梯。

⑧自动扶梯、自动人行道。

说明:自动扶梯(斜步道滚梯),除两端固定在楼层板或梁之外,扶梯本身属于设备,为此扶梯不宜计算建筑面积;水平步道(滚梯)属于安装在楼板上的设备,不应单独计算建筑面积。

⑨独立烟囱、烟道、地沟、油(水)罐、气柜、水塔、贮油(水)池、贮仓、栈桥、地下人防通道、地铁隧道。

【例9-1】 某5层建筑物各层的建筑面积均相同,底层外墙轴线尺寸如图9-19所示,墙厚均为240mm,试计算建筑面积。

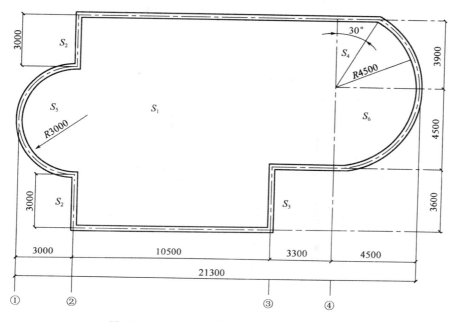

图9-19 某5层建筑物底层平面图(尺寸单位:mm)

解:(1)②④轴线间矩形面积 $S_1 = (13.8 - 0.12) \times 12.24 = 167.443 (\text{m}^2)$

其中,应扣除的面积: $S_3 = 3.6 \times (3.3 - 0.12) = 11.488 (\text{m}^2)$

(2)②轴线上两段半墙: $S_2 = (3.0 - 0.12) \times 0.24 \times 2 = 1.382 (\text{m}^2)$

(3)三角形面积: $S_4 = 1/2 \times (3.90 + 0.12) \times 0.5 \times (4.50 + 0.12) = 4.643 (\text{m}^2)$

(4)②轴线外半圆面积: $S_5 = 3.14 \times (3.00 + 0.12)^2 \times 0.5 = 15.283 (\text{m}^2)$

(5)扇形面积: $S_6 = 3.14 \times (4.50 + 0.12)^2 \times 150/360 = 27.926 (\text{m}^2)$

总建筑面积: $S = (S_1 - S_3 + S_2 + S_4 + S_5 + S_6) \times 5 = 1025.95 (\text{m}^2)$

【例9-2】某住宅楼底层平面图,如图9-20所示。已知内、外墙墙厚均为240mm,雨篷挑出墙外1.20m,阳台为非封闭,试计算该住宅底层建筑面积。

解:该住宅楼底层建筑面积由三部分组成:

(1)房屋建筑面积。房屋建筑面积按其外墙勒脚以上结构的外围水平面积计算,应为:

$$S_1 = (3.00 + 3.60 \times 2 + 0.12 \times 2) \times (4.80 + 4.80 + 0.12 \times 2) + (2.40 + 0.12 \times 2) \times$$
$$(1.50 - 0.12 + 0.12)$$
$$= 102.73 + 3.96$$
$$= 106.69 (\text{m}^2)$$

(2)非封闭阳台建筑面积。阳台无论是否封闭,其建筑面积均按水平投影面积的一半计算,应为:

$$S_2 = 1/2 \times (3.60 + 3.60) \times 1.5 = 5.40(\text{m}^2)$$

（3）雨篷建筑面积。雨篷挑出墙外的宽度为 1.20m < 2.10m，所以不计算建筑面积。

$$S_3 = 0$$

（4）住宅楼底层建筑面积。住宅楼底层建筑面积为以上三部分之和，即：

$$S = S_1 + S_2 + S_3 = 106.69 + 5.40 + 0 = 112.09(\text{m}^2)$$

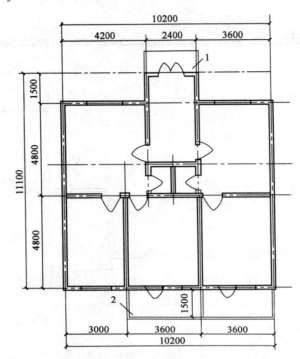

图 9-20 某住宅底层平面图（尺寸单位：mm）

1-雨篷；2-阳台

复习思考题

1. 工程量计算有哪些注意事项？

2. 单层建筑物建筑面积计算的规定是什么？

3. 地下室、半地下室建筑面积计算的规定是什么？

4. 建筑物的门厅、大厅建筑面积计算的规定是什么？

5. 不应计算面积的内容有哪些？

第十章 建筑工程工程量计算

第一节 土石方工程

一、说 明

（1）本节包括：土方工程，石方工程，回填，运输，4节，共53个子目。

（2）挖土方定额子目中综合了干土、湿土，执行中不得调整。

（3）土壤含水率大于40%的土质执行挖淤泥（流砂）定额子目。

（4）平整场地是指室外设计地坪与自然地坪平均厚度 ≤ ±300mm 的就地挖、填、找平；平均厚度 > ±300mm 的竖向土方，执行挖一般土方相应定额子目。

（5）定额中不包括地上、地下障碍物处理及建筑物拆除后的垃圾清运，发生时应另行计算。

（6）无论是否带挡土板，土方工程均执行本定额。

（7）挖沟槽、基坑、一般土方的划分标准：

①底宽≤7m，底长 >3 倍底宽，执行挖沟槽相应定额子目；

②底长≤3 倍底宽，底面积≤150m²，执行挖基坑相应定额子目；

③超出上述范围执行挖一般土方相应定额子目；

④石方工程的划分按土方工程标准执行。

（8）基坑内用于土方运输的汽车坡道已包括在相应定额子目中，执行时不得另行计算。

（9）混合结构的住宅工程和柱距6m 以内的框架结构工程，设计为带形基础或独立柱基，且基础槽深 >3m 时，按外墙基础垫层外边线内包水平投影面积乘以槽深以体积计算，不再计算工作面及放坡土方增量，执行挖一般土方相应定额子目。

（10）管沟土方执行沟槽土方相应定额子目。

（11）土方回填定额子目中不包括外购土的费用，发生时另行计算。

（12）土（石）方运输子目中不包括渣土消纳费用，渣土消纳费应按有关部门相关规定另行计算。

（13）人工土（石）方定额子目中已包含打钎拍底，机械土（石）方的打钎拍底另执行本节相应定额子目。

（14）石方工程中不分岩石种类，定额中已综合考虑了超挖量。

（15）土方、石方（渣）运输规定：

①机械挖沟槽、基坑、一般土方，运距超过15km 时，执行第四节土（石）方运输每增5km 定额子目。

②回填土回运执行第四节土方回运运距1km 以内及每增5km 定额子目。

③石方（渣）运输执行第四节石方（渣）运输相应定额子目。

（16）打基础桩工程，设计桩顶高程至基础垫层下表面高程的土方执行挖桩间土相应定额子目。

（17）坑底挖槽子目适用于人工坑底挖沟槽的项目。

（18）竖向布置挖石或山坡凿石的厚度 > ±300mm 时执行挖一般石方定额子目。

二、工程量计算规则

（一）平整场地

建筑物按设计图示尺寸以建筑物首层建筑面积计算。地下室单层建筑面积大于首层建筑面积时，按地下室最大单层建筑面积计算。

（二）基础挖土方

按挖土底面积乘以挖土深度以体积计算。挖土深度超过放坡起点 1.5m 时，另计算放坡土方增量，局部加深部分并入土方工程量中（表 10-1）。

放坡土方增量折算厚度表　　　　　　　　　　表 10-1

基 础 类 型	挖 土 深 度（m）	放坡土方增量折算厚度（m）
沟槽（双面）	≤2 以内	0.59
	>2 以外	0.83
基坑	≤2 以内	0.48
	2 以外	0.82
土方	≤5 以内	0.70
	≤8 以内	1.37
	≤13 以内	2.38
	>13 以外每增 1m	0.24
喷锚护壁	≤5 以内	0.25
	≤8 以内	0.40
	>8 以外	0.65

1. 挖土底面积

（1）一般土方、基坑按图示垫层外皮尺寸加工作面宽度的水平投影面积计算（表 10-2）。

基础施工所需工作面宽度计算表　　　　　　　表 10-2

基 础 材 料	每边各增加工作面宽度（mm）
砖基础	200
浆砌毛石、条石基础	150
混凝土基础及垫层支模板	300
基础垂直面做防水层	1000（防水面层）
坑底打钢筋混凝土预制桩	3000
坑底螺旋钻孔桩	1500

（2）沟槽按基础垫层宽度加工作面宽度（超过放坡起点时应再加上放坡增量）乘以沟槽长度计算。

（3）管沟按管沟底部宽度乘以图示中心线长度计算，窨井增加的土方量并入管沟工程量中。管沟底部宽度设计有规定的按设计规定尺寸计算，设计无规定的按表 10-3 管沟底部宽度表计算。

管井（mm）	铸铁管、钢管	混 凝 土 管	其　　他
50～70	0.60	0.80	0.70
100～200	0.70	0.90	0.80
250～350	0.80	1.00	0.90
400～450	1.00	1.30	1.10
500～600	1.30	1.50	1.40
700～800	1.60	1.80	—

2. 挖土深度

（1）室外设计地坪高程与自然地坪高程 ≤ ±300mm 时，挖土深度从基础垫层下表面高程算至室外设计地坪高程。

（2）室外设计地坪高程与自然地坪高程 > ±300mm 时，挖土深度从基础垫层下表面高程算至自然地坪高程。

3. 放坡增量

（1）土方、基坑放坡土方增量按放坡部分的基坑下口外边线长度（含工作面宽度）乘以挖土深度再乘以放坡土方增量折算厚度（表 10-1）以体积计算。

（2）沟槽（管沟）放坡土方增量按放坡部分的沟槽长度（含工作面宽度）乘以挖土深度再乘以放坡土方增量折算厚度以体积计算。

（3）挖土方深度超过 13m 时，放坡土方增量按 13m 以外每增 1m 的折算厚度乘以超过的深度（不足 1m 按 1m 计算），并入到 13m 以内的折算厚度中计算。

（三）挖桩间土

按打桩部分的水平投影面积计算乘以厚度（设计桩顶面至基础垫层下表面高程）以体积计算，扣除桩所占体积。

（四）挖淤泥、流沙

按设计图示的位置、界限以体积计算。

（五）挖一般石方

按设计图示尺寸以体积计算。

（六）挖基坑石方

按设计图示尺寸基坑底面积乘以挖石深度以体积计算。

（七）挖沟槽石方

按设计图示尺寸沟槽底面积乘以挖石深度以体积计算。挖管沟石方按设计图示尺寸沟槽底面积乘以挖石深度以体积计算。

（八）打钎拍底

按设计图示基础垫层水平投影面积计算。

（九）场地碾压、原土打夯

按设计图示碾压或打夯面积计算。

（十）回填土

（1）基础回填土按挖土体积减去室外设计地坪以下埋设的基础体积、建筑物、构筑物、垫层所占的体积以体积计算。地下管道管径 > 500mm 时按表 10-4 管沟体积换算表的规定扣除管道所占体积。

（2）房心回填土按主墙间的面积（扣除暖气沟及设备所占面积），乘以室外设计地坪至首层地面垫层下表面的高度，以体积计算。

（3）地下室内回填土按设计图示尺寸，以体积计算。

（4）场地填土按设计图示回填面积，乘以平均回填厚度，以体积计算。

（十一）土（石）方、淤泥、流沙、护壁泥浆运输

按挖土方工程量以体积计算。

管沟体积换算表（单位：m³） 表 10-4

管 道 名 称	管 道 直 径（mm）	
	501～600	601～800
钢管	0.21	0.44
铸铁管	0.24	0.49
混凝土管及其他管	0.33	0.60

三、注 意 事 项

（一）关于机械土石方所使用的机械

实际施工时机械挖土方可使用各种挖土机，如正铲挖土机、反铲挖土机、铲运机、推土机等，可根据工程具体情况，采用不同机械，而定额是不分机械型号综合取定的，不许因挖土机械的不同而调整。

（二）确定挖土底面积时，应特别注意工作面宽度的因素

基坑底面积按图示垫层外皮尺寸加工作面宽度的水平投影面积计算。

【例 10-1】 某满堂基础的垫层尺寸如图 10-1 所示，其设计室外高程为 -0.45m，自然地坪为 -0.6，垫层底高程为 -5.5m，试计算其土方量。

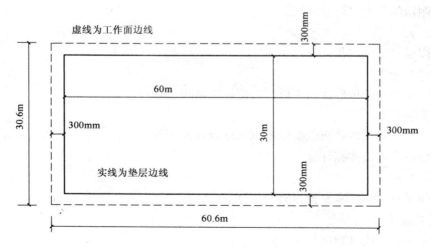

图 10-1　基础垫层平面图

解： 从图中可看出，原基础垫层面积为 60m×30m，加工作面（每边加 300mm）后，其挖土的底面积为 60.6m×30.6m=1854.36m²，周边长度为（60.6+30.6）×2=182.4m，因室外设计地

坪高程与自然地坪高程 ≤ ±300mm,所以挖土深度为

$$(-0.45)-(-5.5)=5.05(m)$$

查表 10-1《放坡土方增量折算厚度表》可知,挖土深度 8m 以内的放坡土方增量折算厚度为 1.37,故其挖土体积为

$$1854.36 \times 5.05 + 182.4 \times 5.05 \times 1.37 = 10626.45(m^3)$$

上例如果挖土方采取基坑支护不需要放坡时,则其土方量为

$$1854.36 \times 5.05 = 9364.52(m^3)$$

如果采用喷锚护壁支护时,查表 10-1《放坡土方增量折算厚度表》可知挖土深度 8m 以喷锚护壁的放坡土方增量折算厚度为 0.40m,故其挖土体积为

$$1854.36 \times 5.05 + 182.4 \times 5.05 \times 0.40 = 9732.97(m^3)$$

沟槽按基础垫层宽度加工作面宽度乘以沟槽长度计算,这里计算带形基础土方时,还是要按外墙沟槽中心线、内墙沟槽净长线计算,特别是内墙沟槽净长度要考虑工作面宽度的因素,放坡土方增量折算厚度已包括了沟槽两侧的增量,这一点与基坑挖土有所不同。

【例 10-2】某砖混结构 2 层住宅,基础平面图如图 10-2 所示,基础剖面图如图 10-3 所示,室外地坪高程为 -0.45m,自然地坪高程为 -0.6m,混凝土垫层与灰土垫层施工均不留工作面。分别求平整场地、人工挖沟槽、混凝土垫层、打钎拍底的工程量。

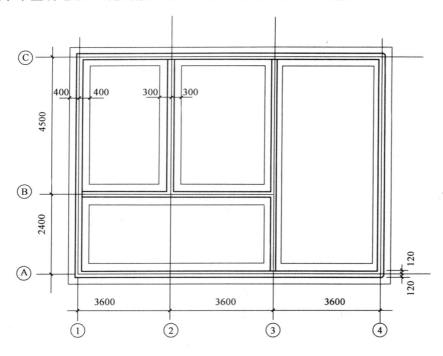

图 10-2 基础平面图(尺寸单位:mm)

解:(1)平整场地

$$首层建筑面积 = (2.4 + 4.5 + 0.12 \times 2) \times (3.6 \times 3 + 0.12 \times 2)$$
$$= 7.14 \times 11.04 = 78.83(m^2)$$

103

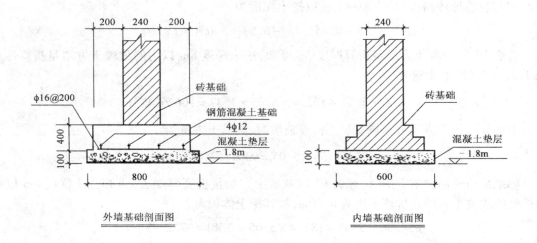

図10-3　基础剖面图(尺寸单位:mm)

（2）人工挖沟槽工程量计算

查表10-2可知混凝土基础及垫层支模板每边增加工作面宽度为300mm。由于计算内墙沟槽净长时要减去与其两端相交墙体的垫层和工作面宽度,所以

$$内墙沟槽净长 = (4.5 - 0.4 - 0.3 - 0.3 \times 2) + (3.6 \times 2 - 0.4 - 0.3 - 0.3 \times 2) +$$
$$(4.5 + 2.4 - 0.4 - 0.4 - 0.3 \times 2) = 14.6(m)$$

已知室外地坪高程为 $-0.45m$ 则挖土深度为 $1.8 - 0.45 = 1.35m$ 不超过放坡起点(1.5m)不需计算放坡土方增量,混凝土垫层支模板每边增加工作面宽度为300mm。

$$人工挖内墙沟槽工程量 = 14.6 \times (0.6 + 0.3 \times 2) \times 1.35 = 23.65(m^3)$$

$$外槽中心线长 = (3.6 \times 3 + 2.4 + 4.5) \times 2 = 35.4(m)$$

则　　　$$人工挖外墙沟槽工程量 = 35.4 \times (0.8 + 0.3 \times 2) \times 1.35 = 66.91(m^3)$$

$$人工挖沟槽工程总量 = 人工挖内墙沟槽工程量 + 人工挖外墙沟槽工程量$$
$$= 23.65 + 66.91 = 90.56(m^3)$$

（3）混凝土垫层

$$内墙垫层净长 = (4.5 - 0.4 - 0.3) + (3.6 \times 2 - 0.4 - 0.3) +$$
$$(4.5 + 2.4 - 0.4 - 0.4) = 16.4(m)$$

$$外槽垫层中心线长 = (3.6 \times 3 + 2.4 + 4.5) \times 2 = 35.4(m)$$

$$混凝土垫层工程量 = 内墙垫层工程量 + 外槽垫层工程量$$
$$= (0.6 \times 0.1 \times 16.4) + (0.8 \times 0.1 \times 35.4)$$
$$= 3.82(m^3)$$

（4）打钎拍底

按基础垫层水平投影面积以 m^2 计算。

$$打钎拍底工程量 = (0.6 \times 16.4) + (0.8 \times 35.4) = 38.2(m^2)$$

104

中国出版集团
中国盲文出版社

八年级 上册

XINLIJIANKANGJIAOYU

心理健康教育

九年义务教育盲校语文课程实验教科书

XINLIJIANKANGJIAOYU

现浇混凝土楼梯,现浇混凝土其他构件,现浇混凝土后浇带,预制混凝土柱,预制混凝土梁,预制混凝土屋架,预制混凝土板,预制混凝土楼梯,其他预制构件,钢筋工程,铁件,现浇混凝土垫层,现场搅拌混凝土增加费,18节,共154个子目。

(一)现浇混凝土构件

(1)现浇混凝土构件是按预拌混凝土编制的,采用现场搅拌时,执行相应的预拌混凝土子目,换算混凝土材料费,再执行现场搅拌混凝土调整费子目。

(2)现浇混凝土定额子目中不包括外加剂费用,使用外加剂时其费用应并入混凝土价格中。

(3)定额中未列出项目的构件以及单件体积≤0.1m³时,执行小型构件相应定额子目;单件体积>0.1m³的构件,执行其他构件相应定额子目。

(4)基础分以下情况执行:

①箱式基础分别执行满堂基础、柱、梁、墙的相应定额子目。

②有肋带形基础,肋的高度≤1.5m时,其工程量并入带型基础工程量中,执行带型基础相应定额子目;肋的高度>1.5m时,基础和肋分别执行带型基础和墙定额子目。

③梁板式满堂基础的反梁高度≤1.5m时,执行梁相应定额子目;反梁高度>1.5m时,执行墙相应定额子目。

④带形桩承台、独立桩承台分别执行带形基础、独立基础相应定额子目,综合工日乘以系数1.05。

⑤框架式设备基础,分别执行独立基础、柱、梁、墙、板相应定额子目。

⑥现浇混凝土基础,不扣除伸入承台基础的桩头所占体积。

⑦杯形基础定额子目中已综合了杯口底部找平的工、料,不得另行计算。

(5)钢筋混凝土结构中,梁、板、柱、墙分别计算,执行各自相应定额子目,和墙连在一起的暗梁、暗柱并入墙体工程量中,执行墙定额子目;突出墙或梁的装饰线,并入相应定项目工程量内。

(6)斜梁、折梁执行拱形梁定额子目。

(7)墙肢截面的最大长度与厚度之比≤6倍的剪力墙,执行短肢剪力墙定额子目;L形、Y形、T形、十字形、Z形、一字形等短肢剪力墙的单肢中心线长≤0.4m时,执行柱定额子目。

(8)现浇混凝土结构板的坡度>10°时,应执行斜板定额子目,15°<板的坡度≤25°时,综合工日乘以系数1.05,板的坡度>25°时,综合工日乘以系数1.1。

(9)现浇空心楼板执行混凝土板的相应定额子目,综合工日和机械分别乘以系数1.1。

(10)劲性混凝土结构中现浇混凝土除执行本节相应定额子目外,综合工日和机械分别乘以系数1.05;型钢骨架执行本章第六节金属结构工程中相应定额子目。

(11)现浇混凝土挑檐、天沟、雨篷、阳台与屋面板或楼板连接时,以外墙外边线为分界线;与圈梁或其他梁连接时,以梁外边线为分界线;分别执行相应定额子目。

(12)阳台、雨篷立板高度≤500mm时,其体积并入阳台、雨篷工程量内;立板高度>500mm时,执行栏板相应定额子目。

(13)看台板后浇带执行梁后浇带定额子目,综合工日乘以系数1.05。

(14)定额中楼梯踏步及梯段厚度是按200mm编制的,设计厚度不同时,按梯段部分的水平投影面积执行每增减10mm定额子目。

(15)楼梯与现浇板的划分界限,楼梯与现浇混凝土板之间有梯梁连接时,以梁的外边线为分界;无梯梁连接时,以楼梯的最后一个踏步边缘加300mm为分界线。

（16）架空式混凝土台阶执行楼梯定额子目，栏板和挡墙另行计算。

（17）散水、坡道、台阶定额子目中，不包括面层的工料费用，面层执行第十一章第一节楼地面装饰工程相应定额子目。

（18）后浇带定额子目中已包括金属网，不得另行计算。

（二）预制混凝土构件

（1）预制板缝宽＜40mm时，执行接头灌缝定额子目；40mm＜缝宽≤300mm执行补板缝定额子目；缝宽＞300mm时执行板定额子目。

（2）圆孔板接头灌缝定额子目中，已综合了空心板堵孔的工料费用及灌入孔内的混凝土，执行时不得另行计算。

（3）定额中未列出项目的构件以单件体积≤0.1m³时，执行小型构件相应定额子目；单件体积＞0.1m³的构件，执行其他构件相应定额子目。

（三）钢筋

（1）定额中钢筋是按手工绑扎编制的，采用机械连接时，应单独计算接头费用，不再计算搭接用量。

（2）现浇混凝土伸出构件的锚固钢筋、预制构件的吊钩等并入钢筋用量中。

（3）劲性混凝土中的钢筋安装，除执行相应定额子目外，综合工日乘以系数1.25。

（4）劲性钢柱的地脚埋铁，执行本章第六节金属结构工程中钢柱预埋件定额子目。

二、工程量计算规则

（一）现浇混凝土

（1）现浇混凝土工程量除另有规定外，均按设计图示尺寸以体积计算，不扣除构件内钢筋、预埋铁件、螺栓及0.3m²以内的孔洞所占体积；型钢混凝土结构中，每吨型钢应扣减0.1m³混凝土体积。

（2）现浇混凝土基础，按设计图示尺寸以体积计算，不扣除构件内钢筋、预埋铁件和伸入承台基础的桩头所占体积。

①带型基础，外墙按中心线，内墙按净长线乘以基础断面面积以体积计算；带型基础肋的高度自基础上表面算至肋的上表面。

②满堂基础，局部加深部分并入满堂基础体积内。

③杯形基础，应扣除杯口所占体积。

（3）现浇混凝土柱，按设计图示尺寸以体积计算。不扣除构件内钢筋，预埋铁件所占体积。型钢混凝土柱扣除构件内型钢所占体积。依附柱上的牛腿并入柱身体积计算。

①柱高的规定：

a.梁板应自柱基上表面（或楼板上表面）至上一层楼板上表面之间的高度计算。

b.无梁板应自柱基上表面（或楼板上表面）至柱帽下表面之间的高度计算。

c.框架柱应自柱基上表面至柱顶高度计算。

d.构造柱按全高计算，嵌接墙体部分（马牙槎）并入柱身体积。

e.空心砌块墙中的混凝土芯柱按孔的图示高度计算。

②钢管混凝土柱按设计图示尺寸以体积计算。

（4）现浇混凝土梁，按设计图示尺寸以体积计算，不扣除构件内钢筋、预埋铁件所占体积，伸入墙内的梁头、梁垫并入梁体积内。型钢混凝土梁应扣除构件内型钢所占体积。

①梁长的规定：

a.梁与柱连接时,梁长算至柱侧面。

b.主梁与次梁连接时,次梁长算至主梁侧面。

c.梁与墙连接时,梁长算至墙侧面。

d.圈梁的长度外墙按中心线,内墙按净长线计算。

e.过梁按设计图示尺寸计算。

②圈梁代过梁者其过梁体积并入圈梁工程量内。

③叠合梁按设计图示二次浇注部分的体积计算。

（5）现浇混凝土墙,按设计图示尺寸以体积计算,不扣除构件内的钢筋、预埋铁件所占体积,但扣除门窗洞口及单个面积 >0.3m² 的孔洞所占体积,墙垛及突出墙面部分并入墙体体积计算内。

①墙长,外墙按中心线、内墙按净长线计算。

②墙高的规定：

a.墙与板连接时,墙高从基础（基础梁）或楼板上表面算至上一层楼板上表面。

b.墙与梁连接时,墙高算至梁底。

c.女儿墙,从屋面板上表面算至女儿墙的上表面,女儿墙压顶、腰线、装饰线的体积并入女儿墙工程量内。

（6）现浇混凝土板,按设计图示尺寸以体积计算,不扣除构件内钢筋、预埋铁件及单个面积 ≤0.3m² 的柱、垛以及孔洞所占体积。压形钢板混凝土楼板,应扣除构件内压形钢板所占体积。无梁板的柱帽并入板体积内。

①板的图示面积按下列规定确定：

a.有梁板按主梁间的净尺寸计算。

b.无梁板按板外变现的水平投影面积计算。

c.平板按主墙间的净面积计算。

d.板与圈梁连接时,算至圈梁侧面;板与砖墙连接时,伸出墙面的板头体积并入板工程量内。

②有梁板的次梁并入板的工程量内。

③叠合板按设计图示板和肋合并后的体积计算。

④看台板按图示尺寸以体积计算,看台板的梁并入看台板工程量内。

⑤压型钢板上现浇混凝土,板厚应从压型钢板的板面算至现浇混凝土板的上表面,压型钢板凹槽部分混凝土体积并入板体积内。

⑥斜板按设计图示尺寸以体积计算。

⑦雨篷、悬挑板、阳台板,按设计图示尺寸以墙外部分体积计算,包括伸出墙外的牛腿和雨篷返挑檐的体积。

⑧栏板、天沟、挑檐,按设计图示尺寸以体积计算。

⑨各类板伸入墙内的板头并入板体积内,薄壳板的肋、基梁并入薄壳体积内计算。

⑩其他板,按设计图示尺寸以体积计算;空心板应扣除空心部分体积。

⑪空心板中的芯管按设计图示长度计算。

（7）楼梯（包括休息平台、平台梁、斜梁及楼梯的连接梁）,按设计图示尺寸以水平投影面积计算,不扣除宽度≤500mm的楼梯井,伸入墙内部分不计算。

（8）散水、坡道、台阶、电缆沟、地沟、扶手、压顶、其他构件、小型构件,按设计图示体积计

123

算,不扣除构件内钢筋、预埋铁件所占体积。

（9）补板缝按预制板长度乘以板缝宽度再乘以板厚以体积计算,预制板边八字角部分的体积不得另行计算。

（10）柱、梁、板及其他构件接头灌缝,按预制构件体积以体积计算;杯形基础灌缝按个计算。

（11）后浇带,按设计图示尺寸以体积计算。

（二）预制混凝土

（1）预制混凝土柱、梁、屋架,按设计图示尺寸以体积计算,不扣除构件内钢筋、预埋铁件所占体积。

（2）预制混凝土板及外墙按设计图示尺寸以体积计算,不扣除构件内钢筋、预埋铁件及单个面积≤300mm×300mm的孔洞所占体积。

（3）预制沟盖板、井盖板、井圈,按设计图示尺寸以体积计算,不扣除构件内钢筋、预埋铁件所占体积。

（4）预制混凝土楼梯,按设计图示尺寸以体积计算,不扣除构件内钢筋、预埋铁件所占体积,扣除空心踏步板空洞体积。

（5）预制混凝土漏空花格,按设计图示垂直投影面积计算。

（6）预应力混凝土构件按设计图示尺寸以体积计算,不扣除灌浆孔道所占体积。

（三）钢筋

（1）现浇构件的钢筋、钢筋网片、钢筋笼均按设计图示钢筋（网）长度（面积）乘以单位理论质量计算。现浇构件中伸出构件的锚固钢筋应并入钢筋工程量内。

（2）钢筋搭接应按设计图纸注明或规范要求计算;图纸未注明搭接的按以下规定计算搭接数量:

①钢筋 $\phi12$ 以内,按 12m 长计算 1 个搭接。

②钢筋 $\phi12$ 以外,按 8m 长计算 1 个搭接。

③现浇钢筋混凝土墙,按楼层高度计算搭接。

（3）预应力钢丝束、钢绞线及张拉,按设计图示长度乘以单位理论质量计算。

①钢筋（钢纹线）采用 JM、XM、QM、型锚具,钢丝束采用锥形锚具,孔道长度≤20m 时,钢筋长度按孔道长度增加 1m 计算,孔道长度 >20m 时,钢筋长度增加 1.8m 计算。

②钢丝束采用墩头锚具时,钢丝束长度按孔道长度增加 0.35m 计算。

（4）支撑钢筋（铁马）按钢筋长度乘以单位理论质量计算。

（5）锚具安装以孔计算。

（6）预埋管孔道铺设按构件设计图示长度计算。

（7）铁件。

①预埋铁件按设计图示尺寸以质量计算。

②钢筋接头机械连接按数量计算。

③植筋以根计算。

（四）垫层

（1）基础垫层:按设计图示尺寸以体积计算,不扣除构件内钢筋、预埋铁件和伸入承台基础的桩头所占体积。

①满堂基础垫层,如遇基础局部加深,其加深部分的垫层体积并入垫层工程量内。

②带形基础垫层长度的确定,外墙按垫层中心线,内墙按垫层净长线计算。

（2）楼地面混凝土垫层,按室内房间净面积乘以厚度以体积计算,但应扣除沟道、设备基础等所占的体积;不扣除柱垛、间壁墙和附墙烟囱、风道及≤0.3m² 以内孔洞所占体积,但门洞口、暖气槽和壁龛的开口部分所占的垫层体积内也不增加。

（五）现场搅拌混凝土增加费

按混凝土使用量以体积计算。

三、需要注意的问题

（一）各类混凝土基础的区分

1. 满堂基础

满堂基础分为板式满堂基础和带式满堂基础,[图 10-22a)、c)、d)]。

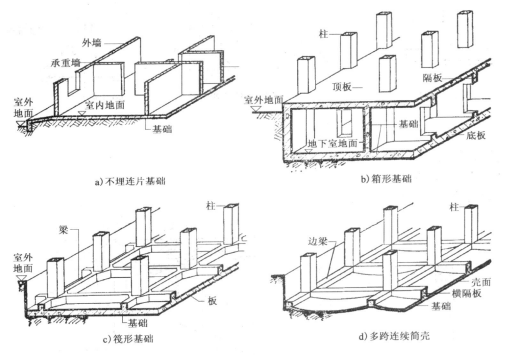

a)不埋连片基础　　　　　b)箱形基础

c)筏形基础　　　　　d)多跨连续筒壳

图 10-22　满堂基础

满堂基础的另一种形式为箱形基础,箱形基础是由钢筋混凝土底板、顶板、侧墙及一定数量的内隔墙构成封闭的箱体[图 10-23b)],基础中部可在内隔墙开门洞作地下室。这种基础整体性和刚度都好,调整不均匀沉降的能力及抗震能力较强,可消除因地基变形使建筑物开裂的可能性,减少基底处原有地基自重应力,降低总沉降量。这种基础其底板按满堂基础计算,顶板按楼板计算,内外墙按混凝土墙计算。

2. 带形基础

带形基础分为墙下带形混凝土基础[图 10-23a)]和柱下井格式带形基础[图 10-23b)、c)所示]。

3. 独立基础

独立基础支撑柱子,分为现浇柱下独立基础[图 10-24a)、b)]和预制柱下独立基础,亦称杯形基础[图 10-24c)]。

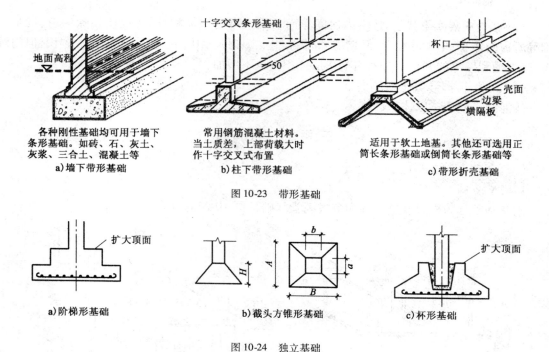

地面高程

十字交叉条形基础

50

杯口

壳面

边梁

横隔板

各种刚性基础均可用于墙下条形基础。如砖、石、灰土、灰浆、三合土、混凝土等

a)墙下带形基础

常用钢筋混凝土材料。当土质差，上部荷载大时作十字交叉式布置

b)柱下带形基础

适用于软土地基。其他还可选用正筒长条形基础或倒筒长条形基础等

c)带形折壳基础

图 10-23　带形基础

扩大顶面

H

A

b

a

B

扩大顶面

a)阶梯形基础

b)截头方锥形基础

c)杯形基础

图 10-24　独立基础

(二)现浇钢筋混凝土板的类型

(1)平板(见图10-25)；

(2)有梁板(见图10-26)；

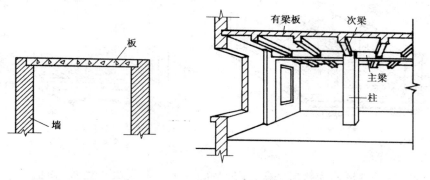

板

墙

图 10-25　平板示意图

有梁板

次梁

主梁

柱

图 10-26　有梁板透视图

(3)叠合板(见图10-27)；

(4)无梁板(见图10-28)；

(5)压型钢板上现浇钢筋混凝土板(见图10-29)。

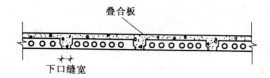

叠合板

下口缝宽

图 10-27　叠合板示意图

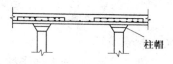

柱帽

图 10-28　无梁板示意图

126

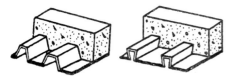

a) 无附加抗剪措施的压型板　　　　b) 带锚固件的压型钢板　　　c) 有抗剪键的压型钢板

图 10-29　压型钢板上现浇钢筋混凝土板

（三）混凝土保护层

受力钢筋的混凝土保护层最小厚度（从钢筋的外边缘算起），应符合表 10-13 的规定。

混凝土保护层的最小厚度　　　　　　　　　　　　　　　　　　表 10-13

环境类别	板、墙（mm）	梁、柱（mm）	环境类别	板、墙（mm）	梁、柱（mm）
一	15	20	三 a	30	40
二 a	20	25	三 b	40	50
二 b	25	35			

注：1. 表中混凝土保护层厚度指最外层钢筋外缘至混凝土表面的距离，适用于设计使用年限为 50 年的混凝土结构。
　　2. 构件中受力钢筋的保护层厚度，不应小于钢筋的公称直径。
　　3. 设计使用年限为 100 年的混凝土结构，一类环境中，最外层钢筋的保护层厚度，不应小于表中数值的 1.4 倍；二、三类环境中，应采取专门的有效措施。
　　4. 混凝土强度等级不大于 C25 时，表中保护层厚度数值应增加 5mm。
　　5. 基础底面钢筋的保护层厚度，有混凝土垫层时应从垫层顶面算起，且不应小于 40mm。

（四）钢筋绑扎搭接要求

（1）钢筋的钢号、直径、根数、间距及位置，符合图纸要求。

（2）搭接长度及接头位置，应符合设计及施工规范要求。

（3）纵向受拉钢筋绑扎搭接长度 l_l、l_{lE} 按表 10-14 确定。

纵向受拉钢筋绑扎搭接长度 l_l、l_{lE}　　　　　　　　　　　表 10-14

抗　　震	非　抗　震	
$l_{lE} = \zeta_l l_{aE}$	$l_l = \zeta_l l_a$	
纵向受拉钢筋搭接长度修正系数 ζ_l		
纵向钢筋搭接接头面积百分率（%）	≤25	50	100

注：1. 当直径不同的钢筋搭接时，l_l、l_{lE} 按直径较小的钢筋计算。
　　2. 任何情况下不应小于 300mm。
　　3. 式中 ζ_l 为纵向受拉钢筋搭接长度修正系数。

当纵向钢筋搭接接头百分率为表的中间值时，可按内插取值。

（五）钢筋下料长度计算

（1）钢筋外包尺寸——外皮至外皮尺寸，由构件尺寸减保护层厚得到。

（2）下料长度 = 外包尺寸 – 弯曲量度差值 + 弯钩增加长度
　　　直钢筋下料长度 = 直构件长度 – 保护层厚度 + 弯钩增加长度
　　　弯起钢筋下料长度 = 直段长度 + 斜段长度 – 弯折量度差值 + 弯钩增加长度

（3）箍筋下料长度 = 外包尺寸 – 中间弯折量度差值 + 端弯钩增长值
　　　　　　　　 = 箍筋周长 + 箍筋调整值

①绑扎箍筋的形式：90°/90°，90°/180°，135°/135°（抗震和受扭结构）。

②箍筋弯心直径 ≥2.5d，且 > 纵向受力筋的直径。

③箍筋弯钩平直段长：一般结构 =5d，抗震结构 =10d。

④矩形箍筋外包尺寸 = 2(外包宽 + 外包高)。

外包宽(高) = 构件宽(高) − 2 × 保护层厚 + 2 × 箍筋直径

一个弯钩增长值:90°时为 $\pi(D/2 + d/2)/2 − (D/2 + d) +$ 平直段长

$\qquad\qquad$ 135°时为 $3\pi(D/2 + d/2)/4 − (D/2 + d) +$ 平直段长

$\qquad\qquad$ 180°时为 $\pi(D/2 + d/2) − (D/2 + d) +$ 平直段长

矩形箍筋 135°/135° 弯钩时,近似为:L = 外包尺寸 + 2 × 平直段长。

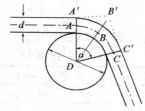

图 10-30　钢筋弯折尺寸

(4)中间弯折处的量度差值 = 弯折处的外包尺寸 − 弯折处的轴线长。

①弯折处的外包尺寸(图 10-30)

$$A'B' + B'C' = 2A'B' = 2(D/2 + d)\tan(\alpha/2)$$

②弯折处的轴线弧长(角度 α 以度计)

$$ABC = \left(\frac{D}{2} + \frac{d}{2}\right) \cdot \frac{\alpha\pi}{180} = 2(D + d) \cdot \frac{\alpha\pi}{360}$$

③据规范规定,D 应 ≥5d,若取 D = 5d,则量度差值为:

$$2(3.5d)\tan\frac{\alpha}{2} − (6d)\frac{\alpha\pi}{360} = 7d\tan\frac{\alpha}{2} − \frac{\alpha\pi d}{60}$$

可见,钢筋弯折的量度差值是钢筋直径 d 的函数,可以列成表格形式(表 10-15)以方便使用。

钢筋弯折量度差值　　　　　　　　　　表 10-15

弯 折 角 度	量 度 差 值	取 近 似 值	施工手册取值
$\alpha = 30°$	0.306d	0.3d	0.35d
$\alpha = 45°$	0.543d	0.5d	0.5d
$\alpha = 60°$	0.9d	1d	0.85d
$\alpha = 90°$	2.29d	2d	2d
$\alpha = 135°$			2.5d

(5)端部弯钩增长值按表 10-16 确定。

端部弯钩增长值　　　　　　　　　　表 10-16

弯 钩 角 度	弯钩增长值
45°	4.9d
90°	3.5d
135°	11.9d
180°	6.25d

(6)箍筋调整值按表 10-17 确定。

箍 筋 调 整 值　　　　　　　　　　表 10-17

箍筋量度方法	箍 筋 直 径 (mm)			
	4 ~ 5	6	8	10 ~ 12
量外包尺寸	40	50	60	70
量内包尺寸	80	100	120	150 ~ 170

(7)钢筋理论质量的计算

不同直径的钢筋质量 = 钢筋长度 × 相应直径钢筋每 m 长的理论质量

钢筋每 m 长的理论质量(单位长质量)如表 10-18 所示。

钢 筋 每 m 质 量

表 10-18

规　　格	质　量　(kg)	规　　格	质　量　(kg)
Φ6	0.222	Φ20	2.466
Φ8	0.395	Φ22	2.984
Φ10	0.617	Φ24	3.552
Φ12	0.888	Φ25	3.854
Φ14	1.209	Φ28	4.834
Φ16	1.579	Φ32	6.313
Φ18	1.998		

【例 10-5】某四层钢筋混凝土现浇框架办公楼,图 10-31 为其平面结构示意图和独立柱基础断面图,轴线即为梁、柱的中心线。已知楼层高均为 3.9m;柱顶高程为 15.6m;柱断面为 500mm×500mm;L_1 宽 300mm,高 550mm;L_2 宽 300mm,高 550mm。求主体结构柱、梁的混凝土工程量。

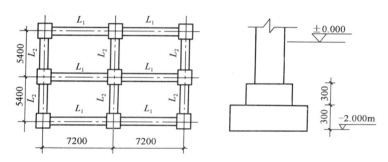

图 10-31　某办公楼结构平面图(尺寸单位:mm)

解:(1)钢筋混凝土柱混凝土工程量 = 柱断面面积 × 每根柱长 × 根数
$$= (0.5 \times 0.5) \times (15.6 + 2.0 - 0.3 - 0.3) \times 9$$
$$= 0.25 \times 17 \times 9 = 38.25 (m^3)$$

(2)梁的混凝土工程量 = (L_1 梁长 × L_1 断面 × L_1 根数 + L_2 梁长 × L_2 断面 × L_2 根数) × 层数
$$= [(7.2 \times 2 - 0.5 \times 2) \times (0.3 \times 0.55) \times 3 + (5.4 \times 2 - 0.5 \times 2) \times$$
$$(0.3 \times 0.55) \times 3] \times 4$$
$$= (6.633 + 4.851) \times 4 = 45.936 (m^3)$$

【例 10-6】某建筑物有 5 根钢筋混凝土梁 L_1,配筋如图 10-32 所示,③、④号钢筋为 45°弯起,⑤号箍筋按抗震结构要求,试计算各号钢筋下料长度及 5 根梁钢筋总质量。

解:钢筋端部保护层厚度取 20mm

①号钢筋下料长度:6240 - 2 × 20 = 6200(mm)

每根钢筋重量 = 2.466 × 6.2 = 15.30(kg)

②号钢筋

外包尺寸:6240 - 2 × 20 = 6200(mm)

下料长度:6200 + 2 × 6.25 × 10 = 6325(mm)

每根重量 = 0.617 × 6.325 = 3.9(kg)

129

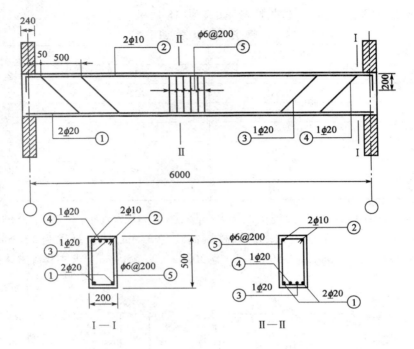

图 10-32 （尺寸单位：mm）

③号钢筋

外包尺寸分段计算

端部平直段长：$240 + 50 + 500 - 20 = 770(\text{mm})$

斜段长：$(500 - 2 \times 20) \times 1.414 = 650.44(\text{mm})$

中间直段长：$6200 - 2 \times (240 + 50 + 500 + 460) = 3700(\text{mm})$

端部竖直外包长：$200 \times 2 = 400(\text{mm})$

下料长度（外包尺寸 − 量度差值）：$2 \times (770 + 650.44) + 3700 + 400 - 2 \times 2d - 4 \times 0.5d$

$= 6940.88 - 2 \times 2 \times 20 - 4 \times 0.5 \times 20$

$= 6821(\text{mm})$

每根质量 $= 2.466 \times 6.821 = 16.82(\text{kg})$

同理④钢筋下料长度亦为 6821(mm)，每根质量亦为 16.82(kg)

⑤号箍筋

外包尺寸：宽度 $200 - 2 \times 20 + 2 \times 6 = 172(\text{mm})$

高度 $500 - 2 \times 20 + 2 \times 6 = 472(\text{mm})$

箍筋形式取 135°/135° 形式，D 取 25mm，平直段取 10d，则两个 135° 弯钩增长值为：

$$\left[\frac{3}{8}\pi(D + d) - \left(\frac{D}{2} + d\right) + 10d\right] \times 2 = \left[\frac{3}{8}\pi(25 + 6) - \left(\frac{25}{2} + 6\right) + 10 \times 6\right] \times 2 = 156(\text{mm})$$

箍筋有三处 90° 弯折量度差值为：

$3 \times 2d = 3 \times 2 \times 6 = 36$

⑤号箍筋下料长度：

$2 \times (172 + 472) + 156 - 36 = 1288(\text{mm})$

每根质量 $= 0.222 \times 1288 = 0.29(\text{kg})$

130

5 根梁钢筋总质量

$$= [15.3 \times 2 + 3.9 \times 2 + 16.82 \times 2 + 0.29 \times (6/0.2 + 1)] \times 5$$
$$= 405.15 (\text{kg})$$

四、定额摘录——现浇混凝土梁（表 10-19、表 10-20）

现浇混凝土梁定额（单位：m³）　　　　　　　　　　　表 10-19

定 额 编 号			5-12	5-13	5-14	5-15	5-16	5-17
项　　目			基础梁	矩形梁	异型梁	圈梁	过梁	弧形、拱形梁
预 算 单 价（元）			461.83	461.82	489.95	523.90	528.92	489.98
其中	人工费（元）		37.45	37.45	64.42	96.52	101.35	64.42
	材料费（元）		422.74	422.73	422.81	423.38	423.38	422.84
	机械费（元）		1.64	1.64	2.72	4.00	4.19	2.72
名　　称		单位	单价（元）	数　　量				
人工	870001 综合工日	工日	74.30	0.504	0.504	0.867	1.299	1.364	0.867
材料	400009 C30 预拌混凝土	m³	410.00	1.0150	1.0150	1.0150	1.0150	1.0150	1.0150
	840004 材料费	元	—	6.59	6.58	6.66	7.23	7.23	6.69
机械	840023 其他机具费	元	—	1.64	1.64	2.72	4.00	4.19	2.72

注：工作内容包括：混凝土浇筑、振捣、养护等。

钢筋工程定额（单位：t）　　　　　　　　　　　表 10-20

定 额 编 号			5-112	5-113	5-114	5-115	5-116	5-117
项　　目			钢筋制作			钢筋安装		
			φ10 以内	φ10 以外	冷轧带肋 φ5～φ12	φ10 以内	φ10 以外	冷轧带肋 φ5～φ12
预 算 单 价（元）			428.65	4324.56	4739.97	499.77	468.01	335.99
其中	人工费（元）		245.94	200.68	142.02	440.29	406.60	298.94
	材料费（元）		3945.42	4059.86	4538.43	37.88	37.25	25.09
	机械费（元）		67.29	64.02	59.52	21.60	24.16	11.96
名　　称		单位	单价（元）	数　　量				
人工	870002 综合工日	工日	83.20	2.956	2.412	1.707	5.292	4.887	3.593
材料	010001 钢筋 φ10 以内	kg	3.77	1025.0000	—	—	—	—	—
	010002 钢筋 φ10 以外	kg	3.88	—	1025.0000	—	—	—	—
	010003 冷轧带肋钢筋	kg	4.34	—	—	1025.0000	—	—	—
	090290 电焊条（综合）	kg	7.78	—	—	—	1.5000	1.7000	—
	090342 火烧丝	kg	5.90	—	—	—	4.2800	3.8900	4.1900
	100321 柴油	kg	8.93	2.5454	2.5454	2.5454	—	—	—
	840004 其他材料费	元	—	58.31	60.00	67.07	0.96	1.07	0.37

	名 称	单位	单价(元)			数	量	
机械	800226 汽车起重机 16t	台班	738.20	0.0710	0.0710	0.0710	—	—
	800011 点焊机(综合)	台班	18.60				0.2143	0.4249	—
	840023 其他机具费	元	—	14.88	11.61	7.11	17.61	16.26	11.96

注:工作内容包括:(1)钢筋(网、龙、铁马)、钢丝束、钢绞丝制作、安装。(2)钢丝束、钢绞线张拉。(3)预埋管孔道铺设、锚安装。(4)砂浆拌和、孔道注浆等。

第六节 金属结构工程

一、说 明

(1)本节包括:钢网架,钢屋架及钢桁架,钢柱,钢梁,钢板楼板及墙板,钢构件,金属制品,金属结构探伤,金属结构现场除锈及其他 9 字节共 101 个子目。

(2)金属结构构件均以工厂制品为准编制,单价中已包括加工损耗和加工厂至安装地点的运输费用。

(3)定额中钢材是按照 Q235B 考虑,设计与定额材质不同时,构件价格可进行换算。

(4)各种钢构件(除网架外)安装均按刚接与铰接综合考虑,执行中不得调整。

(5)单榀质量≤1t 的钢屋架执行轻钢屋架定额子目,单榀质量 >1t 的钢屋架执行桁架定额子目;建筑物间的架空通廊执行钢桥架定额子目。

(6)实腹钢柱(梁)、空腹钢柱(梁)、型钢混凝土组合结构钢柱(梁)的相关说明:

①实腹钢柱(梁)是指 H 形,T 形,L 形,十字形,组合形等。

②空腹钢柱(梁)是指箱形,多边形,格构型等。

③型钢混凝土组合结构钢柱(梁)形式包括 H 形,O 形,箱形,十字形,组合形等。

(7)金属构件安装定额子目中除另有说明外均不包含工程永久性高强螺栓连接副、机制螺栓、销轴等紧固连接件,发生时材料费另行计算。

(8)螺栓球节点网架中的球节点、锥头、封板、杆件及与杆件连接的高强螺栓、顶丝已包括在网架的构件价格中。

(9)型钢混凝土内钢柱(梁)、压型钢板楼板等构件中不包括栓钉,栓钉另行计算执行相应定额子目。

(10)钢网架、钢屋架、钢桁架、钢桥架等大型构件需要现场拼装时,除执行相应的安装子目外,还应执行现场拼装定额子目。

(11)埋入式(或与预埋件焊接)钢筋踏棍安装套用另行钢构件定额子目。

(12)定额中金属构件安装均按建筑物跨内吊装考虑,若需跨外吊装时,按相应定额综合工日乘以系数 1.15。

(13)定额中金属构件安装均按建筑物檐高≤25m 考虑。建筑物檐高 >25m 时,按照表 10-21 系数调整综合工日含量。

高层建筑综合工日调整表　　　　　　　　　　　表 10-21

建筑物檐高 H(m)	25 < H≤45	45 < H≤80	80 < H≤100	100 < H≤200	200 < H≤300	H > 300
系数	1.05	1.1	1.15	1.2	1.3	1.4

（14）金属构件安装定额子目均不包括为安装构件所搭设的临时性脚手架、支撑、平台、爬梯、吊篮以及为构件安装所设置的吊环、吊耳等零部件，发生时另行计算。

（15）金属构件安装定额子目不包括油漆、防火涂料，设计有防腐、防火要求时应执行第十一章第四节油漆、涂料、裱糊中的相应定额子目。

（16）后浇带金属网已包括在本章第五节混凝土与钢筋混凝土工程的相应子目中，不得另行计算。

（17）金属结构探伤适用于金属构件现场安装焊接后对焊接部位进行的超声波探伤检查。

（18）金属结构节点除锈适用于金属构件现场安装后对节点进行的除锈处理。

（19）金属结构现场焊接预热、后热处理适用于金属构件现场安装焊接前后进行的预热、后热处理。

二、工程量计算规则

（一）钢网架

按设计图示尺寸以质量计算。不扣除孔眼的质量，焊条、铆钉、螺栓等不另增加质量。

依附在钢网架上的支撑点钢板及立管、节点板并入网架工程量中。

（二）钢屋架、钢托架、钢桁架、钢桥架

按设计图示尺寸以质量计算，不扣除孔眼的质量，焊条、铆钉、螺栓等不另增加质量。钢屋架、钢托架、钢桁架、钢桥架上的节点板、加强板分别并入相应的构件工程量中。

（三）实腹钢柱、空腹钢柱

按设计图示尺寸以质量计算。不扣除孔眼的质量，焊条、铆钉、螺栓等不另增加质量。依附在钢柱上的牛腿及悬臂梁等并入钢柱工程量内。

钢梁上的柱脚板、劲板、柱顶板、隔板、肋板并入钢柱工程量内。

（四）钢管柱

按设计图示尺寸以质量计算。不扣除孔眼的质量，焊条、铆钉、螺栓等不另增加质量，钢管柱上的节点板、加强环、内衬管、牛腿等并入钢管柱工程量内。

（五）实腹钢梁、空腹钢梁

按设计图示尺寸以质量计算。不扣除孔眼的质量，焊条、铆钉、螺栓等不另增加质量。制动梁、制动板、制动桁架、车挡并入钢吊车梁工程量内。钢梁上的劲板、隔板、肋板、连接板等并入钢梁工程量中。

（六）钢构件

按设计图示尺寸以质量计算。不扣除孔眼质量，焊条、铆钉、螺栓等不另增加质量。依附在漏斗或天沟的型钢并入漏斗或天沟工程量内。

（七）钢管桁架杆件长度

按设计图示中心线长度计算。

（八）金属构件安装用垫板、衬板、衬管

按设计图示尺寸以质量计算。

（九）型钢混凝土组合结构钢柱（梁）、压型钢板楼板的栓钉安装

按设计图示规格数量计算。

（十）钢板楼板

按设计图示规格尺寸以铺设水平投影面积计算。不扣除单个面积≤0.3m² 柱、垛及孔洞

所占面积。

（十一）钢板墙板

按设计图示规格尺寸以铺挂面积计算。不扣除单个面积≤0.3m² 的梁、孔洞所占面积，包角、包边、窗台泛水，女儿墙顶等不另加面积。

（十二）钢梁、钢柱预埋铁件

按设计图示尺寸以质量计算。

（十三）空调金属百页护栏、成平栅栏

按设计图示尺寸等以框外围展开面积计算。

（十四）金属网栏

按设计图示尺寸以框外围展开面积计算。

（十五）砌块墙钢丝网加固

按设计图示尺寸以面积计算。

（十六）金属板材对接焊缝探伤检查

按设计图示焊缝长度计算。

（十七）金属管材对接焊缝探伤检查

按设计图示焊缝数量计算。

（十八）金属板材板面探伤检查

按检查材料面积计算。

（十九）金属构件现场节点除锈

按设计图示全部质量计算。

（二十）金属构件现场焊接预热、后热处理

按设计图示焊缝长度计算。

【例 10-7】 计算如图 10-33 所示的 H 型钢梁的工程量（已知钢材密度为 7.85（t/m³）。

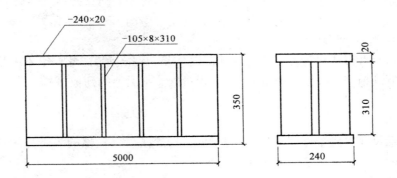

图 10-33　H 型钢梁示意图（尺寸单位：mm）

解：腹板：$(0.31 \times 0.016 \times 5) m^3 \times 7.85 t/m^3 = 0.195(t)$

翼缘：$(0.24 \times 0.02 \times 5) m^3 \times 7.85 t/m^3 = 0.377(t)$

加劲肋：$(0.105 \times 0.008 \times 0.31 \times 8) m^3 \times 7.85 t/m^3 = 0.016(t)$

合计：$0.195 + 0.377 + 0.016 = 0.588(t)$

三、定额摘录——钢网架（表 10-22）

钢网架定额（单位：t）

表 10-22

定额编号			6-1	6-2	6-3	6-4
项目			螺栓球节点网架		焊接球（板）节点网架	
			安装	现场拼装增加费	安装	现场拼装增加费
预算单价（元）			7331.20	641.84	8075.98	1759.31
其中	人工费（元）		150.31	601.20	541.22	1623.65
	材料费（元）		7150.56	16.59	7502.14	51.05
	机械费（元）		30.33	24.05	32.62	84.61
名称		单位	单价（元）	数量		
人工	870002 综合工日	工日	83.20	1.807	7.226	6.505	19.515
材料	380039 螺栓球节点钢网架	t	7000.00	1.0000	—	—	—
	380040 焊接球节点钢网架	t	7350.00	—	—	1.0000	—
	090290 电焊条（综合）	kg	7.78	3.4670	—	3.5000	2.8722
	030001 板方材	m³	1900.00	—	0.0031	0.0006	0.0024
	840007 电	kW·h	0.98	1.0292	—	0.3172	1.0600
	840004 其他材料费	元	—	122.58	10.70	123.46	23.11
机械	840033 交流电焊机 32kVA	台班	15.00	0.5025	—	0.5072	0.4163
	840023 其他机具费	元	—	22.79	24.05	25.01	78.37

定额编号			6-5	6-6	6-7	6-8
项目			螺栓球节点网架		焊接球（板）节点网架	
			安装	现场拼装增加费	安装	现场拼装增加费
预算单价（元）			7453.07	723.61	8289.14	1928.20
其中	人工费（元）		169.89	679.83	595.34	1786.05
	材料费（元）		7252.06	16.59	7659.02	51.05
	机械费（元）		31.12	27.19	34.78	91.10
名称		单位	单价（元）	数量		
人工	870002 综合工日	工日	83.20	2.042	8.171	7.156	21.467
材料	380041 螺栓球节点钢网壳	t	7100.00	1.0000	—	—	—
	380042 焊接球节点钢网壳	t	7500.00	—	—	1.0000	—
	090290 电焊条（综合）	kg	7.78	3.4670	—	3.5000	2.8722
	030001 板方材	m³	1900.00	—	0.0031	0.0030	0.0024
	840007 电	kW·h	0.98	1.0292	—	0.3172	1.0600
	840004 其他材料费	元	—	124.08	10.70	125.78	23.11
机械	840033 交流电焊机 32kVA	台班	15.00	0.5025	—	0.5072	0.4163
	840023 其他机具费	元	—	23.58	27.19	27.17	84.86

注：工作内容包括：拼装、安装等。

第七节　木结构工程

一、说　明

（1）本节包括：木屋架，木构件，屋面木基层3节共23个子目。

（2）屋架跨度是指屋架上、下弦杆中心线两交点之间的长度。

（3）钢木屋架的钢拉杆、铁件、垫铁等均已综合在定额中，不得另行计算。

（4）圆木屋架连接的挑檐木、支撑等设计为方木时，其方木部分应乘以系数1.7折成原木并入屋架工程量内。

（5）定额中屋架均按不刨光考虑，设计要求刨光时按每 m^3 木材体积增加 $0.05m^3$ 计算；但附属于屋架的木夹板、垫木等不得增加。

（6）木制品如采用现场刨光，人工按相应子目的综合工日数量乘以系数1.4。

（7）本节木屋架按工厂制品现场安装编制，采用现场拼装时相应定额子目的人工和机械消耗量乘以系数1.35。

（8）楼梯包括踏步、平台、踢脚线，楼梯柱梁分别按木柱、木梁另行计算，执行木柱、木梁的相应定额子目，木扶手木栏杆执行第十一章第五节其他装饰工程的相应定额子目执行。

（9）单独的木挑檐，执行檩木定额相应子目。

（10）木檩托已综合在檩木的定额子目中，不得另计算。

二、工程量计算规则

（一）木屋架

按设计图示的规格尺寸以体积计算。

带气楼的屋架和马尾、折角、正交部分的半屋架以及与屋架连接的挑檐木、支撑等木构件并入相连的屋架工程量中。

（二）木柱、木梁、木檩

按设计图示尺寸以体积计算，简支檩长度设计无规定时，按屋架或山墙中距增加200mm计算，如两端出山，檩条长度算至博风板；连续檩条长度按设计长度计算，其接头长度按全部连续檩木总体积的5%计算。

（三）木楼梯

按设计图示尺寸以水平投影面积计算。不扣除宽度≤300mm的楼梯井，伸入墙内部分不计算。

（四）封檐板、博风板

按设计图示长度计算，设计无规定时，封檐板按檐口外围长度、博风板按斜长至出檐相交点（即博风板与封檐板相交处）的长度计算。

（五）封檐盒

按设计图示尺寸以面积计算。

（六）屋面木基层

按设计图示尺寸以斜面积计算。不扣除房上烟囱、风帽底座、风道、小气窗、斜沟等所占面积，小气窗的出檐部分不增加面积。

【例 10-8】 如下图 10-34 所示木屋架,试计算上弦、斜撑工程量。

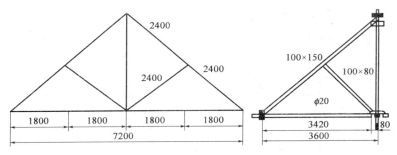

图 10-34 (尺寸单位:mm)

解: 上弦:$2.4 \times 2 \times 0.1 \times 0.15 \times 2 = 0.14(\text{m}^3)$

斜撑:$2.4 \times 2 \times 0.1 \times 0.08 = 0.04(\text{m}^3)$

合计:$0.14 + 0.04 = 0.18(\text{m}^3)$

三、定额摘录——木屋架(表 10-23)

木屋架定额(单位:m³)　　　　　　　　　　　　　　　　表 10-23

定 额 编 号			7-1	7-2	7-3	7-4	7-5	7-6
			圆木屋架		方木屋架		圆木钢屋架	方木钢屋架
项　　目			跨　　　　度					
			10m 以内	10m 以外	10m 以内	10m 以外	18m 以内	
预算单价(元)			2631.196	2680.99	3614.73	3685.58	417.61	5144.71
其中	人工费(元)		234.79	213.32	207.67	210.58	450.53	430.02
	材料费(元)		2371.27	2448.41	3378.61	3452.72	3675.19	4657.56
	机械费(元)		25.13	19.26	28.45	22.28	50.89	57.13
	名　称	单位	单价(元)			数　　量		
人工	870002　综合工日	工日	83.20	2.822	2.564	2.496	2.531	5.415	5.169
材料	030139　圆木屋架	m³	1970.00	1.000	1.000	—	—	—	—
	030140　方木屋架	m³	2940.00	—	—	1.000	1.000	—	—
	030141　圆木钢屋架	m³	3099.00	—	—	—	—	1.0000	—
	030142　方木钢屋架	m³	3960.00	—	—	—	—	—	1.0000
	090263　铁件	kg	4.50	63.8000	81.2000	63.6000	80.7000	94.7000	113.1000

注:工作内容包括:制作、运输、安装、刷防护材料等。

第八节　门　窗　工　程

一、说　明

(1)本节包括:木门,金属门,金属卷帘(闸)门,厂库房大门、特种门,其他门,木窗,金属窗,门窗套,窗台板,窗帘、窗帘盒、轨,特殊五金安装,其他项目 12 节共 151 个子目。

137

图 10-35 ~ 图 10-37 为各种形式的门窗。

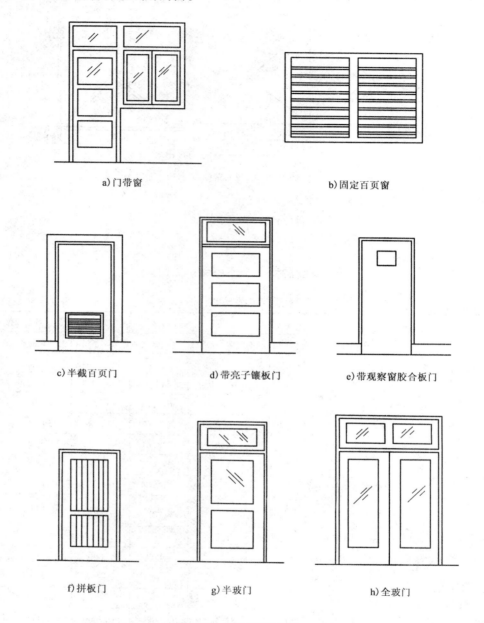

a)门带窗　　　　　　　　　　　b)固定百页窗

c)半截百页门　　　　d)带亮子镶板门　　　　e)带观察窗胶合板门

f)拼板门　　　　　　g)半玻门　　　　　　h)全玻门

图 10-35　各种门窗示意图

（2）门窗均按工厂制品、现场安装编制，执行中不得调整。

（3）铝合金窗、塑钢窗定额子目中不包括纱扇，纱扇执行另外相应定额子目。

（4）窗设计要求采用附框时，另外执行窗附框相应定额子目。

（5）电子感应横移门、卷帘门、旋转门、电子对讲门、电动伸缩门定额子目中不包括电子感应装置、电动装置，发生时另行计算。

（6）防火门定额子目中不包括门锁、闭门器、合页、顺序器、暗插销等特殊五金及防火玻璃，发生时另行计算。

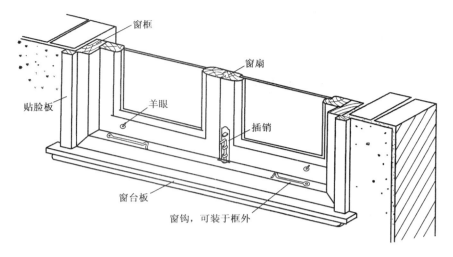

图 10-36　窗的组成

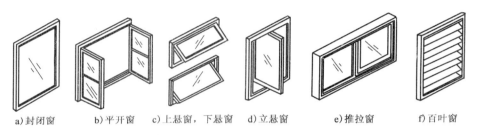

a)封闭窗　　b)平开窗　　c)上悬窗,下悬窗　　d)立悬窗　　e)推拉窗　　f)百叶窗

图 10-37　窗的开启方式

（7）木门窗安装包括了普通五金,不包括特殊五金及门锁,设计要求时执行特殊五金相应定额子目。

（8）铝合金门窗、塑钢门窗、彩板门窗、特种门的配套五金已包括在门窗材料预算价格中。

（9）人防混凝土门和挡窗板定额子目均包括钢门窗框及预埋铁件。

（10）厂库房大门、围墙大门上的五金铁件、滑轮、轴承的价格均包括在门的价格中。厂库房大门的轨道制作及安装另外执行地轨定额子目。

（11）门窗套、筒子板不包括装饰线及油漆,发生时分别执行第十一章第五节其他装饰工程及第十一章第四节油漆、涂料、裱糊工程中的相应定额子目。

（12）门窗定额子目中含门窗框安装,木门窗不包含现场油漆,发生时另外执行第十一章第四节油漆、涂料、裱糊,相应定额子目。

（13）阳台门联窗,门和窗分别计算,执行相应的门、窗定额子目。

（14）冷藏库门、冷藏冻结间门、防辐射门包括筒子板制作安装。

（15）推拉门定额子目中不包含滑轨、滑轮安装,另外执行推拉门滑定额子目。

二、工程量计算规则

（一）门窗

按设计图示洞口尺寸以面积计算。

混凝土人防密闭门、混凝土防密门、活门槛混凝土人防密闭门、钢质人防密闭门、活门槛钢质人防密闭门、人防挡窗板、悬板活门、金属卷帘闸门按框（扇）外围以展开面积计算。

（二）围墙铁丝网门、钢质花饰大门

按设计图示门框或扇尺寸以面积计算。

（三）飘（凸）窗、橱窗

按设计图示尺寸以框外围展开面积计算。

（四）纱窗

按设计图示洞口尺寸以面积计算。

（五）窗台板、门窗套、筒子板

按设计图示尺寸以展开面积计算。

（六）窗帘

按图示尺寸以成活后展开面积计算。

（七）窗帘盒、窗帘轨

按设计图示尺寸以长度计算。

（八）门锁

按设计图示数量计算。

（九）其他门中的旋转门

按设计图示数量计算，伸缩门按设计图示长度计算。

（十）窗附框

按设计图示洞口尺寸以长度计算。

（十一）防火玻璃

按设计图示面积计算。

（十二）门窗后塞口

按设计图示洞口面积计算。

（十三）窗框间填消声条

按设计图示长度计算。

（十四）防火门灌浆

按设计图示洞口尺寸以面积计算。

【例 10-9】 如图 10-38 所示，是一门联窗，各尺寸已标于图中，计算其工程量。

解：门洞口面积 $= 0.9 \times 3 = 2.7 (\text{m}^2)$

窗洞口面积 $= 0.6 \times 1.8 = 1.08 (\text{m}^2)$

门联窗工程量 $= 2.7 + 1.08 = 3.78 (\text{m}^2)$

【例 10-10】 计算如图 10-39 所示窗的工程量。

解：上部半圆形窗工程量 $= 3.14 \times 1.5 \times 1.5 / 8 = 0.88 (\text{m}^2)$

下部矩形窗工程量 $= 1.5 \times 2.7 = 4.05 (\text{m}^2)$

窗体工程量 $= 0.88 + 4.05 = 4.93 (\text{m}^2)$

定额摘录——木门（表 10-24、表 10-25）

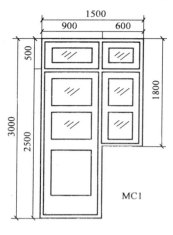

图 10-38 （尺寸单位:mm）

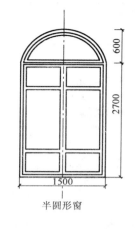

图 10-39 （尺寸单位:mm）

半圆形窗

木门定额(单位:m²)

表 10-24

定 额 编 号				8-1	8-2	8-3	8-4	8-5	8-6
项 目				镶板门	企口板门	实木装饰门	胶合板门	夹板装饰门	贴面装饰门
预算单价(元)				902.89	693.19	1158.80	234.41	439.44	600.55
其中	人工费(元)			15.38	15.38	22.77	15.38	15.38	22.77
	材料费(元)			886.49	676.79	1134.62	218.01	218.01	576.37
	机械费(元)			1.02	1.02	1.41	1.02	1.02	1.41
名 称		单位	单价(元)	数 量					
人工	870003 综合工日	工日	87.90	0.175	0.175	0.259	0.175	0.175	0.259
材料	370003 嵌板木门	m²	856.60	1.0000	—	—	—	—	—
	370128 企口木板门(平开)	m²	650.00	—	1.0000	—	—	—	—
	370012 实木装饰门	m²	1100.00	—	—	1.0000	—	—	—
	370002 胶合板木门	m²	198.00	—	—	—	1.0000	—	—
	370134 夹板装饰门(平开)	m²	400.00	—	—	—	—	1.0000	—
	370014 榉木贴面装饰门	m²	550.00	—	—	—	—	—	1.0000
	090331 合页	个	5.00	1.6700	1.6700	1.8300	1.6700	1.6700	1.8300
	090429 塑料膨胀螺栓 M8×110	个	1.13	6.7270	6.7270	6.7270	6.72.70	6.7270	6.7270
	840004 其他材料费	元	—	13.94	10.84	17.87	4.06	7.09	9.62
	840023 其他机具费	元	—	1.02	1.02	1.41	1.02	1.02	1.41

注:工作内容包括:门安装。玻璃安装、五金安装等。

木窗定额（单位：m²）　　　　　　　　表 10-25

定额编号				8-63	8-64	8-65	8-66	8-67	8-68
项　目				百叶窗	天窗	固定窗	飘(凸)窗	装饰空花窗	橱窗
预算单价(元)				534.13	1000.94	255.16	961.90	544.19	489.05
其中	人工费(元)			18.81	28.48	24.26	40.61	28.48	24.26
	材料费(元)			513.92	970.67	229.54	919.07	513.92	463.17
	机械费(元)			1.40	1.79	1.36	2.22	1.79	1.62
名　称		单位	单价(元)	数　量					
人工	870003 综合工日	工日	87.90	0.214	0.324	0.276	0.462	0.324	0.276
材料	370116 木百叶窗	m²	500.00	1.000	—	—	—	—	—
	370164 木天窗	m²	950.00	—	1.0000	—	—	—	—
	370030 固定木窗	m²	220.00	—	—	1.0000	—	—	—
	370167 飘(凸)窗	m²	900.00	—	—	—	1.0000	—	—
	370229 装饰空花窗	m²	500.00	—	—	—	—	1.0000	—
	370166 木橱窗	m²	450.00	—	—	—	—	—	1.0000
	090429 塑料膨胀螺栓 M8x110	个	1.13	5.3330	5.3330	5.3330	4.5900	5.3330	5.3330
	840004 其他材料费	元	—	7.89	14.64	3.51	13.88	7.89	7.14
机械	840023 其他机具费	元	—	1.40	1.79	1.36	2.22	1.79	1.62

注：工作内容包括：窗安装、玻璃安装、五金安装等。

第九节　屋面及防水工程

一、说　明

（1）本节包括瓦、型材及其他屋面，屋面防水及其他，墙面防水、防潮，楼（地）面防水、防潮，防水保护层，变形缝6节共278个子目。

（2）定额中彩色水泥瓦是按屋面坡度≤22°编制的，设计坡度＞22°时，需增加费用应另行计算。

（3）型材及阳光板屋面定额子目是按平面、矩形编制。如设计为异形时，相应定额子目的综合工日乘以系数1.15。

（4）彩色波形沥青瓦定额子目中不包括木檩条，木檩条按设计要求另外执行本章第七节木结构工程的相应定额子目；T形复合保温瓦定额子目中不含钢檩条，钢檩条按设计要求另外执行本章第六节金属结构工程的相应定额子目。

（5）有筋混凝土屋面中的钢筋可按设计图纸用量进行调整。

（6）屋面的保温及找坡执行第十节保温、隔热、防腐工程的相应定额子目，找平层执行第十一章楼地面装饰工程的相应定额子目，隔气层执行本章第十二节屋面防水及其中的相应定额子目。

（7）膜结构屋面仅指膜布热压胶结及安装，设计膜片材料与定额不同时可进行换算。膜结构骨架及膜片与骨架、索体之间的钢连接件应另行计算，执行本章第六节金属结构工程中钢管桁架相应定额子目。

（8）屋面铸铁弯头、出水口按成套产品编制，均包含立箅子等配件。

（9）虹吸式雨水斗按成套产品编制，包括导流罩、整流器、防水压板、雨水斗法兰、斗体等所有配件。

（10）风帽子目适用于出屋面安装在通风道顶部的成品风帽。

（11）屋面排水沟的钢盖箅子、钢盖板子目，应与纤维水泥架空板凳定额子目配套使用。

（12）满堂红基础（筏板）防水、防潮适用于反梁在满堂红基础的下面且形成井字格的满堂红筏板基础，局部有反梁的执行满堂红基础（平板）防水定额子目。

（13）挑檐、雨篷防水执行屋面防水相应定额子目；阳台防水执行楼（地）面防水、防潮相应定额子目。

（14）蓄水池、游泳池等构筑物防水，分别执行楼（地）面和墙面防水定额子目。构筑物防水面积小于 $20m^2$ 时，相应定额综合工日乘以系数 1.15。定额中不包括池类项目闭水试验用水，发生时应另行计算。

（15）种植屋面（防水保护层以上）执行园林绿化工程预算定额相应定额子目。

（16）变形缝定额是按工厂制品现场安装编制的，包括盖板、止水条、阻火带等全部配件以及嵌缝。

（17）变形缝的封边木线及油漆（涂料）等，发生时分别执行第十一章第五节其他装饰工程和第十一章第四节油漆、涂料、裱糊工程的相应定额子目。

（18）内墙面、顶棚变形缝层高超过 3.6m，相应定额的综合工日乘以系数 1.1。

二、工程量计算规则

（一）瓦屋面、型材屋面

按设计图示尺寸以斜面积计算。不扣除房上烟囱、风帽底座、风道、小气窗、斜沟等所占面积。小气窗的出檐部分不增加面积。

（二）阳光板、玻璃钢屋面

按设计图示以斜面积计算。不扣除屋面面积≤0.3m² 孔洞所占面积。

（三）膜结构屋面

按设计图示尺寸以需要覆盖的水平投影面积计算。

（四）屋面纤维水泥架空板凳

按图示尺寸以 m² 计算，与其配套的排水沟钢盖箅子、钢盖板按设计图示尺寸以长度计算。

（五）屋面防水

按设计图示尺寸以面积计算。

（1）斜屋面（不包括平屋面找坡）按斜面积计算，平屋面按水平投影面积计算。

（2）不扣除屋面烟囱、风帽底座、风道、屋面小气窗和斜沟所占面积。

（3）屋面女儿墙、伸缩缝和天窗等处的弯起部分，并入屋面工程量内。

（六）防水布

按设计图示面积计算。

（七）屋面排水管

按设计图示以长度计算。设计未标注尺寸的，以檐口至设计室外散水上表面垂直距离计算。

（八）空调冷凝水管

按设计图示长度计算，各种水斗、弯头、下水口按数量计算。

（九）屋面排（透）气管、泄（吐）水管及屋面出人孔

按设计图示数量计算。

（十）通风道顶部的风帽及屋面出人孔

按设计图示数量计算。

（十一）屋面天沟、檐沟

按设计图示尺寸以展开面积计算。

（十二）排水零件

按设计图示尺寸以展开面积计算，设计无标注时按表10-26计算。

镀锌铁皮、不锈钢排水零件单位面积计算表　　　表10-26

名　　称	单位	水落管檐沟	天沟	斜沟	烟囱泛水	滴水	天窗台泛水	天窗侧面泛水	滴水沿头	下水石	水斗	透气管泛水	漏斗
		m								个			
镀锌铁皮(不锈钢)排水零件	m²	0.3	1.3	0.9	0.8	0.11	0.5	0.7	0.24	0.45	0.4	0.22	0.16

（十三）墙面防水

按设计图示尺寸以面积计算。应扣除 >0.3m² 孔洞所占的面积。附墙柱、墙垛侧面并入墙体工程量内。

（十四）楼（地）面防水

按设计图示尺寸以面积计算。

（1）楼（地）面按主墙间净空面积计算，扣除凸出地面的构筑物、设备基础等所占面积，不扣除间壁墙及单个面积 ≤0.3m² 柱、垛、烟囱和孔洞所占面积。

（2）楼（地）面防水反边高度 ≤300mm 时执行楼（地）面防水，反边高度 >300mm 时，立面工程量执行墙面防水相应定额子目。

（3）满堂红基础防水按设计图示尺寸以面计算，反梁（井字格）部分按展开面积并入相应工程量内。

（4）桩头防水按设计图示面积计算。

（5）防水保护层按设计图示面积计算。

（6）蓄水池、游泳池等构筑物的防水按设计图示尺寸以面积计算。

（十五）止水带、变形缝

按设计图示长度计算。

三、相 关 解 释

延尺系数指两坡屋面坡度系数，偶延尺系数指四坡屋面斜脊长度系数 延迟系数 C 实际是三角形的斜边与直角底边的比值，即 $C = 1/\cos\alpha$，如表10-27所示。

屋面坡度系数表(部分)   表 10-27

坡度 B/A	坡度 B/2A	坡度角度 α	延尺系数 C(A=1)	隔延尺系数 D(A=1)
1	1/2	45°	1.4142	1.7321
0.666	1/3	33°40′	1.2015	1.5620
0.50	1/4	26°34′	1.1180	1.5000
0.40	1/5	21°48′	1.0770	1.4697
0.20	1/10	1°19′	1.0198	1.4283
0.100	1/20	5°12′	1.4177	1.4177

【例 10-11】 图 10-40 是某四坡屋面平面图,设计屋面坡度 = 0.5(即 $\theta = 26°34′$,坡度比例 = 1/4)。应用屋面坡度系数计算以下数值:(1)屋面斜面积;(2)四坡屋面斜脊长度;(3)全部屋脊长度。

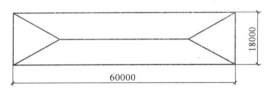

图 10-40 (尺寸单位:mm)

解:(1)查表可知,$C = 1.118$

屋面斜面积 $= 60 × 18 × 1.118 = 1207.44(m^2)$

(2)查表可知,$D = 1.5m$

四坡屋面斜脊长度 $= 9 × 1.5m = 13.5(m)$

(3)全部屋脊长度 $= 13.5 × 2 × 2 + (60 - 9 × 2) = 96(m)$

【例 10-12】 某工厂车间的卷材屋面(图 10-41)女儿墙与楼梯间出屋面墙交接处,卷材弯起高度取 250mm,根据所给信息,计算卷材屋面工程量。

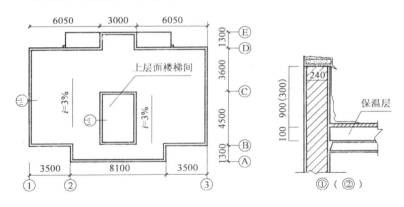

图 10-41 卷材屋面示意图(尺寸单位:mm)

解:该屋面为平屋面,工程量按水平投影面积计算,弯起部分并入屋面工程量内。

水平投影面积:

$S_1 = (3.5 × 2 + 8.1 - 0.24) × (4.5 + 3.6 - 0.24) + (8.1 - 0.24) × 1.3 + (3 - 0.24) × 1.3$

$= 130.61(m^2)$

弯起部分面积:

145

$$S_2 = [(3.5 \times 2 + 8.1 - 0.24 + 4.5 + 3.6 - 0.24) \times 2 + 1.3 \times 4] \times 0.25 + (4.5 + 0.24 + 3 + 0.24) \times 2 \times 0.25 + (4.5 - 0.24 + 3 - 0.24) \times 2 \times 0.25 = 20.16(\text{m}^2)$$

屋面卷材工程量 = $130.61 + 20.16 = 150.77\text{m}^2$

【例10-13】某屋面尺寸如图10-42所示,檐沟宽600mm,其自下而上的做法是:钢筋混凝土板上干铺陶粒混凝土找坡,坡度系数2%,最低处70mm,100mm厚加气混凝土保温层,20mm厚1:2水泥砂浆找平层,屋面及檐沟为SBS防水层(上卷250mm),分别计算其工程量。

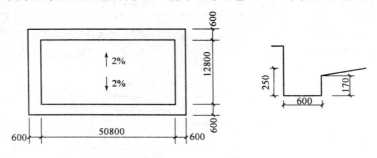

图10-42 (尺寸单位:mm)

解:(1)干铺陶粒混凝土找坡

找坡层工程量(V) = 屋面面积(S) × 平均厚度(H)

平均厚度(H) = 坡宽(L) × 坡度系数(i) × 1/2 + 最薄处厚

$F = 50.8 \times 12.8 = 650.24(\text{m}^2)$

$D = d1 + iL/4 = (0.07 + 0.02 \times 12.8/4) = 0.134(\text{m})$

$V = 650.24 \times 0.134 = 87.13(\text{m}^3)$

(2)100厚加气混凝土保温层

$V = 650.24 \times 0.1 = 65.02(\text{m}^3)$

(3)20mm厚1:2水泥砂浆找平层(砂浆抹至防水卷材同一高度以便铺毡)

屋面部分:$F1 = 50.8 \times 12.8 = 650.24(\text{m}^2)$

檐沟部分:$F2 = 50.8 \times 0.6 \times 2 + (12.8 + 0.6 \times 2) \times 0.6 \times 2 + (12.8 + 1.2) \times 2 + (50.8 + 1.2) \times 2) \times 0.25 + (50.8 + 12.8) \times 2 \times 0.17 = 132.38(\text{m}^2)$

(4)SBS防水层:$F3 = 650.24 + 132.38 = 782.62(\text{m}^2)$

四、定额摘录——瓦、型材及其他屋面(表10-28 ~ 表10-30)

瓦、型材等定额(单位:m²)　　　　　　　　　　　　　　表10-28

项目编号			9-1	9-2	9-3	9-4	9-5	9-6
项　目			彩色水泥瓦					
			木挂瓦条		钢挂瓦条		筋挂瓦条	砂浆卧铺
			无基层	有基层	无基层	有基层		
预算单价(元)			53.44	150.59	72.89	160.36	38.53	67.05
其中	人工费(元)		5.24	8.57	5.74	6.41	5.74	21.63
	材料费(元)		47.99	140.89	66.51	152.90	32.56	44.53
	机械费(元)		0.21	1.13	0.64	1.05	0.23	0.89
名　称		单位	单价(元)	数　量				
人工	870002	综合工日	工日	83.20	0.063	0.103	0.069	0.077	0.069	0.260

	项目编号				9-1	9-2	9-3	9-4	9-5	9-6
材料	040004	彩色水泥瓦	m²	24.30	1.0300	1.0300	1.0300	1.0300	1.0300	1.0300
	040121	爱舍宁瓦(基层)	m²	90.00	—	1.0300	—	1.0300	—	—
	030110	木顺水条 30×20	m	4.00	2.1100	—	—	—	—	—
	030109	木挂瓦条 30×25	m	4.5	2.9400	2.6300	—	—	—	0.1470
	091061	镀锌方形薄壁钢管管顺水条 25×25×1.5	m	9.00	—	—	1.5000	—	—	—
	091060	镀锌方形薄壁钢管挂瓦条 25×25×1.5	m	9.00	—	—	2.9400	2.6300	—	—
	010001	钢筋φ10以内	kg	3.77	—	—	—	—	1.8510	0.0630
	090237	镀锌铁丝网	m²	12.40	—	—	—	—	—	1.0300
	400034	DS砂浆		459.00	—	—	—	—	—	0.0111
	040005	彩色脊瓦	块	0.25	0.2900	0.2900	0.2900	0.2900	0.2900	0.2900
	840004	其他材料费	元	—	1.22	11.25	1.45	11.43	0.48	0.66
机械	840023	其他机具费	元	—	0.21	1.13	0.64	1.05	0.23	0.89

注:工作内容包括:选瓦、打瓦、挂铺瓦、安脊瓦、挂(钉)瓦条、顺水条安装;砂浆搅拌、运输、摊铺;檐口固定、抹泛水及清扫等。

屋面卷材防水定额(单位:m²)　　　　　　　　　　表10-29

定额编号					9-54	9-55	9-56	9-57	9-58
项目					改性沥青卷材(自黏)			聚合物改性沥青卷材(自黏)	
					聚酯胎 单层	每增 一层	金属铜 胎基	聚酯胎 单层	每增 一层
预算单价					64.26	57.19	153.60	83.60	79.29
其中	人工费(元)				5.32	4.49	5.49	5.32	4.49
	材料费(元)				58.73	52.52	147.89	78.07	74.62
	机械费(元)				0.21	0.18	0.22	0.21	0.18
	名称		单位	单价(元)	数量				
人工	870002	综合工日	工日	83.20	0.064	0.054	0.066	0.064	0.054
材料	100273	改性沥青聚酯胎防水卷材(自黏)3mm厚	m²	36.00	1.2730	1.2100	—	—	—
	100273	改性沥青金属铜胎基(自黏)4mm厚	m²	105.00	—	—	1.2730	—	—
	100254	聚合物改性沥青聚酯胎(自黏)3mm厚	m²	54.00	—	—	—	1.2730	1.2100
	100376	氯丁橡胶改性沥青防水涂料	kg	7.50	0.5141	—	0.5141	—	—
	84004	其他材料费	元		9.05	8.96	10.37	9.33	9.28
机械	840023	其他机具费	元		0.21	0.18	0.22	0.21	0.18

注:工作内容包括:清理基层、刷基层处理剂、铺贴附加层及防水卷材、接缝收头等。

墙面防水防潮定额（单位：m²）　　　　表 10-30

定 额 编 号			9-140	9-141
项 目			SBS 改性沥青油毡卷材	
			单层	每增一层
预算单价（元）			59.09	42.52
其中	人工费（元）		8.82	7.74
	材料费（元）		49.92	34.47
	机械费（元）		0.35	0.31
名 称		单位	单价（元）	数 量	

	编号	名称	单位	单价（元）	数量	
人工	870002	综合工日	工日	83.20	0.106	0.093
材料	100465	SBS 改性沥青油毡防水卷材（热熔）3mm	m²	28.00	1.2420	1.1400
	110172	汽油	kg	9.44	0.2707	0.2160
	100376	氯丁橡胶改性沥青防水涂料	kg	7.50	0.4896	—
	840004	其他材料费	元	—	8.92	0.51
机械	840023	其他机具费	元	—	0.35	0.31

注：工作内容包括：基层处理，刷黏结剂及防水卷材、嵌缝等。

第十节　保温、隔热、防腐工程

一、说　明

（1）本节包括：保温、隔热，防腐面层，其他防腐，隔声吸声 4 节共 191 个子目。

（2）屋面保温定额子目是按屋面坡度≤22°编制的，设计为坡度＞22°时按相应定额子目综合工日乘以系数 1.079。

（3）保温柱、梁适用于独立柱、梁的保温；与墙和天棚项链的柱、梁保温分别执行保温隔热墙面和保温隔热天棚相应定额子目；柱帽保温隔热并入天棚工程量内。

（4）保温隔热墙面包括保温层的基层处理，不包括底层抹灰，设计要求抹灰时，执行第十一章第二节墙、柱面装饰与隔断、幕墙工程中的相应定额子目。

（5）玻纤网格布及钢丝网与保温墙面中的罩面砂浆配套使用，其他砂浆抹面执行第十一章第二节墙、柱面装饰与隔断、幕墙工程中的相应定额子目。

（6）耐酸砖防腐面层中包括结合层，平面及里面找平层分别执行第十一章第一节楼地面装饰工程和第十一章第二节墙、柱面装饰与隔断、幕墙工程中的相应定额子目。

（7）定额中大模内置专用挤塑聚苯板墙面保温中包括界面剂、插丝等辅料。

（8）砌块墙中的夹心保温执行保温隔热墙面中相应定额子目。

（9）其他保温隔热适用于龙骨式隔墙或吊顶龙骨间填充保温材料。

（10）天棚隔声吸声定额是按 50mm 厚编制的，设计厚度不同时材料消耗量可进行调整。

（11）屋面找坡执行保温隔热屋面相应定额子目。DS 砂浆找坡执行第九章屋面及防水工程第五节防水保护层相应定额子目。

二、工程量计算规则

（一）保温隔热屋面

按设计图示尺寸以面积计算。扣除面积 > $0.3m^2$ 孔洞及占位面积。

屋面找坡按设计图示水平投影面积乘以平均厚度以体积计算。

（二）保温隔热天棚

按设计图示尺寸以面积计算。扣除面积 > $0.3m^2$ 上柱、垛、孔洞所占面积,与天棚相连的梁按展开面积计算并入天棚工程量内。

（三）保温隔热墙面

按设计图示尺寸以面积计算。扣除门窗洞口以及面积 > $0.3m^2$ 梁、孔洞所占面积;门窗洞口侧壁以及与墙相连的柱,并入保温墙体工程量内。

（四）保温住、梁

按设计图示尺寸以面积计算。

(1)柱按设计图示柱断面保温中心线展开长度乘保温层高度以面积计算,扣除面积 > $0.3m^2$ 梁所占面积。

(2)梁按设计图示梁断面保温层中心线展开长度乘保温层长度以面积计算。

（五）保温隔热楼地面

按设计图示尺寸以面积计算。扣除面积 > $0.3m^2$ 柱、垛、孔洞所占面积。

（六）其他保温隔热

按设计图示尺寸以展开面积计算。扣除面积 > $0.3m^2$ 孔洞及占位面积。

（七）防火带

按设计图示尺寸以面积计算。

（八）防腐面层

按设计图示尺寸以面积计算。

(1)平面防腐:扣除凸出地面的构筑物、设备基础以及面积 > $0.3m^2$ 孔洞、柱、垛所占面积。

(2)立面防腐:扣除门、窗、洞口以及面积 > $0.3m^2$ 孔洞、梁所占面积,门、窗、洞口侧壁、垛突出部分按展开面积并入墙面积内。

(3)隔离层按设计图示尺寸以面积计算。

（九）踢脚线

按设计图示长度乘以高度以面积计算。

（十）池、槽块料防腐面层

按设计图示尺寸以展开面积计算。

（十一）天棚隔声吸声层

按图示尺寸以面积计算。扣除 > $0.3m^2$ 柱、垛、孔洞所占面积,与天棚相连的梁侧面并入天棚工程量中。

【例10-14】 某冷库室内设挤塑聚苯板保温层,厚度为50mm,空气层厚度为10mm,层高3m,板厚120mm,如图10-43所示,计算保温层工程量。

解: (1)天棚保温层

$= (3.6 \times 2 - 0.2) \times (1.8 \times 2 - 0.2) = 23.8(m^2)$

149

（2）外墙面保温层

＝保温层长度×高度－门窗洞口所占面积＋门窗洞口侧壁增加

＝（3.6×2＋0.2＋0.06＋1.8×2＋0.2＋0.06）×2×3－0.9×1.8＋（1.8×2＋0.9）×0.12

＝66.84（m²）

（3）地面保温层

＝（3.6×2－0.2）×（1.8×2－0.2）＝23.8（m²）

（4）柱面保温层

＝柱面保温层中心线×高度

＝（0.4＋0.06）×4×（3－0.12）＝5.3（m²）

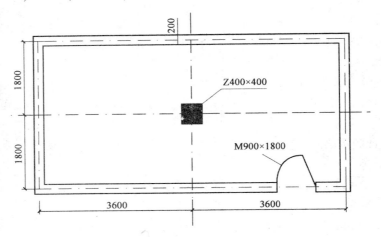

图 10-43　冷库平面图（尺寸单位：mm）

三、定额摘录——屋面保温（表 10-31）

屋面保温定额（单位：m³）　　　　　　　　　　　　　　表 10-31

定 额 编 号				10-1	10-2	10-3
项　　　目				挤塑聚苯板 50mm		
				干铺	黏贴	每增减 5mm
预算单价（元）				35.05	46.96	3.49
其中	人工费（元）			2.51	2.73	0.22
	材料费（元）			32.44	44.12	3.26
	机械费（元）			0.10	0.11	0.01
名　　称		单位	单价（元）	数　　量		
人工	870001	综合工日	工日	74.30	0.034	0.037	0.003
材料	130095	挤塑聚苯板	m³	630.00	0.0505	0.0505	0.0051
	400041	胶黏砂浆 DEA	m³	5264.60	—	0.0022	—
	120169	聚氨酯泡沫塑料	m³	700.00	0.0002	0.0001	—
	840004	其他材料费	元	—	0.48	0.65	0.05
机械	840023	其他机具费	元	—	0.10	0.11	0.01

注：工作内容包括：基层清理、刷黏贴材料、铺设黏贴保温材料等。

150

第十一节　工程水电费

一、说　　明

（1）本节包括：住宅建筑工程，公共建筑工程2节16个子目。

（2）单独地下工程执行檐高25m以下相应定额子目。

（3）单项工程中使用功能、结构类型不同时按各自建筑面积分别计算。

（4）住宅、宿舍、公寓、别墅执行住宅工程相应定额子目。

二、工程量计算规则

工程量按建筑面积计算。

三、定额摘录——住宅建筑工程（表10-32、表10-33）

住宅建筑工程定额（单位：m²）　　　　　　　　　　　　　　　表10-32

定　额　编　号			16-1	16-2	16-3	16-4
项　　目			全现浇、框架结构			
			檐高（m）			
			25 以下		25 以上	
			五环以内	五环以外	五环以内	五环以外
预算单价（元）			13.12	16.76	18.61	23.04
其中	人工费（元）		—	—	—	—
	材料费（元）		13.12	16.76	18.61	23.04
	机械费（元）		—	—	—	—
名　　称	单位	单价（元）	数　　　　量			
材料	840006	水	t	6.21	0.7003	1.1004	0.8276	1.3005
	840007	电	kW·h	0.98	8.9459	10.1328	13.7464	15.2719
定　额　编　号			16-5	16-6	16-7	16-8
项　　目			其他结构			
			檐高（m）			
			25 以下		25 以上	
			五环以内	五环以外	五环以内	五环以外
预算价格（元）			12.31	14.39	16.91	19.58
其中	人工费（元）		—	—	—	—
	材料费（元）		12.31	14.39	16.91	19.58
	机械费（元）		—	—	—	—
名　　称	单位	单价（元）	数　　　　量			
材料	840006	水	t	6.21	0.7875	0.9625	0.9307	1.1375
	840007	电	kW·h	0.98	7.5746	8.5884	11.3574	12.7703

注：工作内容包括：施工现场所消耗的全部水、电费（包括建筑、装饰、安全等工程及安全文明施工），机械施工中所消耗的电费，夜间施工和施工场地照明所消耗的电费。

定　额　编　号				16-9	16-10	16-11	16-12
项　　目				全现浇、框架结构			
				檐高(m)			
				25 以下		25 以上	
				五环以内	五环以外	五环以内	五环以外
预算单价(元)				16.32	20.44	24.69	29.54
其中	人工费(元)			—	—	—	—
	材料费(元)			16.32	20.44	24.69	29.54
	机械费(元)			—	—	—	—
名　　称		单位	单价(元)	数　　量			
材料	840006　水	t	6.21	0.7400	1.1628	0.7699	12.099
	840007　电	kW·h	0.98	11.9680	13.4862	20.3148	22.4809
定　额　编　号				16-13	16-14	16-15	16-16
项　　目				其他结构			
				檐高(m)			
				25 以下		25 以上	
				五环以内	五环以外	五环以内	五环以外
预算价格(元)				15.90	18.40	23.97	27.14
其中	人工费(元)			—	—	—	—
	材料费(元)			15.90	18.40	23.97	27.14
	机械费(元)			—	—	—	—
名　　称		单位	单价(元)	数　　量			
材料	840006　水	t	6.21	0.7611	0.9302	0.7919	0.9679
	840007　电	kW·h	0.98	11.3967	12.8817	19.4370	21.5583

注:工作内容包括:施工现场所消耗的全部水、电费(包括建筑、装饰、安装等工程及安全文明施工),机械施工中所消耗的电费,夜间施工和施工场地照明所消耗的电费。

第十一章 装饰工程工程量计算

现以 2012 年《北京市房屋建筑与装饰工程预算定额》为例，介绍如何计算装饰工程工程量。

第一节 楼 地 面

一、说 明

（1）本节包括：楼地面整体面层及找平层，楼地面镶贴，橡胶面层，其他材料面层，踢脚线，楼梯面层，台阶装饰，零星装饰项目共 119 个子目。

（2）整体面层及混凝土散水定额子目中已包括一次压光的工料费用。

（3）楼梯面层定额子目中包括了踏步、休息平台和楼梯踢脚线。但不包括楼梯底面及踏步侧边装饰，楼梯底面装饰执行天棚工程中相应定额子目，踏步侧边装饰执行墙、柱面装饰与隔断、幕墙工程中零星装饰相应定额子目。

（4）楼地面、台阶、坡道、散水定额子目中不包括垫层，垫层按设计图示做法分别执行砌筑工程、混凝土及钢筋混凝土工程中相应定额子目。

（5）本章除现浇水磨石楼地面外，均按干拌砂浆编制，设计砂浆品种与定额不同时可以换算。

（6）现拌砂浆调整费的使用说明：采用现场搅拌砂浆时，执行干拌砂浆换算砂浆材料费后再执行现拌砂浆调整费定额子目。

（7）定额中地毯子目按单层编制，设计有衬垫时，另外执行地毯衬垫定额子目。

（8）木地板楼地面子目的面层铺装不包括油漆及防火涂料，设计要求时，另外执行油漆、涂料、裱糊工程中相应定额子目。

（9）零星装饰项目适用楼梯、台阶嵌边以及侧面 ≤0.5m² 镶贴块料面层，均不包括底层抹灰。

二、工程量计算规则

（一）整体面层
按设计图示尺寸以面积计算。扣除凸出地面构筑物、设备基础、室内管道、地沟等所占面积，不扣除间壁墙（墙厚≤120mm）及 ≤0.3m² 柱、垛、附墙烟囱及孔洞所占面积。门洞、空圈、暖气包槽、壁龛的开口部分不增加面积。

（二）找平层
按设计图示尺寸以面积计算。

（三）镶贴面层、橡胶面层、其他材料面层
按设计图示尺寸以面积计算。门洞、空圈、暖气包槽、壁龛的开口部分并入相应的工程量内。

（四）踢脚线

按设计图示尺寸以长度计算。

（五）楼梯面层

按设计图示尺寸以楼梯（包括踏步、休息平台及≤500mm 的楼梯井）水平投影面积计算。楼梯与楼地面相连时，算至梯口梁内侧边沿；无梯口梁者，算至最上一层踏步边沿加 300mm。

（六）台阶

按设计图示尺寸以台阶（包括最上层踏步边沿加 300mm）水平投影面积计算。

（七）零星装饰

按设计图示尺寸以面积计算。

（八）坡道、散水

按设计图示水平投影面积计算。

（九）楼地面分隔线及防滑条

按设计图示长度计算。

【例 11-1】某二层砖混结构宿舍楼，首层平面图如图 11-1 所示，已知内外墙厚度均为 240mm，二层以上平面图除 M2 的位置为 C2 外，其他均与首层平面图相同，层高均为 3.00m，楼板厚度为 130mm，女儿墙顶高程 6.60m，室外地坪为 −0.5m，混凝土地面垫层厚度为 60mm，楼梯井宽度为 400mm。试计算以下装饰工程量：

（1）混凝土地面垫层；

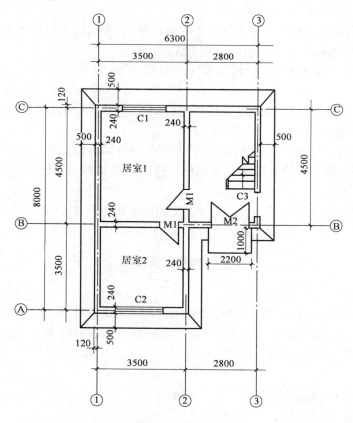

图 11-1　首层平面图（尺寸单位：mm）

154

（2）地面 20mm 厚 1:3 水泥砂浆找平层；

（3）地面 20mm 厚 1:2.5 水泥砂浆面层；

（4）水泥面楼梯；

（5）水泥踢脚；

（6）混凝土散水。

解：（1）混凝土地面垫层

一层建筑面积 $S_i = [(8.0 + 0.24) \times (3.5 + 0.24) + 2.8 \times (4.5 + 0.24)] = 44.09(\text{m}^2)$

一层外墙中心线 $L_{中} = (6.3 + 8.0) \times 2 = 28.6(\text{m})$

一层内墙净长线 $L_{内} = (4.5 - 0.12 \times 2) + (3.5 - 2 \times 0.12) = 7.52(\text{m})$

一层主墙间净面积 $S_{ij} = S_i - (L_{中} \times 外墙厚 + L_{内} \times 内墙厚)$

$$= 44.09 - (28.6 \times 0.24 + 7.52 \times 0.24)$$

$$= 35.42(\text{m}^2)$$

混凝土地面垫层工程量 = 一层室内主墙间净面积 × 垫层厚度

$$= 35.42 \times 0.06$$

$$= 2.13(\text{m}^3)$$

（2）地面 20mm 厚 1:3 水泥砂浆找平层 = 一层室内主墙间净面积 = $35.42(\text{m}^2)$

（3）地面 20mm 厚 1:2.5 水泥砂浆面层 = 一层室内主墙间净面积 = $35.42(\text{m}^2)$

（4）水泥面楼梯 = 楼梯间净水平投影面积 = 楼梯间净长 × 楼梯间净宽

$$= (4.5 - 0.12 \times 2) \times (2.8 - 0.12 \times 2)$$

$$= 10.91(\text{m}^2)$$

（5）水泥踢脚

因楼梯装饰定额中，已包括了踏步、休息平台和楼梯踢脚线，所以只需计算居室和首层楼梯间的踢脚即可：

居室 1 墙内边线长 = $(4.5 - 0.12 \times 2) \times 2 + (3.5 - 0.12 \times 2) \times 2 = 15.04(\text{m})$

居室 2 墙内边线长 = $(3.5 - 0.12 \times 2) \times 2 + (3.5 - 0.12 \times 2) \times 2 = 13.04(\text{m})$

居室 1 踢脚线长 = 居室 1 墙内边线长 × 层数

$$= 15.04 \times 2 = 30.08(\text{m})$$

居室 2 踢脚线长 = 居室 2 墙内边线长 × 层数

$$= 13.04 \times 2 = 26.08(\text{m})$$

首层楼梯间的踢脚 = $(4.5 - 0.12 \times 2) \times 2 + (2.8 - 0.12 \times 2) \times 2 = 13.64(\text{m})$

居室水泥砂浆踢脚线总长 = $30.08 + 26.08 + 13.64 = 69.8(\text{m})$

（6）混凝土散水

按图示水平投影面积计算

$= [(外墙外边线长 + 外墙外边线宽) \times 2 - 台阶长] \times 散水宽 + (阳角数 - 阴角数) \times 0.5^2$

$= [(8 + 0.12 \times 2 + 6.3 + 0.12 \times 2) \times 2 - 2.2] \times 0.5 + (5 - 1) \times 0.5^2$

$= 28.36(\text{m}^2)$

三、定 额 摘 录

（一）楼地面整体面层（表11-1）

楼地面整体面层定额（单位：m²）　　　　　　　　　　　　　　　　　　表11-1

定　额　编　号				11-1	11-2	11-3	11-4
项　　目				DS 砂浆		聚合物水泥浆	现拌砂浆调整费
				厚度20mm	每增减5mm		
预算单价（元）				16.92	4.22	1.65	1.97
其中	人工费（元）			7.18	1.76	0.88	1.87
	材料费（元）			9.41	2.38	0.73	—
	机械费（元）			0.33	0.08	0.04	0.10
名　　称		单位	单价（元）	数　　量			
人工	870003	综合工日	工日	87.90	0.082	0.020	0.010	0.021
材料	400034	DS 砂浆	m³	459.00	0.0202	0.0051	—	—
	810047	素水泥浆	m³	591.60	—	—	0.0010	—
	110166	建筑胶	kg	2.30	—	—	0.0560	—
	840004	其他材料费	元	—	0.14	0.04	0.01	—
机械	840023	其他机具费	元	—	0.33	0.08	0.04	0.10

定　额　编　号				11-5	11-6
项　　目				细石混凝土楼地面	
				厚度35mm	每增减1mm
预算单价（元）				24.82	0.52
其中	人工费（元）			10.28	0.12
	材料费（元）			14.13	0.40
	机械费（元）			0.41	—
名　　称		单位	单价（元）	数　　量	
人工	870003	综合工日	工日	87.90	0.117	0.001
材料	400012	C20 预拌豆石混凝土	m³	390.00	0.0357	0.0010
	840004	其他材料费	元	—	0.21	0.01
机械	840023	其他机具费	元	—	0.41	—

注：工作内容包括：基层清理、面层铺设及磨光等。

（二）楼地面找平层（表 11-2）

表 11-2

楼地面找平层定额（单位：m²）

定额编号				11-29	11-30
项　目				细石混凝土	
				厚度 30mm	每增减 5mm
预算单价（元）				18.22	2.90
定额编号				11-29	11-30
其中	人工费（元）			5.98	0.88
	材料费（元）			12.00	1.98
	机械费（元）			0.24	0.04
	名　称	单位	单价（元）	数　量	
人工	870003	综合工日	工日	87.90	0.068	0.010
材料	400012	C20 预拌豆石混凝土	m³	390.00	0.0303	0.0050
	840004	其他材料费	元	—	0.18	0.03
机械	840023	其他机具费	元	—	0.24	0.04

注：工作内容包括：基层清理、抹找平层等。

（三）楼梯面层（表 11-3）

表 11-3

楼梯面层定额（单位：m²）

定额编号				11-86	11-87
项　目				石材	块料
预算单价（元）				671.33	207.54
其中	人工费（元）			97.81	69.16
	材料费（元）			573.44	135.32
	机械费（元）			4.08	3.06
	名　称	单位	单价（元）	数　量	
人工	870004	综合工日	工日	104.00	0.902	0.665
材料	060014	大理石踏步板	m²	331.60	1.4470	—
	060002	地面砖 0.16m² 以内	m²	54.60	—	1.4470
	060015	大理石踢脚板	m	41.20	1.1800	—
	060065	地砖踢脚	m	15.10	—	1.1800
	400034	DS 砂浆	m³	459.00	0.0296	0.0296
	090265	硬质合金锯片	片	45.00	0.0014	0.0013
	400043	胶粘剂 DTA 砂浆	m³	2200.00	0.0068	0.0068
	840004	其他材料费	元	—	16.39	9.89
机械	840023	其他机具费	元	—	4.08	3.06

注：工作内容包括：清理基层、抹找平层、面层铺贴等。

第二节　墙、柱面装饰与隔断、幕墙工程

一、说　明

（1）本节包括：墙面抹灰，柱（梁）面抹灰，零星抹灰，墙面块料面层，柱（梁）面镶贴块料，镶贴零星块料，墙饰面，柱（梁）饰面，幕墙工程，隔断共 502 个子目。

（2）墙面、柱（梁）面一般抹灰、零星抹灰均按基层处理、底层抹灰和面层抹灰分别编制，执行时按设计要求分别套用相应定额子目。装饰抹灰基层及底层抹灰执行一般抹灰相应定额子目。

（3）一般抹灰是指抹干拌砂浆（DP 砂浆、DP-G 砂浆）和现场拌和砂浆（水泥砂浆、混合砂浆、粉刷石膏砂浆、聚合物水泥砂浆）；装饰抹灰是指水刷石、干黏石、剁斧石、假面砖等。

（4）其他抹灰、找平层定额中综合了底层、面层，执行中不得调整。

（5）聚合物砂浆修补墙面设计无厚度要求时，执行基层处理相应定额子目；有厚度要求时，执行墙面底层抹灰相应定额子目。

（6）内、外墙底层抹灰单层厚度超过 12mm 时，应按底层、面层（面层按 5mm）分别套用定额。

（7）黏贴块料底层做法执行墙面一般抹灰的基层和底层相应定额子目。

（8）立面砂浆找平层适用于仅做找平层的墙面抹灰。

（9）钢板网抹灰定额子目中不包括钉钢板网，墙面钉钢板网执行墙饰面-基层衬板相应定额子目。

（10）圆形柱、异形柱抹灰执行柱（梁）面抹灰相应定额子目乘以系数 1.3。

（11）零星抹灰不分外墙、内墙，均按相应定额执行；零星装饰抹灰的底层执行零星一般抹灰相应定额子目。

（12）成品石材是指大理石、花岗石、蘑菇石、青石板、人造石等。

（13）墙和柱饰面的定额子目中均不包括保温层，设计要求时，执行保温、隔热、防腐工程中的相应定额子目。

（14）墙面、柱（梁）面装饰板定额中是按龙骨、衬板、面层分别编制，执行时应分别套用相应定额子目。

（15）成品装饰柱，应按柱身、柱帽、柱基座分别套用相应定额子目。

（16）墙面及柱（梁）面层涂料执行油漆、涂料、裱糊工程相应定额子目。

（17）雨篷、挑檐顶面执行屋面及防水工程相应定额子目；雨篷、挑檐底面及阳台顶面装饰执行天棚工程相应定额子目；阳台地面执行楼地面装饰工程相应定额子目。

（18）勒脚、斜挑檐执行外墙装修相应定额子目。

（19）阳台、雨篷、挑檐立板高度≤500mm 时，执行零星项目相应定额子目；高度＞500mm 时，执行外墙装饰相应定额子目。

（20）天沟的檐口、遮阳板、池槽、花池、花台等均执行零星项目相应定额子目。

（21）饰面板子目适用于安装在龙骨上及黏贴在衬板或抹灰面上的施工做法。

（22）隐框玻璃幕墙按成品安装编制；明框玻璃幕墙按成品玻璃现场安装编制。

（23）隔墙定额中不包括墙基，墙基按设计要求，执行砌筑工程或混凝土及钢筋混凝土工程相应定额子目。

（24）水泥制品板是指金特板、埃特板、硅酸钙板、FC 板、TK 板。

（25）龙骨式隔墙的衬板、面板子目定额中是按单面编制的，设计为双面时工程量乘以 2。

（26）隔断门的特殊五金安装执行门窗工程相应定额子目。

（27）半玻隔断不包括下部矮墙，矮墙为木龙骨、木夹板时，分别执行本章中相应定额子目，其他材料的矮墙应按设计做法另行计算。

（28）残疾人厕所隔断安装，套用相应的厕所隔断子目乘以系数 1.2。

（29）定额中卫生间隔断高度是按 1.8m（含支座高度）编制的,设计高度不同时,允许换算。

二、工程量计算规则

（一）墙面抹灰及找平层

按设计图示尺寸以面积计算。扣除墙裙、门窗洞口及单个 >0.3m² 的孔洞面积,不扣除踢脚线、挂镜线和墙与构件交接处的面积,门窗洞口和孔洞的侧壁及顶面不增加面积。附墙柱、梁、垛、烟囱侧壁并入相应的墙面面积内。

（1）外墙抹灰面积按外墙垂直投影面积计算。飘窗凸出墙面部分并入外墙面工程量内。

（2）外墙裙抹灰面积按其长度乘以高度计算。

（3）内墙抹灰面积按主墙间净长乘以高度计算。

①无墙裙的,高度按室内楼地面至天棚底面计算;

②有墙裙的,高度按墙裙顶至天棚底面计算;

③有吊顶的,其高度算至吊顶底面另加 200mm。

④内墙裙抹灰面积按内墙净长乘以高度计算。

（二）柱面抹灰

按设计图示柱断面周长乘以高度以面积计算。异形柱、柱上的牛腿及独立柱的柱帽、柱基座均按展开面积计算,并入相应柱抹灰工程量中。

（三）梁面抹灰

按设计图示梁断面周长乘以长度以面积计算。

异形梁按展开面积计算,并入相应梁抹灰工程量中。

（四）零星抹灰

按设计图示尺寸以面积计算。

（五）门窗套、装饰线抹灰

按图示展开面积计算;内窗台抹灰按窗台水平投影面积计算。

（六）墙、柱、梁及零星镶贴块料面层

按图示镶贴表面积计算。

干挂块料龙骨按设计图示尺寸以质量计算。

（七）墙面装饰板

按设计图示墙净长乘以净高以面积计算。扣除门窗洞口及单个 >0.3m² 的孔洞所占面积。

装饰板墙面中的龙骨、衬板,均按图示尺寸以面积计算。

（八）柱（梁）面装饰

按设计图示饰面外围尺寸以面积计算。柱帽、柱墩并入相应柱饰面工程量内。柱的龙骨、衬板分别按图示尺寸以面积计算;附墙柱装饰做法与墙面不同时,按展开面积执行柱（梁）装饰相应定额子目。

（九）成品装饰柱

按设计数量以根计算。

柱基座按座计算,柱帽按个计算。

（十）幕墙

按设计图示框外围尺寸以面积计算，不扣除与幕墙同种材质的窗所占面积。

（十一）全玻（无框玻璃）幕墙

按设计图示尺寸以面积计算。带肋全玻幕墙按展开面积计算。

（十二）隔断

按设计图示框外围尺寸以面积计算，不扣除单个≤0.3m² 的孔洞所占面积；木隔断、金属隔断做浴厕隔断时，浴厕门的材质与隔断相同的，门的面积并入隔断面积内。

（十三）半玻璃隔断

按玻璃边框的外边线图示尺寸以面积计算。

（十四）博古架墙

按图示外围垂直投影面积计算。

（十五）隔断龙骨及面板

按设计图示尺寸以面积计算。

【例 11-2】在例 11-1 中门窗框外围尺寸及材料见表 11-4 表，楼板和屋面板均为混凝土现浇板，厚度为 130mm。

求：（1）水泥砂浆外墙抹灰工程量；（2）水泥砂浆内墙抹灰工程量。

门窗框尺寸表（单位：mm） 表 11-4

门窗代号	尺寸	备注
C1	1800×1800	木
C2	1750×1800	铝合金
C3	1200×1200	木
M1	1000×1960	纤维板
M2	2000×2400	铝合金

解：首先计算门窗框外围面积：

木窗 C1：$1.8 \times 1.8 \times 2 = 4.48(m^2)$

木窗 C3：$1.2 \times 1.2 \times 2 = 2.88(m^2)$

木窗工程量：$C1 + C3 = 4.48 + 2.88 = 7.36(m^2)$

铝合金窗 C2：$1.75 \times 1.8 \times (2 + 1) = 9.45(m^2)$

纤维板门 M1：$(1.0 \times 1.96) \times 2 \times 2 = 7.84(m^2)$

铝合金门 M2：$2.0 \times 2.4 = 4.8(m^2)$

（1）水泥砂浆外墙抹灰

外墙外边线长 $= (6.3 + 0.12 \times 2 + 8.0 + 0.12 \times 2) \times 2 = 29.56(m)$

外墙抹灰高度 $= 6.6 + 0.5 = 7.1(m)$（包括 ±0.00 至室外地坪间的抹灰）

外墙门窗面积 $= C1 + C2 + C3 + M2 = 4.48 + 9.45 + 2.88 + 4.8 = 21.61(m^2)$

水泥砂浆外墙抹灰工程量 = 外墙外边线长 × 外墙抹灰高度 − 外墙门窗面积

$$= 29.56 \times 7.1 - 21.61$$

$$= 188.27(m^2)$$

（2）水泥砂浆内墙抹灰

室内四周墙体内边线长 = 居室 1 墙内边线长 + 居室 2 墙内边线长 + 楼梯间墙内边线长

$$= [(4.5 - 0.12 \times 2) \times 2 + (3.5 - 0.12 \times 2) \times 2] + [(3.5 - 0.12 \times 2) \times 2 + (3.5 - 0.12 \times 2) \times 2][(4.5 - 0.12 \times 2) \times 2 + (2.8 - 0.12 \times 2) \times 2]$$

$$= 15.04 + 13.04 + 13.64 = 41.47(\text{m})$$

每层内墙抹灰高度 $= 3 - 0.13 = 2.87(\text{m})$

水泥砂浆内墙抹灰 = 室内四周墙体内边线长 × 每层内墙抹灰高度 × 层数

$$= 1.47 \times 2.87 \times 2$$

$$= 238.04(\text{m}^2)$$

三、定 额 摘 录

（一）墙面抹灰（表 11-5）

墙面抹灰定额（单位：m²）　　　　　　　　　　表 11-5

定 额 编 号				12-1	12-2	12-3	12-4	12-5
项　　目				墙面基层				
				DB 砂浆	修补刮平	轻质隔墙		纸面石膏板涂刷防水封底漆
						板缝处理		
						不带玻纤布	带玻纤布	
预算单价（元）				1.59	3.73	3.40	3.92	3.77
其中	人工费（元）			1.01	1.98	1.72	1.98	1.37
	材料费（元）			0.54	1.66	1.60	1.85	2.35
	机械费（元）			0.04	0.09	0.08	0.09	0.05
名　　称		单位	单价（元）	数　　量				
人工	870003　综合工日	工日	87.90	0.012	0.023	0.020	0.023	0.016
材料	400045　界面砂浆 DB	m³	459.00	0.0012	—	0.0035	0.0035	—
	400032　抹灰砂浆 DP—LR	m³	476.00	—	0.0035	—	—	—
	130040　耐碱涂塑玻纤网格布	m²	2.00	—	—	—	0.1080	—
	110301　防水封底漆	kg	12.00	—	—	—	—	0.1930
	840004　其他材料费	元	—	0.01	0.02	0.02	0.03	0.03
机械	840023　其他机具费	元	—	0.04	0.09	0.08	0.09	0.05

注：工作内容包括：基层清理；砂浆制作、运输；底层抹灰；抹面层等。

（二）柱（梁）面抹灰（表11-6）

柱（梁）面抹灰定额（单位:m²）

表 11-6

定 额 编 号				12-67	12-68
项　　目				柱（梁）面	
				DB 砂浆	修补刮平
预算单价（元）				1.64	3.78
其中	人工费（元）			1.06	2.03
	材料费（元）			0.54	1.66
	机械费（元）			0.04	0.09
名　　称		单位	单价（元）	数　　量	
人工	870003 综合工日	工日	87.90	0.012	0.023
材料	400045 界面砂浆 DB	m³	459.00	0.0012	—
	400032 抹灰砂浆 DP—LR	m³	476.00	—	0.0035
	840004 其他材料费	元		0.01	0.02
机械	840023 其他机具费	元		0.04	0.09

注:工作内容包括:基层清理;砂浆制作、运输;底层抹灰;抹面层。

第三节　天　棚　工　程

一、说　明

（1）本节包括:天棚抹灰、天棚吊顶、采光天棚工程、天棚其他装饰共122个子目。

（2）天棚抹灰内预制板粉刷石膏面层定额子目中已包括板底勾缝,不得另行计算。

（3）天棚吊顶按龙骨与面层分别编制,执行相应定额子目,格栅吊顶、吊筒吊顶、悬挂吊顶天棚定额子目中已包括了龙骨与面层,不得重复计算。

（4）天棚吊顶定额子目中不包括高低错台、灯槽、藻井等,发生时另行计算,面层执行天棚面层（含重叠部分）相应子目,龙骨按跌级高度,执行错台附加龙骨定额子目。

（5）定额中吊顶木龙骨定额子目中已包含防火涂料,不得另行计算。

（6）定额中吊顶龙骨的吊杆长度是按≤0.8m综合编制,设计长度>0.8m时,其超过部分按吊杆材质分别执行每增加0.1m定额子目,不足0.1m的按0.1m计算。

（7）天棚吊顶面层材料与定额不符时,可以换算。

（8）天棚面层定额子目是按单层面板和衬板编制的,设计要求为多层板时,面层相应定额子目乘以相应层数。

（9）格栅吊顶项目中金属格栅吸声板吊顶定额子目是按三角形和六角形分别编制的,其中吸声体支架中距为0.7m,设计不同时可按设计要求进行调整。

（10）采光天棚按中庭、门斗、悬挑雨篷分别编制,定额中不包括金属骨架,金属骨架执行金属结构工程相应定额子目。

（11）灯带按附加龙骨和面层分别执行相应定额子目。

（12）风口的定额子目中已包括开孔及附加龙骨,不包括风口面板。

（13）檐口、雨篷、阳台等底板装饰执行天棚抹灰、吊顶的相应定额子目。

（14）本章不包括天棚的保温、装饰线、腻子、涂料、油漆等装饰做法,发生时另外执行其他章节相应定额子目。

二、工程量计算规则

（一）天棚抹灰

按设计图示尺寸以水平投影面积计算。不扣除间壁墙、垛、柱、附墙烟囱、检查口和管道所占的面积,带梁天棚的梁两侧抹灰面积并入天棚面积内,板式楼梯底面抹灰按斜面积计算,锯齿形楼梯底板抹灰按展开面积计算。

（二）天棚吊顶

（1）吊顶天棚按设计图示尺寸以水平投影面积计算。天棚面中的灯槽及跌级、锯齿形、吊挂式、藻井式天棚面积不展开计算。不扣除间壁墙、检查口、附墙烟囱、柱垛和管道所占面积。扣除单个 $>0.3m^2$ 的孔洞、独立柱及与天棚相连的窗帘盒所占的面积。

（2）天棚中格栅吊顶、吊筒吊顶、悬挂(藤条、软织物)吊顶均按设计图示尺寸以水平投影面积计算。

（3）拱形吊顶和穹顶吊顶的龙骨按拱顶和穹顶部分的水平投影面积计算;吊顶面层按图示展开面积计算。

（4）超长吊杆按其超过高度部分的水平投影面积计算。

（三）采光天棚

按框外围展开面积计算。

（四）天棚其他装饰

（1）灯带按设计图示尺寸以框外围面积计算。灯带附加龙骨按设计图示尺寸以长度计算。

（2）高低错台(灯槽、藻井)附加龙骨按图示跌级长度计算,面层另按跌级的立面图示展开面积计算。

（3）风口、检查口等按设计图示数量计算。

（4）雨篷底吊顶的铝骨架、铝条天棚按设计图示尺寸以水平投影面积计算。

【例 11-3】 求例 11-1 中混凝土天棚抹灰的工程量

解： 一层天棚抹灰的工程量 = 居室主墙间净面积

$$= (3.5 - 0.12 \times 2) \times (4.5 - 0.12 \times 2) + (3.5 - 0.12 \times 2) \times$$
$$(3.5 - 0.12 \times 2) = 13.89 + 10.63 = 24.52(m^2)$$

二层天棚抹灰的工程量 = 居室主墙间净面积 + 楼梯间净面积

$$= 24.52 + 10.91 = 35.42(m^2)$$

混凝土天棚抹灰的工程量 = 一层天棚抹灰的工程量 + 二层天棚抹灰的工程量

$$= 24.52 + 35.42 = 59.94(m^2)$$

三、定额摘录——天棚抹灰（表11-7、表11-8）

天棚抹灰定额之一（单位：m²）

表 11-7

定 额 编 号				13-1	13-2	13-3	13-4
项　目				粉刷石膏			每增减1mm
				10mm 厚			
				预制板	现浇板	钢板网	
预算单价（元）				17.19	14.51	25.63	1.19
其中		人工费（元）		9.79	9.04	17.72	0.55
		材料费（元）		6.76	5.05	7.19	0.61
		机械费（元）		0.46	0.42	0.72	0.03
	名　称		单位	单价（元）	数　量		
人工	870003	综合工日	工日	87.90	0.113	0.103	0.202	0.006
材料	400033	粉刷石膏抹灰砂浆 DP-G	m³	460.00	0.0108	0.0108	0.0108	0.0013
	130010	耐碱玻纤布 200mm 宽	m	0.18	1.6667	—	—	—
	130040	耐碱涂塑玻纤网格布	m²	2.00m	—	—	1.0500	—
	400045	界面砂浆 DB	m³	459.00	0.0030	—	—	—
	840004	其他材料费	元		0.10	0.07	0.11	0.01
机械	840023	其他机具费	元		—	0.46	0.42	0.72	0.03

注：工作内容包括：清理基层、底层抹灰、面层抹灰等。

天棚抹灰定额之二（单位：m²）

表 11-8

定 额 编 号				13-5	13-6	13-7	13-8
项　目				聚合物水泥砂浆	纸筋灰	安石粉	
						3.5mm 厚	8.5mm 厚
预算单价（元）				4.25	14.97	27.44	50.28
其中		人工费（元）		3.51	13.10	9.93	14.68
		材料费（元）		0.60	1.81	17.05	34.87
		机械费（元）		0.14	0.06	0.46	0.73
	名　称		单位	单价（元）	数　量		
人工	870003	综合工日	工日	87.90	0.040	0.149	0.113	0.167
材料	810177	聚合物水泥砂浆	m³	450.00	0.0010	—	—	—
	810033	纸筋灰	m³	164.75	—	0.0020	—	—
	110475	安石粉	kg	8.00	—	—	2.1000	2.1000
	810025	1:0.5:3 混合砂浆	m³	268.47	—	0.0055	—	—
	110434	安石粉底料	kg	6.20	—	—	—	2.8300
	110166	建筑胶	kg	2.30	0.0610	—	—	—
	840004	其他材料费	元		—	0.01	0.25	0.52
机械	840023	其他机具费	元		0.14	0.06	0.46	0.73

注：工作内容包括：清理基层。底层抹灰、面层抹灰等。

第四节 油漆、涂料、裱糊工程

一、说　明

（1）本节包括：门、窗油漆，木扶手及其他板条、线条油漆，木材面油漆，金属面油漆，抹灰面油漆，喷刷涂料，裱糊共 802 个子目。

（2）油漆、涂料按底层、中涂层和面层分别编制，使用时应分别套用相应定额子目。

（3）定额中木门（窗）、钢门（窗）油漆是按单层编制的，门（窗）种类或层数不同时，分别参照门（窗）系数换算表（表 10-9 ~ 表 11-11）进行换算；镀锌铁皮零件油漆参照镀锌铁皮零件单位面积换算表（表 11-12）进行换算；钢结构构件参照金属构件单位面积换算表（表 11-13）进行换算。

木门系数换算表　　　　　　　　　　　　　　　　　表 11-9

木门种类	单层木门（窗）	木百叶门	厂库房大门	单层全玻门	双层（一玻一纱）木门	双层（单裁口）木门
系数	1.00	1.25	1.10	0.83	1.36	2.00

木窗系数换算表　　　　　　　　　　　　　　　　　表 11-10

木窗种类	木百叶窗	双层（一玻一纱）木窗	双层框扇（单裁口）木窗	双层框（二玻一纱）木窗	单层组合窗	双层组合窗	观察窗
系数	1.50	1.36	2.00	2.60	0.83	1.13	1.23

钢门窗系数换算表　　　　　　　　　　　　　　　　　表 11-11

门窗种类	单层钢门窗	一玻一纱钢门窗	百叶钢门窗	满钢板钢门	折叠钢门（卷帘门）	射线防护门
系数	1.000	1.480	2.737	1.633	2.299	2.959

镀锌铁皮零件单位面积换算表　　　　　　　　　　　　表 11-12

名称	单位	檐沟	天沟	斜沟	烟囱泛水	白铁滴水	天窗窗台泛水	天窗侧面泛水	白铁滴水沿头	下水口	水头	透气管泛水	漏斗
		m								个			
镀锌铁皮排水	m²	0.30	1.30	0.90	0.80	0.11	0.50	0.70	0.24	0.45	0.40	0.22	0.16

金属构件单位面积换算表　　　　　　　　　　　　　　表 11-13

序号	项　目		单位面积/（m²/t）
1	钢网架	螺栓球节点	17.19
		焊接球（板）节点	15.24
2	钢层架	门式刚架	35.56
		轻钢屋架	52.85
3	钢托架		37.15
4	钢桁架		26.20
5	相贯节点钢管桁架		15.48
6	实腹式钢柱（H 形）		12.12

序号	项 目		单位面积/（m²/t）
7	空腹式钢柱	箱型	4.30
		格构式	16.25
8	钢管柱		4.85
9	实腹钢梁（H形）		16.10
10	空腹式钢梁	箱型	4.61
		格构式	16.25
11	钢吊车梁		17.16
12	水平钢支撑		37.40
13	竖向钢支撑		16.04
14	钢拉条		44.34
15	钢檩条	热轧H形	49.33
		高频焊接口型	26.30
		冷弯CZ型	74.43
16	钢天窗架		52.28
17	钢挡风架		48.26
18	钢墙架	热轧H形	35.84
		高频焊接口型	26.30
		冷弯CZ型	74.43
19	钢平台		45.03
20	钢走道		43.05
21	钢梯		37.77
22	钢护栏		54.07

（4）金属结构喷（刷）防火涂料定额子目中不包括刷防锈漆。

（5）木材面油漆按以下系数进行换算：

①定额中木扶手以不带托板为准进行编制，带托板时按相应定额子目乘以系数2.6。

②木间壁、木隔断油漆按木护墙、木墙裙相应定额子目乘以系数2。

③定额中抹灰线条油漆以线条展开宽度≤100mm为准进行编制，展开宽度≤200mm时，按相应定额子目乘以系数1.8；展开宽度＞200mm时，按相应定额子目乘以系数2.6。

④柱面涂料按墙面涂料相应定额子目乘以系数1.1。

（6）满刮腻子定额子目仅适用于涂料、裱糊面层。

（7）木材面刷涂料执行喷（刷）涂料的相应定额子目。

（8）涂料墙面中的抗碱封闭底漆、底层抗裂腻子复合耐碱玻纤布、底漆刮涂光面腻子、涂刷油性封闭底漆、喷涂浮雕中层骨料套用抹灰面油漆相应定额子目。

（9）内墙裱糊面层中的分格带衬裱糊子目，适用于方格和条格裱糊，包括装饰分格条和胶合板底衬。

（10）整体裱糊锦缎定额子目中不包括涂刷防潮底漆。

二、工程量计算规则

（一）门窗

按设计图示洞口尺寸以面积计算。

无洞口尺寸时,按设计图示框(扇)外围尺寸以面积计算。

（二）木材面油漆、涂料

按设计图示尺寸以面积计算。

（三）零星木材面

按设计图示油漆部分的展开面积计算

（四）天沟、檐沟、泛水、金属缝盖板

按图示展开面积计算;暖气罩按垂直投影面积计算。

（五）抹灰面油漆、刮腻子均

按设计图示尺寸以面积计算。

（六）木扶手及其他板条、线条油漆,抹灰线条油漆

按设计图示尺寸以长度计算。

（七）金属结构各种构件的油漆、涂料

按设计结构尺寸以展开面积计算。

（八）木材面、混凝土面涂刷防火涂料

按设计图示尺寸以面积计算。

（九）木基层涂刷防火漆

按涂刷部位的设计图示尺寸以面积计算;木基层其他油漆按设计图示展开面积计算。

（十）木栅栏、木栏杆、木间壁、木隔断、玻璃间壁露明墙筋油漆

按设计图示尺寸以单面外围面积计算。

（十一）裱糊

按设计图示尺寸以面积计算。

（十二）墙面软包

按设计图示尺寸以面积计算。

（十三）木地板油漆及烫蜡

按设计图示尺寸以面积计算。空洞、空圈、暖气包槽、壁龛的开口部分并入相应的工程量内。

（十四）木楼梯

按水平投影面积计算。

三、定 额 摘 录

（一）门、窗油漆（表11-14）

门窗油漆定额（单位:m²）   表11-14

定 额 编 号		14-1	14-2
项 目		单层木门窗	
		木器腻子	
		二遍	每增一遍
预算单间（元）		10.67	5.13
其中	人工费	7.91	3.76
	材料费（元）	2.44	1.22
	机械费（元）	0.32	0.15

定 额 编 号				14-1	14-2
名　称		单位	单价(元)	数　量	
人工	870003	综合工日	工日	87.90	0.090	0.043
材料	110561	木器腻子	kg	6.00	0.4000	0.2000
	840004	其他材料费	元	—	0.04	0.02
机械	840023	其他机具费	元	—	0.32	0.15

注:工作内容包括:基层清理、刮腻子、刷防护材料、油漆等。

（二）喷刷涂料（表11-15）

喷刷涂料定额（单位:m²）　　　　　　　　　　表11-15

定 额 编 号				14-712	14-713	14-714	14-715	14-716	14-717
项　目				外墙涂料			丙烯酸弹性高级涂料		
				平壁型	凹凸型	仿石	仿蘑菇石	三遍	四扁
预算单价(元)				16.92	65.81	46.39	60.31	25.40	31.25
其中	人工费(元)			3.69	4.92	4.92	6.42	4.48	5.27
	材料费(元)			13.08	60.69	41.27	53.63	20.74	25.77
	机械费(元)			0.15	0.20	0.20	0.26	0.18	0.21
名　称		单位	单位(元)	数　量					
人工	870003	综合工日	共日	87.90	0.042	0.056	0.056	0.073	0.051	0.060
材料	110201	室外乳胶漆	kg	16.00	0.7500	—	—	—	—	—
	110206	复层涂料骨浆(喷涂型)	kg	25.00	—	1.8000	—	—	—	—
	110263	仿石涂料	kg	8.50	—	—	3.6000	4.6800	—	—
	110334	丙烯酸弹性高级涂料	kg	18.00	—	—	—	—	1.0800	1.3500
	110205	水性封底漆(普通)	kg	6.70	—	0.1130	0.1130	0.1130	0.1470	—
	110208	水性耐候面漆(半光型)	kg	28.00	—	—	0.2250	0.2250	—	—
	110207	水性中间(层)涂料	kg	32.00	—	—	0.2250	0.2250	0.2930	—
	110234	油性涂料配套稀释剂	kg	11.10	—	—	0.0360	0.0360	0.0470	—
	110216	油性透明漆	kg	7.00	—	—	—	0.2250	0.2930	—
	110212	弹性腻子(粉状)	kg	3.00	—	—	—	—	0.0810	0.1140
	110333	丙烯酸封底漆	kg	5.50	—	—	—	—	0.1130	0.1130
	840004	其他材料费	元	—	0.32	1.03	0.74	0.92	0.44	0.51
机械	840023	其他机具费	元	—	0.15	0.20	0.20	0.26	0.18	0.21

注:工作内容包括:基层清理、刮腻子、喷刷涂料等。

第五节　其他装饰工程

一、说　明

（1）本节包括:柜类、货架,装饰线,扶手、栏杆、栏板装饰,暖气罩,浴厕配件,旗杆,招牌、

168

灯箱,美术字共 304 个子目。

（2）柜类、货架是按华北标 08BJ4—2 进行编制的,定额中未包括面板拼花及饰面板上镶贴其他材料的花饰、造型等艺术品。设计要求涂刷油漆、防火涂料时,执行第 4 节油漆、涂料、裱糊工程中相应定额子目。

（3）装饰线条适用于内外墙面、柱面、柜橱、天棚及设计有装饰线条的部位。

（4）装饰线按不同材质及形式分为板条、平线、角线、角花、槽线、欧式装饰线等多种装饰线（板）。

①板条:指板的正面与背面均为平面而无造型者。

②平线:指其背面为平面,正面为各种造型的线条。

③角线:指线条背面为三角形,正面有造型的阴、阳角装饰线条。

④角花:指呈直角三角形的工艺造型装饰件。

⑤槽线:指用于嵌缝的 U 形线条。

⑥欧式装饰线:指具有欧式风格的各种装饰线。

（5）空调和挑板周围栏杆（板）,执行通廊栏杆（板）的相应定额子目。

（6）楼梯铁栏杆执行铁栏杆制安定额子目。

（7）暖气罩台面和窗台为一体时,应分别执行相应定额子目。

（8）本章中所标尺寸均为高×长×宽（其中高度包括支架高度,单位以 mm 为计量单位）。

（9）浴厕配件中已包括配套的五金安装。

（10）平面招牌是指安装在门前墙面的平面体,箱体招牌、竖式标箱是指固定在墙面的六面体。

（11）各类灯箱、吸塑字等光源执行通用安装工程预算定额。

二、工程量计算规则

（一）柜类、货架

（1）柜台、存包柜、鞋架、酒吧台、收银台、试衣间、货架、服务台等按设计图示数量计算。

（2）附墙酒柜、衣柜、书柜、厨房壁柜、木壁柜、厨房低柜、厨房吊柜、矮柜、吧台背柜、酒吧吊柜、展台、书架等按设计图示尺寸以长度计算。

（二）装饰线

（1）装饰线按设计图示尺寸以长度计算。

（2）角花、圆圈线条、拼花图案、灯盘、灯圈等按数量计算;镜框线、柜橱线按设计图示尺寸以长度计算。

（3）欧式装饰线中的外挂檐口板、腰线板按图示尺寸以长度计算。

山花浮雕、拱形雕刻分规格按数量计算。

（三）扶手、栏杆、栏板装饰

（1）栏杆（板）按扶手中心线水平投影长度乘以栏杆（板）高度以面积计算。栏杆（板）高度从结构上表面算至扶手底面。

（2）旋转楼梯栏杆按图示扶手中心线长度乘以栏杆高度以面积计算。

（3）无障碍设施栏杆按图示尺寸以长度计算。

（4）扶手（包括弯头）按扶手中心线水平投影长度计算。

（5）旋转楼梯扶手按设计图示以扶手中心线长度计算。

（四）暖气罩

（1）暖气罩按设计图示尺寸以垂直投影面积(不展开)计算。

（2）暖气罩台面按设计图示尺寸以长度计算。

（五）浴厕配件

（1）洗漱台按设计图示尺寸以台面外接矩形面积计算。不扣除孔洞、挖弯、削角所占面积，挡板、吊沿板面积并入台面面积内。

（2）晾衣架、帘子杆、浴缸拉手、卫生间扶手、毛巾杆、毛巾环、卫生纸盒、肥皂盒、镜箱安装等按设计图示数量计算。

（3）镜面玻璃按设计图示尺寸以边框外围面积计算。

（六）旗杆

按设计图示数量计算。

（七）招牌、灯箱

（1）平面招牌(基层)按设计图示尺寸以正立面边框外围面积计算。复杂型的凸凹造型部分不增加面积。

（2）箱式招牌和竖式标箱的基层按其外围图示尺寸以体积计算。

（3）招牌、灯箱的面层按设计图示展开面积计算。

（八）美术字

美术字、房间铭牌安装按设计图示数量计算。

三、定 额 摘 录

（一）木质装饰线(表 11-16)

木质装饰线定额(单位:m)　　　　　　　　　　　　　　　　表 11-16

定 额 编 号			15-93	15-94
项　　目			木装饰线	
			板条	
			宽度(mm)	
			50 以内	50 以外
预算单价(元)			8.70	16.08
其中	人工费(元)		2.18	2.29
	材料费(元)		6.04	13.31
	机械费(元)		0.48	0.48
名　　称		单位	单价(元)	数　　量
人工	870004 综合工日	工日	104.00	0.021	0.022
材料	070003 木板条 50mm 以内	m	5.40	1.0800	—
	070004 木板条 50mm 以外	m	12.00	—	1.0800
	110132 乳胶	kg	6.50	0.0058	0.0109
	840004 其他材料费	元	—	0.17	0.28
机械	840023 其他机具费	元	—	0.48	0.48

注:工作内容包括:定位、弹线、下料、钻孔、加楔、安装膨胀螺栓、刷乳胶、安装、固定等。

170

(二)扶手、栏杆、栏板装饰(表11-17)

扶手、栏杆、栏板装饰定额(单位:m²)　　　　　　表11-17

定额编号				15-170	15-171	15-172	15-173	15-174
项　目				烤漆钢管栏杆	不锈钢栏杆		钢管栏杆	
					直形	旋转形	直形	旋转形
预算单价(元)				143.93	405.59	795.55	782.85	1550.66
其中	人工费(元)			55.25	57.07	87.81	57.07	87.81
	材料费(元)			86.05	344.52	702.66	721.78	1457.77
	机械费(元)			2.63	4.00	5.08	4.00	5.08
名　称		单位	单价(元)	数　量				
人工	870004	综合工日	工日	104.00	0.531	0.549	0.844	0.549	0.844
材料	090704	烤漆钢管	m	10.00	7.5076	—	—	—	—
	090348	不锈钢管栏杆 φ20	m	29.90	—	7.5076	—	—	—
	090350	不锈钢栏杆 φ50	m	79.00	—	—	6.2105	—	—
	090371	钢管栏杆 φ20	m	72.40	—	—	—	7.5076	—

注:工作内容包括:放样、下料、安装、打磨抛光等。

171

第十二章　措施项目费计算

措施项目费包括脚手架工程费,现浇混凝土模板及支架工程费、垂直运输费、超高施工增加费、施工排降水工程费和安全文明施工费等6部分,现分别讲述。

第一节　脚手架工程

一、说　明

(1)本节包括:综合脚手架,室内装修脚手架,其他脚手架3节共43个子目。

(2)综合脚手架包括结构(含砌体)和外装修施工期的脚手架,不包括设备安装专用脚手架和安全文明施工费中的防护架和防护网。

(3)单层建筑脚手架,檐高>6m时,超过部分执行檐高6m以上每增1m定额子目,不足1m时按1m计算。单层建筑内带有部分楼层时,其面积并入主体建筑面积内,执行单层建筑脚手架的定额子目。多层或高层建筑的局部层高>6m时,按其局部结构水平投影面积执行每增1m定额子目。

(4)有地下室的建筑脚手架分别按±0.00以下、±0.00以上执行相应的定额子目;无地下室的建筑脚手架仅执行±0.00以上定额子目。单独地下室工程执行±0.00以下定额子目。

(5)室内装修脚手架,层高>3.6m时,执行层高4.5m以内的内墙装修、吊顶装修、天棚装修脚手架定额子目;层高>4.5m时超过部分执行4.5m以上每增1m的相应定额子目,不足1m时按1m计算。

(6)室内装修工程计取天棚装修脚手架后,不再计取内墙装修脚手架。

(7)独立柱装修脚手架,层高>3.6m时,执行内墙装修脚手架相应定额子目。

(8)不能计算建筑面积的项目按其他脚手架的相应定额子目执行。

(9)外墙装修脚手架为整体更新改造项目使用,新建工程的外墙装修脚手架已包括在综合脚手架内,不得重复计算。

(10)围墙不分高度,执行围墙脚手架定额子目。

(11)各项脚手架均不包括脚手架底座(垫木)以下的基础加固工作,费用另行计算。

二、各项费用包括内容

(1)脚手架费用综合了施工现场为满足施工需要而搭设的各种脚手架的费用。包括脚手架与附件(扣减、卡销等)的租赁(或周转、摊销)、搭设、维护、拆除与场内外运输,脚手板、挡脚板、水平安全网的搭设与拆除以及其他辅助材料的费用。

(2)搭拆费综合了脚手架的搭设、拆除、上下翻板子、挂安全网等全部工作内容的费用。

(3)租赁费综合了脚手架周转材料每100m² 每日的租赁费及正常施工期间的维护、调整用工等费用。

（4）摊销材料费包括脚手板、挡脚板、垫木、钢丝绳、预埋锚固钢筋、铁丝等应摊销材料的材料费。

（5）租赁材料费包括架子管、扣件、底座等周转材料的租赁费。

三、使用工期的计算规定

（1）脚手架的使用工期原则上应根据合同工期及施工方案进行计算确定，即按施工方案中具体分项工程的脚手架开始搭设至全部拆除期间所对应的结构工程、装修工程施工工期计算。

（2）综合脚手架的使用工期，在合同工期尚未确定前，可参照 2009 年《北京市建设工程工期定额》的单项工程定额工期乘以折算系数执行。在合同工期确定后，依据合同工期中单项工程的相应施工工期计算确定。

（3）折算系数的应用场合。

① ±0.00 以下有地下室工程按定额工期的 0.5 ~ 0.8 执行（扣减土石方、地基基础、室内装修等工程施工所占工期）；该定额工期不计算坑底打基础桩、顶面覆土等单独增加的工期。

② ±0.00 以上工程按定额结构工期的 0.65 ~ 0.95 执行。

③ 会议楼、影剧院、体育场馆、全钢结构的公共建筑的定额结构工期不包括外装修工程，应另增加外装修的工期。

（4）单项工程的 ±0.00 以上由两种或两种以上结构类型组成，或层数不同。

① 无变形缝时，脚手架按建筑面积所占比重大的结构类型或层数为准，工程量按单项工程的全部面积及与其相应的使用工期计算。

② 有变形缝时，脚手架工程量按不同结构类型、层数分别计算建筑面积和使用工期。

（5）单项工程 ±0.00 以上由多个不同独立部分组成。

① 无联体项目时，应分别按不同独立部分的结构类型、层数分别计算。

② 有联体项目时，联体部分的脚手架按整体计算建筑面积和使用工期；联体以上独立部分按结构类型、层数分别单独计算建筑面积和相应的使用工期。

（6）室内装修脚手架的使用工期根据合同工期和施工方案确定。

（7）外墙装修脚手架的使用工期，在合同工期尚未确定前，可参照 2009 年《北京市建设工程工期定额》的单项工程定额工期执行。在合同工期确定后，依据合同工期中单项工程的相应施工工期计算确定。

四、工程量计算规则

脚手架费用包括搭拆费和租赁费；按搭拆与租赁分开列项的脚手架定额子目，应分别计算搭拆和租赁工程量。

（一）综合脚手架的搭拆

按建筑面积以 $100m^2$ 计算。不计算建筑面积的架空层，设备管道层、人防通道等部分，按围护结构水平投影面积计算，并入相应主体工程量中。

（二）内墙装修脚手架的搭拆

按内墙装修部位的垂直投影面积以 $100m^2$ 计算，不扣除门窗，洞口所占面积。

（三）吊顶装修脚手架的搭拆

按吊顶部分水平投影面积以 $100m^2$ 计算。

（四）天棚装修脚手架的搭拆

按天棚净空的水平投影面积以100m²计算，不扣除柱、垛≤0.3m²洞口所占面积。

（五）外墙装修脚手架的搭拆

按搭设部位外墙的垂直投影面积以100m²计算，不扣除门窗、洞口所占面积。

（六）脚手架的租赁

按相应的脚手架搭拆工程量乘以使用工期以100m²·天计算。

（七）电动吊篮

按搭设部位外墙的垂直投影面积以100m²计算，不扣除门窗、洞口所占的面积。

（八）独立柱装修脚手架

按柱周长增加3.6m乘以装修部位的柱高以100m²计算。

（九）围墙脚手架

按砌体部分的设计图示长度以10m计算。

（十）双排脚手架

按搭设部位的围护结构外围垂直投影面积以100m²计算，不扣除门窗、洞口所占的面积。

（十一）满堂脚手架

按搭设部位的结构水平投影面积以100m²计算。

五、定 额 摘 录

（一）综合脚手架（表12-1～表12-4）

综合脚手架定额之一（单位：100m²）　　　　　　　　　表12-1

定 额 编 号			17-1	17-2	17-3	17-4	17-5	17-6
项　　　　目			单层建筑				±0.000以下工程	
			檐高6m以下		檐高6m以上每增1m		有地下室	
			搭拆	租赁	搭拆	租赁	搭拆	租赁
预算单价（元）			1231.49	2.75	210.06	0.19	1326.80	3.49
其中	人工费（元）		497.27	0.17	55.87	0.03	523.01	0.29
	材料费（元）		720.34	2.58	152.28	0.16	765.83	3.19
	机械费（元）		13.88	—	1.91	—	37.96	0.01
名　　称		单位	单价（元）	数　　量				
人工	870002 综合工日	工日	83.20	5.977	0.002	0.672	0.0004	6.286	0.004
材料	840027 摊销材料费	元	—	595.40	—	89.75	—	456.94	—
	840028 租赁材料费	元	—	109.19	2.54	59.26	0.16	16.23	3.14
	150163 安全网	m²	11.80	—	—	—	—	20.8200	—
	100321 柴油	kg	8.98	0.5674	—	0.1135	—	3.9718	—
	840004 其他材料费	元	—	10.65	0.04	2.25	—	11.32	0.05
机械	800278 载重汽车15t	台班	392.90	0.0100	—	0.0020	—	0.0700	—
	840023 其他机具费	元	—	9.95	—	1.12	—	10.46	0.01

注：工作内容包括：(1)场内、场外材料搬运等。(2)搭、拆脚手架、斜道、上料平台等。(3)安全网的铺设等。(4)选择
　　附墙点与主体连接等。(5)测试电动装置、安全锁等。(6)拆除脚手架后材料的堆放等。

综合脚手架定额之二（单位：100m²）

表 12-2

定额编号			17-7	17-8	17-9	17-10	17-11	17-12
项　目			±0.000 以上工程					
			混合结构		全现浇结构			
					层数			
			搭拆	租赁	6 层以下		12 层以下	
					搭拆	租赁	搭拆	租赁
预算单价（元）			1301.47	3.63	1513.23	4.24	1259.13	3.57
其中	人工费（元）		509.88	0.70	583.72	0.70	514.53	0.87
	材料费（元）		753.89	2.92	890.34	3.53	715.06	2.68
	机械费（元）		37.70	0.01	39.17	0.01	29.54	0.02
名　称	单位	单价	数　量					
人工 870002 综合工日	工日	83.20	6.128	0.008	7.016	0.008	6.184	0.011
材料 840027 摊销材料费	元	—	454.56	—	538.92	—	517.89	—
840028 租赁材料费	元	—	27.26	2.88	56.92	3.48	57.22	2.64
150163 安全网	m²	11.80	19.0900	—	20.8200	—	7.9700	—
010152 工字钢	kg	4.80					2.1600	—
100321 柴油	kg	8.98	3.9718		3.9718		2.7803	
840004 其他材料费	元	—	11.14	0.04	13.16	0.05	10.57	0.04
机械 800278 载重汽车 15t	台班	392.90	0.0700	—	0.0700	—	0.0490	—
840023 其他机具费	元	—	10.20	0.01	11.67	0.01	10.29	0.02

注：同表 12-1。

综合脚手架定额之三（单位：100m²）

表 12-3

定额编号			17-13	17-14	17-15	17-16	17-17	17-18
项　目			±0.000 以上工程					
			全现浇结构		框架结构			
					层数			
			12 层以上		6 层以下		12 层以下	
			搭拆	租赁	搭拆	租赁	搭拆	租赁
预算单价（元）			1113.03	5.07	1865.59	6.83	1713.59	5.93
其中	人工费（元）		492.44	0.99	745.75	0.70	759.65	0.87
	材料费（元）		598.94	4.06	1081.35	6.12	911.25	5.04
	机械费（元）		21.65	0.02	38.49	0.01	42.69	0.02
名　称	单位	单价（元）	数　量					
人工 870002 综合工日	工日	83.20	5.919	0.012	8.963	0.008	9.130	0.011

名称		单位	单价(元)	数	量				
材料	840027 摊销材料	元	—	333.97	—	656.63	—	663.19	—
	840028 租赁材料费	元	—	24.73	4.00	73.49	6.03	80.17	4.97
	150163 安全网	m²	11.80	9.5100	—	25.8200	—	9.7100	—
	010152 工字钢	kg	4.80	21.6400	—	—	—	0.8700	—
	100321 柴油	kg	8.98	1.7041	—	3.4044	—	3.9718	—
	840004 其他材料费	元	—	8.85	0.06	15.98	0.09	13.47	0.07
机械	800278 载重汽车 15t	台班	392.90	0.0300	—	0.0600	—	0.0700	—
	840023 其他机具费	元	—	9.85	0.02	14.92	0.01	15.19	0.02

注:同表 12-1。

综合脚手架之四(单位:100m²) 表 12-4

定额编号				17-19		17-20	17-21	17-22
项目				±0.000 以上工程				
				框架结构				
				层数				
				24 层以下			24 层以上	
				搭拆	租赁		搭拆	租赁
预算单价(元)				1548.72	5.08		1407.45	5.46
其中	人工费(元)			806.19	1.05		690.82	1.22
	材料费(元)			698.90	4.01		675.30	4.22
	机械费(元)			43.63	0.02		41.33	0.02
名称		单位	单价(元)	数	量			
人工	870002 综合工日	工日	83.20	9.690	0.013		8.303	0.015
材料	840027 摊销材料费	元	—	504.53	—		392.15	—
	840028 租赁材料费	元	—	45.55	3.95		44.06	4.16
	150163 安全网	m²	11.8	5.1900	—		5.3900	—
	010152 工字钢	kg	4.80	8.6600	—		27.0500	—
	100321 柴油	kg	8.98	3.9737	—		3.9723	—
	840004 其他材料费	元	—	10.33	0.06		9.98	0.06
机械	800278 载重汽车 15t	台班	392.90	0.0700	—		0.0700	—
	840023 其他机具费	元	—	16.12	0.02		13.82	0.02

注:同表 12-1。

（二）室内装修脚手架（表12-5、表12-6）

室内装修脚手架定额之一（单位：100m²）　　　　　　　　　表12-5

定 额 编 号				17-23	17-24	17-25	17-26
项　　目				内墙装修脚手架(3.6m 以上)			
				层高4.5m 以内		层高4.5m 以上每增加1m	
				搭拆	租赁	搭拆	租赁
预算单价(元)				427.41	3.48	132.06	0.55
其中	人工费（元）			193.02	—	81.54	—
	材料费（元）			151.95	3.48	31.60	0.55
	机械费（元）			82.44		18.92	
	名　称	单位	单价(元)	数　　量			
人工	870002 综合工日	工日	83.20	2.320	—	0.980	—
材料	840027 推销材料费	元	—	90.00	—	18.00	—
	840028 租赁材料费	元	—	—	3.43	—	0.54
	100321 柴油	kg	8.98	6.6480		1.4626	
	840004 其他材料费	元		2.25	0.05	0.47	0.01
机械	800278 载重汽车 15t	台班	392.90	0.2000	—	0.0440	—
	840023 其他机具费	元		3.86		1.63	

注：同表12-1。

室内装修脚手架定额之二（单位：100m²）　　　　　　　　　表12-6

定 额 编 号				17-27	17-28	17-29	17-30
项　　目				吊顶装修脚手架(3.6m 以上)			
				层高4.5m 以内		层高4.5m 以上每增加1m	
				搭拆	租赁	搭拆	租赁
预算单价(元)				1155.44	5.69	446.52	1.95
其中	人工费（元）			673.92	—	296.19	—
	材料费（元）			389.46	5.69	124.76	1.95
	机械费（元）			92.06		25.57	
	名　称	单位	单价(元)	数　　量			
人工	870002 综合工日	工日	83.20	8.100	—	3.560	—
材料	840027 推销材料费	元	—	324.00	—	108.00	—
	840028 租赁材料费	元	—	—	5.61	—	1.92
	100321 柴油	kg	8.98	6.6480	—	1.6620	—
	840004 其他材料费	元		5.76	0.08	1.84	0.03
机械	800278 载重汽车 15t	台班	392.90	0.2000	—	0.0500	—
	840023 其他机具费	元	—	13.48		5.92	—

注：同表12-1。

177

（三）其他脚手架（表12-7、表12-8）

其他脚手架定额之一（单位：100m²）   表12-7

定 额 编 号			17-35	17-36	17-37	17-38	17-39
项　目			外墙装饰脚手架				
			双排脚手架		外吊装脚手架		电动吊篮
			搭拆	租赁	搭拆	租赁	
预算单价（元）			1531.83	15.44	726.56	1.40	1507.88
其中	人工费（元）		668.06	0.67	470.91	0.42	166.40
	材料费（元）		786.79	14.76	240.34	0.97	1330.29
	机械费（元）		56.98	0.01	15.31	0.01	11.19
名　称		单位	单价（元）	数　量			
人工	870002 综合工日	工日	83.20	8.270	0.008	5.660	0.005	2.000
材料	840027 推销材料费	元	—	516.36	—	61.88	—	—
	840028 租赁材料费	元	—	—	14.54	—	0.96	1304.66
	150163 安全网	m²	11.80	19.1500	—	3.4400	—	—
	010152 工字钢	kg	4.80	—	—	27.0500	—	—
	100321 柴油	kg	8.98	3.6564	—	0.4986	—	0.6648
	840004 其他材料费	元	—	11.63	0.22	3.55	0.01	19.66
机械	800278 载重汽车15t	台班	392.90	0.1100	—	0.0150	—	0.0200
	840023 其他机具费	元	—	13.76	0.01	9.42	0.01	3.33

注：工作内容：(1)场内、场外材料搬运等。(2)搭、拆脚手架、斜道、上料平台等。(3)安全网的铺设等。(4)选择附墙点与主体连接等。(5)吊篮的安装、测试电动装置、安全锁、平衡控制器等及拆卸等。(6)拆除脚手架后材料的堆放等。

其他脚手架定额之二（单位：100m²）   表12-8

定 额 编 号			17-40	17-41	17-42	17-43
项　目			围墙脚手架	双排脚手架	满堂脚手架	
					高度3.6以下	高度3.6以上每增1m
			10m	100m²		
预算单价（元）			70.18	1941.20	1260.35	322.38
其中	人工费（元）		40.77	688.06	673.92	296.19
	材料费（元）		20.73	1205.98	539.55	12.41
	机械费（元）		8.68	47.16	46.88	13.78
名　称		单位	单价（元）	数　量			
人工	870002 综合工日	工日	83.20	0.490	8.270	8.100	3.560
材料	840027 推销材料费	元	—	14.45	738.19	498.79	2.03
	840028 租赁材料费	元	—	—	15.02	7.42	4.23
	150163 安全网	m²	11.80	—	34.7100	—	—
	100321 柴油	kg	8.98	0.6648	2.8254	2.8254	0.6648
	840004 其他材料费	元	—	0.31	17.82	7.97	0.18
机械	800278 载重汽车15t	台班	392.90	0.0200	0.0850	0.0850	0.0200
	840023 其他机具费	元	—	0.82	13.76	13.48	5.92

注：同表12-7。

178

第二节　现浇混凝土模板及支架工程

一、说　明

（1）本节包括：基础，柱，梁，墙，板，其他6节共101个子目。

（2）柱、梁、墙、板的支模高度（室外设计地坪至板底或板面至板底之间的高度）是按3.6m编制的。超过3.6m的部分，执行相应的模板支撑高度3.6m以上每增1m的定额子目，不足1m时按1m计算。

（3）带形基础肋高 >1.5m 时，肋模板执行墙定额子目，基础模板执行无梁式带形基础定额子目。

（4）满堂基础不包括反梁，反梁高度≤1.5m 时，反梁模板执行基础梁定额子目；>1.5m时，执行墙定额子目。

（5）箱形基础、框架式基础应分别按满堂基础、柱、墙、梁、板的有关规定计算，执行相应定额子目。

（6）斜柱模板执行异形柱定额子目。

（7）中心线为直线且截面为矩形、T、L、Z、十字形的梁模板，执行矩形梁定额子目，除此外其他截面的梁模板执行异形梁定额子目；中心线为弧线的梁模板执行弧形、拱形梁定额子目。

（8）框架主梁模板执行梁定额子目，次梁模板并入有梁板定额子目。

（9）墙及电梯井外侧模板执行墙相应子目，电梯井壁内侧模板执行电梯井壁墙定额子目。

（10）剪力墙肢截面的最大长度与厚度之比≤6 倍时，执行短肢剪力墙子目；L、Y、T、Z、十字形、一字形等短肢剪力墙的单肢中心线长≤0.4m 时，执行柱定额子目。

（11）对拉螺栓已包括在相应定额子目中；有抗渗要求的混凝土墙体模板使用止水螺栓时，另外执行止水螺栓增加费定额子目。

（12）与同层楼板不同高程的飘窗板模板，执行阳台板定额子目；同高程的飘窗板，执行板定额子目。

（13）现浇混凝土板的坡度 >10°时，执行斜板定额子目。

（14）阳台、雨篷、挑檐的立板高度 >0.2m 时，立板模板及对应的平板侧模板合并后执行栏板定额子目；≤0.2m 时，阳台、雨篷、挑檐的立板模板及其平板侧模板不另计算。

（15）现浇混凝土的小型池槽、扶手、台阶两端的挡墙或花池以及定额中未列出的项目，单体体积≤0.1m³ 时，执行小型构件定额子目；>0.1m³ 时执行其他构件定额子目。

二、各项费用包括内容

（1）摊销材料费包括预埋锚固钢筋，铁钉、铁丝、脱模剂、海绵条等应摊销的材料费。

（2）租赁材料费包括碗扣架、钢管、扣件、支座、顶托等周转材料的租赁费。

三、适　用　范　围

（1）复合模板：适用于各类构件。面板通常使用涂塑多层板、竹胶板等材料现场制作的模板及支架体系，面板按摊销考虑。

（2）组合钢模板：适用于直形构件。面板通常使用06系列、15～30系列、10系列的组合钢模板、面板按租赁考虑。

（3）木模板:适用于小型、异型（弧形）构件。面板通常使用木板材和木方现场加工拼装组成,面板按摊销考虑。

（4）清水装饰混凝土模板:适用于设计要求为清水装饰混凝土结构的构件。面板材质可为钢、复合木模板等,面板按摊销考虑。

（5）定型大钢模板:适用于现浇钢筋混凝土剪力墙。面板为厂制全钢模板,集模板、支撑、对拉固定、操作平台等于一体的大型模板,面板按租赁考虑。

（6）定型钢模板:适用于尺寸相对固定的异形柱、弧形（拱形）梁构件,面板按租赁考虑。

四、工程量计算规则

混凝土模板及支架的工程量,按模板与现浇混凝土构件的接触面积计算。

（一）满堂基础

集水井的模板面积并入满堂基础工程中。

（二）柱

（1）柱模板及支架按柱周长乘以柱高得出的面积计算,不扣除柱与梁连接重叠部分的面积。牛腿的模板面积并入柱模板工程量中。

（2）柱高从柱基或板上表面算至上一层楼板上表面,无梁板算至柱帽底部高程,

（3）构造柱按图示外漏部分的最大宽度乘以柱高以面积计算。

（三）梁

（1）梁模板及支架按展开面积计算,不扣除梁与梁连接重叠部分的面积。梁侧的出沿按展开面积并入梁模板工程量中。

（2）梁长的计算规定:

①梁与柱连接时,梁长算至柱侧面。

②主梁与次梁连接时,次梁长算至主梁侧面。

③梁与墙连接时,梁长算至墙侧面。如墙为砌块（砖）墙时,伸入墙内的梁头和梁垫的面积并入梁的工程量中。

④圈梁:外墙按中心线,内墙按净长线计算。

（3）过梁按图示面积计算。

（四）墙

墙模板及支架按模板与现浇混凝土构件的接触面积计算,附墙柱侧面积并入墙模板工程量。单孔面积≤0.3m² 的孔洞不予扣除,洞侧壁模板亦不增加;>0.3m² 的孔洞应予扣除,洞侧壁模板面积并入墙模板工程量中。

（1）墙模板及支架按墙图示长度乘以墙高以面积计算,外墙高度有楼板表面算至上一层楼板上表面,内墙高度由楼板上表面算至上一层楼板（或梁）下表面。

（2）暗梁、暗柱模板不单独计算。

（3）采用定型大钢模板时,洞口面积不予扣除,洞侧壁模板亦不增加。

（4）止水螺栓增加费,按设计有抗渗要求的现浇钢筋混凝土墙的两面模板工程量以面积计算。

（五）板

板模板及支架按模板与现浇混凝土构件的接触面积计算,单孔面积≤0.3m² 的孔洞不予

扣除,洞侧壁模板亦不增加;>0.3m²的孔洞应予扣除,洞侧壁模板面积并入板模板工程量中。

(1)梁所占面积应予扣除。

(2)有梁板按板与次梁的模板面积之和计算。

(3)柱帽按展开面积计算,并入无梁板工程量中。

(六)模板支撑高度>3.6m时,按超过部分全部面积计算工程量

(七)后浇带按模板与后浇带的接触面积计算

(八)其他

(1)阳台、雨篷、挑檐按图示外挑部分水平投影面积计算。

阳台、平台、雨篷、挑檐的平板侧模按图示面积计算。

(2)楼梯按(包括休息平台、平台梁、斜梁和楼层板的连接梁)水平投影面积计算,不扣除宽度≤500mm的楼梯井所占面积,楼梯踏步、踏步板、平台梁等侧面模板面积不另计算,伸入墙内部分亦不增加。

(3)旋转式楼梯按下式计算:

$$S = \pi \times (R^2 - r^2) \times n$$

式中:R——楼梯外径;

r——楼梯内径;

n——层数(n = 旋转角度/360)。

(4)小型构件和其他现浇构件按图示面积计算。

(5)架空式混凝土台阶按现浇楼梯计算。

混凝土台阶(不包括梯带),按图示水平投影面积计算。台阶两端的挡墙或花池另行计算并入相应的工程量中

五、模板的分类及图示

模板依其形式不同,可分为整体式模板、定型模板、工具式模板、翻转模板、滑动模板、胎模等。依其所用的材料不同,可分为木模板、钢木模板、钢模板、铝合金模板、塑料模板、玻璃钢模板等。目前以应用组合式钢模板及钢木模板为多。

(一)木模板(图12-1～图12-5)

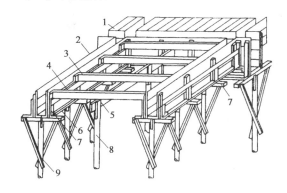

图12-1　有梁楼板一般支撑法

1-楼板模板;2-梁侧模板;3-搁栅;4-横档;5-牵杠;

6-夹头;7-短撑木;8-牵杠撑;9-支柱(琵琶撑)

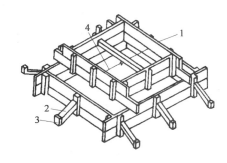

图12-2　阶梯形基础模板

1-拼板;2-斜撑;3-木桩;4-铁丝

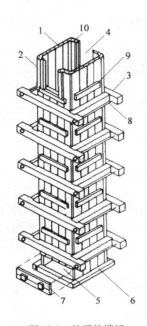

图 12-3 柱子的模板

1-内拼板;2-外拼板;3-柱箍;4-梁缺口;5-清理孔;

6-木框;7-盖板;8-拉紧螺栓;9-拼条;10-三角木条

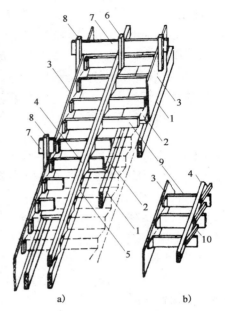

图 12-4 反扶梯基的构造

1-楞木;2-定型模板;3-边模板;4-反扶梯基;5-三角木;

6-吊木;7-横楞;8-立木;9-梯级模板;10-顶木

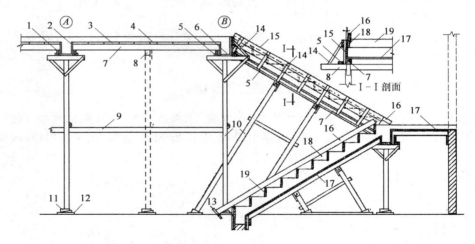

图 12-5 肋形楼盖及楼梯模板

1-横档木;2-梁侧板;3-定型模板;4-异形板;5-夹板;6-梁底模板;7-楞木;8-横木;9-拉条;10-支柱;11-木楔;12-垫板;13-木桩;14-斜撑;15-边板;16-反扶梯基;17-板底模板;18-三角木;19-楼梯模板

（二）组合钢模板（图 12-6）

（三）大模板（图 12-7）

【例 12-1】某三层砖混结构基础平面及断面图如图 12-8 所示,砖基础为一步大放脚,砖基础下部为钢筋混凝土基础。

求:钢筋混凝土基础模板工程量。

解:模板工程量

外墙钢筋混凝土基础长 $= (9.9 + 6.0) \times 2 = 31.8(m)$

内墙钢筋混凝土基础长 = (6.0 - 1 ÷ 2 × 2) × 2 = 10(m)

外墙钢筋混凝土基础模板工程量 = 0.2 × 2 × 31.8 = 12.72(m²)

内墙钢筋混凝土基础模板工程量 = 0.2 × 2 × 10 = 4(m²)

模板工程量 = 12.72 + 4 = 16.72(m²)

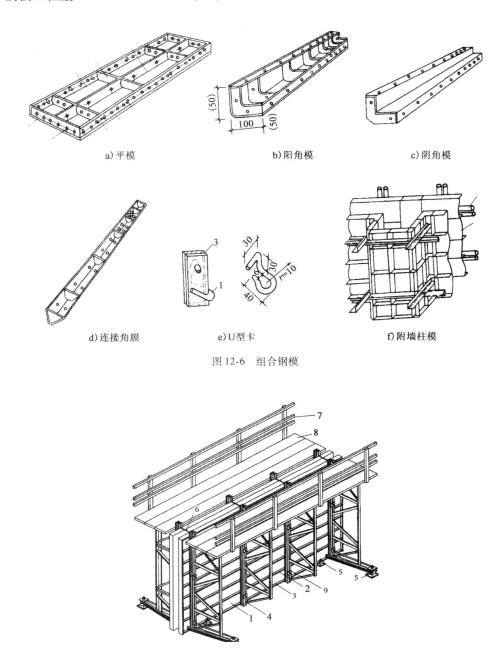

a)平模   b)阳角模   c)阴角模

d)连接角膜   e)U型卡   f)附墙柱模

图 12-6 组合钢模

图 12-7 大模板构造

1-面板;2-次肋;3-支撑桁架;4-助攻;5-调整螺旋;6-卡具;7-栏杆;8-脚手板;9-对销螺栓

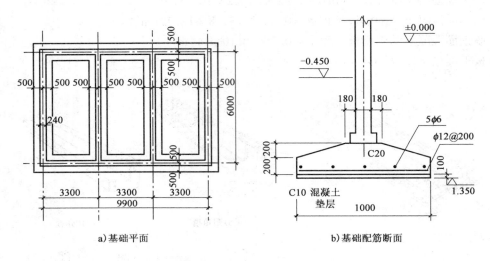

a) 基础平面   b) 基础配筋断面

图 12-8　某三层砖混结构基础平面及断面图(尺寸单位:mm)

六、定 额 摘 录

(一)基础(表 12-9)

基础定额(单位:m²)　　　　　　　　　　　　　　表 12-9

定 额 编 号			17-44	17-45	17-46	17-47	17-48
项 目			垫层	带形基础		独立基础	
				有梁式	无梁式	复合模板	组合钢模板
预算单价(元)			15.47	37.20	34.41	41.57	34.39
其中	人工费(元)		10.28	22.50	21.52	21.89	20.85
	材料费(元)		4.78	10.87	9.91	17.28	10.91
	机械费(元)		0.41	3.83	2.98	2.40	2.63
	名　称	单位	单价(元)	数　　量			
人工	870002 综合工日	工日	83.20	0.124	0.270	0.259	0.263	0.251
材料	830075 复合木模板	m²	30.00	—	0.0015	0.0015	0.1581	0.0015
	830076 组合钢模板	m²·日	0.35	—	3.6158	3.6158	—	3.6158
	030001 板方材	m³	1900.00	0.0023	0.0013	0.0013	0.0032	0.0012
	100321 柴油	kg	8.98	—	0.2595	0.1905	0.1514	0.1819
	840027 摊销材料费	元	—	0.34	2.24	2.42	2.60	3.26
	840028 租赁材料费	元	—	—	2.36	1.85	2.24	2.26
	840004 其他材料费	元	—	0.07	0.16	0.15	0.26	0.16
机械	800102 汽车起重机 16t	台班	915.20	—	0.0017	0.0012	0.0007	0.0008
	800278 载重汽车 15t	台班	392.90	—	0.0035	0.0026	0.0022	0.0027
	840023 其他机具费	元	—	0.41	0.90	0.86	0.90	0.84

注:工作内容包括:(1)模板制作等。(2)模板安装、拆除、整理堆放及场内运输等。(3)清理模板黏结物及模内杂物、刷隔离剂等。

184

(二)柱(表12-10、表12-11)

柱定额之一(单位:m²) 表12-10

定 额 编 号			17-58	17-59	17-60	17-61	17-62
项 目			矩形柱				构造柱
			复合模板	组合钢模板	定型钢模板	清水装饰混凝土模板	复合模板
预算单价(元)			54.35	49.54	64.93	70.69	47.79
其中	人工费(元)		33.43	32.41	28.45	35.11	26.24
	材料费(元)		17.36	12.84	31.91	31.96	19.18
	机械费(元)		3.56	4.29	4.57	3.62	2.37
名 称		单位	单价(元)	数 量			
人工	870002 综合工日	工日	83.20	0.402	0.390	0.342	0.422	0.315
材料	830075 复合木模板	m²	30.00	0.1617	0.0104	0.0104	—	0.1754
	830076 组合钢模板	m²·日	0.35	—	4.6065	—	—	—
	830077 定型钢模板	m²·日	2.55	—	—	4.5866	—	—
	830079 清水装饰混凝土模板	m³	60.00	—	—	—	0.3207	—
	030001 板方材	m³	1900.00	0.0035	0.0012	0.0010	0.0035	0.0039
	010576 型钢柱箍(含加工)	kg	7.50	—	—	0.2205	—	—
	091477 对拉螺栓T18	m	20.00	—	—	0.0513	—	—
	100321 柴油	kg	8.98	0.1787	0.2415	0.2775	0.1787	0.0926
	840027 摊销材料费	元	—	—	2.36	4.64	7.22	2.36	4.28
	840028 租赁材料费	元	—	—	1.69	1.64	5.12	1.69	1.12
	840004 其他材料费	元	—	—	0.25	0.19	0.47	0.47	0.28
机械	800102 汽车起重机16t	台班	915.20	0.0014	0.0019	0.0022	0.0014	0.0010
	800278 载重汽车15t	台班	392.90	0.0022	0.0030	0.0035	0.0022	0.0010
	840023 其他机具费	元	—	1.36	1.31	1.15	1.42	1.06

注:同表12-9。

柱定额之二(单位:m²) 表12-11

定 额 编 号				17-67	17-68	17-69	17-70	17-71
项 目				异形柱				柱支撑高度3.6m以上每增1m
				复合模板	木模板	定型钢模板	清水装饰混凝土模板	
预算单价(元)				66.54	91.66	78.87	84.42	3.32
其中	人工费(元)			43.41	47.26	39.65	46.01	2.48
	材料费(元)			19.18	40.12	34.20	34.36	0.33
	机械费(元)			3.95	4.28	5.02	4.05	0.51
名 称		单位	单价(元)	数 量				
人工	870002 综合工日	工日	83.20	0.522	0.568	0.477	0.553	0.030

185

	名 称	单位	单位(元)		数 量		
材料	830075	复合木模板	m²	30.00	0.1695	—	0.0104	—	—
	830077	定型钢模板	m²·日	2.55	—	—	4.5963	—	—
	830079	清水装饰混凝土模板	m²	60.00	—	—	—	0.3464	—
	030001	板方材	m³	1900.00	0.0037	0.0164	0.0010	0.0037	—
	010576	型钢柱箍(含加工)	kg	7.50	—	—	0.2209	—	—
	091477	对拉螺栓 T18	m	20.00	—	—	0.0075	—	—
	100321	柴油	kg	8.98	0.1787	0.2160	0.2775	0.1787	0.0200
	840027	摊销材料费	元	—	2.95	4.13	9.97	2.54	
	840028	租赁材料费	元	—	2.17	2.30	5.47	1.82	0.15
	840004	其他材料费	元	—	0.28	0.59	0.51	0.51	—
机械	800102	汽车起重机 16t	台班	915.20	0.0014	0.0013	0.0022	0.0014	0.0004
	800278	载重汽车 15t	台班	392.90	0.0022	0.0030	0.0035	0.0022	0.0001
	840023	其他机具费	元	—	1.75	1.94	1.60	1.85	0.10

注:同表 12-9。

(三)梁(表 12-12、表 12-13)

梁定额之一(单位:m²)　　　　　　表 12-12

定 额 编 号			17-72	17-73	17-74	17-75	17-76
项 目			基础梁		矩形梁		
			复合模板	组合钢模板	复合模板	组合钢模板	清水装饰混凝土模板
预算单价(元)			59.72	44.82	76.85	71.46	90.68
其中	人工费(元)		27.98	26.82	41.34	37.95	43.40
	材料费(元)		28.18	15.02	31.66	29.64	43.34
	机械费(元)		3.56	2.98	3.85	4.05	3.94
	名 称	单位	单价(元)		数 量		
人工	870002	综合工日	工日	83.20	0.336	0.322	0.497	0.456	0.522
材料	830075	复合木模板	m²	30.00	0.1537	0.0015	0.1921	0.0018	—
	870076	组合钢模板	m²·日	0.35	—	3.6158	—	20.7757	—
	870079	清水装饰混凝土模板	m²	60.00	—	—	—	—	0.2879
	030001	板方材	m³	1900.00	0.0044	0.0027	0.0046	0.0031	0.0046
	091474	对拉螺栓 M14	m	10.00	0.0709	0.0528	0.0445	0.0445	0.0445
	100321	柴油	kg	8.98	0.2515	0.1699	0.2263	0.2640	0.2263
	840027	摊销材料费	元	—	5.24	5.07	3.99	3.00	3.99
	840028	租赁材料费	元	—	6.66	1.24	10.22	10.17	10.22
	840004	其他材料费	元	—	0.42	0.22	0.47	0.44	0.64
机械	800102	汽车起重机 16t	台班	915.20	0.0010	0.0011	0.0009	0.0011	0.0009
	800278	载重汽车 15t	台班	390.90	0.0038	0.0023	0.0034	0.0040	0.0034
	840023	其他机具费	元	—	1.15	1.07	1.68	1.52	1.77

注:同表 12-9。

定 额 编 号				17-91	17-92
项 目				梁支撑高度 3.6m 以上每增 1m	梁后浇带
预算单价（元）				4.60	59.63
其中	人工费（元）			1.08	29.01
	材料费（元）			2.57	26.51
	机械费（元）			0.95	4.11
	名 称	单位	单价（元）	数 量	
人工	870002 综合工日	工日	83.20	0.031	0.349
材料	830075 复合木模板	m²	30.00	—	0.1736
	030001 板方材	m³	1900.00	—	0.0020
	100321 柴油	kg	8.98	0.1305	0.3040
	840027 摊销材料费	元	—	—	4.14
	840028 摊销材料费	元	—	1.36	10.22
	840004 其他材料费	元	—	0.04	0.39
机械	800102 汽车起重机 16t	台班	915.20	—	0.0012
	800278 载重汽车 15t	台班	392.90	0.0023	0.0046
	840023 其他机具费	元	—	0.05	1.20

注：同表 12-9。

（四）墙（表 12-14、表 12-15）

定 额 编 号				17-93	17-94	17-95	17-96
项 目				直形墙			
				复合模板	组合钢模板	大钢模板	清水装饰混凝土模板
预算单价（元）				38.91	34.51	25.44	48.78
其中	人工费（元）			18.23	18.27	11.98	19.14
	材料费（元）			17.63	12.96	11.57	26.55
	机械费（元）			3.05	3.28	1.89	3.09
	名 称	单位	单价（元）	数 量			
人工	870002 综合工日	工日	83.20	0.219	0.220	0.144	0.230
材料	830075 复合木模板	m²	30.00	0.1736	0.0017	0.0068	—
	830076 组合钢模板	m²·日	0.35	—	5.6491	—	—
	830078 定型大钢模板（标准及异型、接高，含螺栓）	m²·日	1.50	—	—	5.5954	—
	830079 清水装饰混凝土模板	m²	60.00	—	—	—	0.2332
	030001 板方材	m³	1900.00	0.0010	0.0004	0.0004	0.0010
	091474 对拉螺栓 M14	m	10.00	0.0179	0.0179	—	0.0179
	100321 柴油	kg	8.98	0.1900	0.2089	0.1111	0.1900
	840027 摊销材料费	元	—	—	5.12	5.12	1.02	5.12
	840028 租赁材料费	元	—	3.24	2.49	0.03	3.24
	840004 其他材料费	元	—	0.26	0.19	0.17	0.39

	名 称	单位	单价(元)	数		量	
机械	800102 汽车起重机 16t	台班	915.20	0.0015	0.0017	—	0.0015
	800103 汽车起重机 20t	台班	992.10	—	—	0.0008	—
	800113 汽车半挂 8t	台班	232.60	—	—	0.0023	—
	800278 载重汽车 15t	台班	392.90	0.0024	0.0026	0.0002	0.0024
	840023 其他机具费	元	—	0.73	0.73	0.48	0.77

注:同表12-9。

墙定额之二(单位:m²) 表 12-15

定 额 编 号				17-109	17-110	17-111
项 目				墙支撑高度3.6m 以上每增1m	墙后 浇带	止水螺栓 增加费
预算单价(元)				3.35	39.96	16.63
其中	人工费(元)			1.50	26.41	0.08
	材料费(元)			1.66	9.74	16.55
	机械费(元)			0.19	3.81	—
	名 称	单位	单价(元)	数	量	
人工	870002 综合工日	工日	83.20	0.018	0.317	0.001
材料	830075 复合木模板	m²	30.00	—	0.1670	—
	030001 板方材	m³	1900.00	0.0001	0.0003	—
	091474 对拉螺栓 M14	m	10.00	0.0056	—	0.0179
	091475 止水螺栓 M14	m	12.00	—	—	1.2741
	100321 柴油	kg	8.98	0.0093	0.2234	—
	840027 推销材料费	元	—	1.25	1.14	0.84
	840028 租赁材料费	元	—	0.06	0.87	—
	840004 其他材料费	元	—	0.02	0.14	0.24
机械	800102 汽车起重机 16t	台班	915.20	0.0001	0.0018	—
	800278 载重汽车 15t	台班	392.90	0.0001	0.0028	—
	840023 其他机具费	元	—	0.06	1.06	—

注:同表12-9。

(五)板(表12-16~表12-18)

板定额之一(单位:m²) 表 12-16

定 额 编 号	17-112	17-113	17-114
项 目	有梁板		
	复合模板	组合钢 模板	清水装饰 混凝土模板
预算单价(元)	64.48	61.35	76.05
其中 人工费(元)	35.65	32.07	37.43
材料费(元)	25.32	23.96	34.04
机械费(元)	4.51	5.32	4.58

188

	名　称		单位	单价(元)		数　量	
人工	870002	综合工日	工日	83.20	0.428	0.386	0.450
材料	830075	复合木模板	m²	30.00	0.1334	0.0013	—
	830076	组合钢模板	m²·日	0.35	—	20.7353	—
	830079	清水装饰混凝土模板	m²	60.00	—	—	0.2099
	030001	板方材	m³	1900.00	0.0039	0.0011	0.0039
	100321	柴油	kg	8.98	0.2595	0.3406	0.2595
	840027	摊销材料费	元	—	2.43	2.42	2.43
	840028	租赁材料费	元	—	8.74	8.74	8.74
	840004	其他材料费	元	—	0.37	0.35	0.50
机械	800102	汽车起重机 16t	台班	915.20	0.0019	0.0025	0.0019
	800278	载重汽车 15t	台班	392.90	0.0034	0.0044	0.0034
	840023	其他机具费	元	—	1.43	1.28	1.50

注:同表 12-9。

板定额之二（单位:m²）　　　　表 12-17

定 额 编 号			17-118	17-119	17-120	17-121	17-122
项　目				平板		斜面面板	
			复合模板	组合钢模板	清水装饰混凝土模板	复合模板	组合钢模板
预算单价(元)			57.53	55.99	67.50	67.89	63.06
其中	人工费(元)		30.19	29.98	31.70	36.28	33.68
	材料费(元)		24.44	22.60	32.84	27.10	24.83
	机械费(元)		2.90	3.41	2.96	4.51	4.55
	名　称	单位	单价(元)		数　量		
人工	870002 综合工日	工日	83.20	0.363	0.360	0.381	0.436	0.405
材料	830075 复合木模板	m²	30.00	0.1440	0.0013	—	0.1334	0.0013
	830076 组合钢模板	m²·日	0.35	—	20.7353	—	—	20.7353
	830079 清水装饰混凝土模板	m²	60.00	—	—	0.2099	—	—
	030001 板方材	m³	1900.00	0.0039	0.0013	0.0039	0.0041	0.0011
	100321 柴油	kg	8.98	0.0891	0.1170	0.0891	0.2549	0.2677
	840027 摊销材料费	元	—	2.45	2.45	2.45	3.08	3.06
	840028 租赁材料费	元	—	9.00	9.00	9.00	9.61	9.61
	840004 其他材料费	元	—	0.36	0.33	0.49	0.40	0.37
机械	800102 汽车起重机 16t	台班	915.20	0.0016	0.0021	0.0016	0.0019	0.0020
	800278 载重汽车 15t	台班	392.90	0.0006	0.0007	0.0006	0.0033	0.0034
	840023 其他机具费	元	—	1.22	1.20	1.28	1.46	1.35

注:同表 12-9。

表 12-18

板定额之三（单位:m²）

定 额 编 号				17-129	17-130	17-131
项 目				补板缝	板支撑高度3.6m 以上每增1m	板后浇带
预算单价（元）				45.46	6.41	58.17
其中	人工费（元）			30.19	5.23	35.48
	材料费（元）			10.71	0.54	17.28
	机械费（元）			4.56	0.64	5.41
	名 称	单位	单价（元）	数 量		
人工	870002 综合工日	工日	83.20	0.363	0.063	0.426
材料	830075 复合木模板	m²	30.00	0.1283	—	0.1283
	030001 板方材	m³	1900.00	0.0011	—	0.0011
	100321 柴油	kg	8.98	0.2795	0.0335	0.3363
	840027 摊销材料费	元	—	1.05	—	1.26
	840028 租赁材料费	元	—	1.05	0.23	6.83
	840004 其他材料费	元	—	0.16	0.01	0.26
机械	800102 汽车起重机16t	台班	915.20	0.0021	0.0003	0.0025
	800278 载重汽车15t	台班	392.90	0.0036	0.0004	0.0043
	840023 其他机具费	元	—	1.22	0.21	1.43

注:同表12-9。

（六）其他（表12-19、表12-20）

表 12-19

其他定额（单位:m²）

定 额 编 号				17-132	17-133	17-134	17-135	17-136
项 目				斜挑檐		栏板	天沟檐沟	阳台板 雨篷挑檐
				复合模板	木模板			
预算单价（元）				41.60	61.27	34.57	55.63	55.64
其中	人工费（元）			30.03	37.78	23.98	27.03	29.72
	材料费（元）			8.73	19.84	8.26	26.09	21.55
	机械费（元）			2.84	3.65	2.33	2.51	4.37
	名 称	单位	单价（元）	数 量				
人工	870002 综合工日	工日	83.20	0.361	0.454	0.288	0.325	0.357
材料	830075 复合木模板	m²	30.00	0.1273	—	0.1225	0.1225	0.1273
	030001 板方材	m³	1900.00	0.0003	0.0081	0.0011	0.0087	0.0052
	100321 柴油	kg	8.98	0.1302	0.1792	0.1117	0.1386	0.2646
	840027 摊销材料费	元	—	0.97	2.63	0.96	3.57	0.70
	840028 租赁材料费	元	—	2.07	0.02	0.43	0.68	4.45
	840004 其他材料费	元	—	0.13	0.29	0.12	0.39	0.32
机械	800102 汽车起重机16t	台班	915.20	0.0011	0.0012	0.0009	0.0007	0.002
	800278 载重汽车15t	台班	392.90	0.0016	0.0024	0.0014	0.0020	0.0034
	840023 其他机具费	元	—	1.20	1.61	0.96	1.08	1.20

注:同表12-9。

定 额 编 号			17-137	17-138	17-139	17-140	17-141	17-142
项　　目			楼梯		小型构件	其他构件	电缆沟、地沟	台阶
			直形	弧形				
预算单价(元)			119.74	180.15	87.57	59.83	61.90	40.17
其中	人工费(元)		84.73	101.65	35.99	32.41	21.74	20.38
	材料费(元)		26.60	70.19	47.96	22.94	36.60	16.75
	机械费(元)		8.41	8.31	3.62	4.48	4.56	3.04
名　称		单位	单价(元)	数　　量				
人工	870002 综合工日	工日	83.20	1.018	1.222	0.433	0.390	0.261	0.245
材料	830075 复合木模板	m²	30.00	0.2199	0.2574	0.1225	0.1225	0.1225	—
	030001 板方材	m³	1900.00	0.0041	0.0267	0.0192	0.0067	0.0136	0.0072
	100321 柴油	kg	8.98	0.5256	0.4121	0.2174	0.2646	0.2148	0.1284
	840027 摊销材料费	元	—	4.13	3.88	5.00	2.42	3.06	1.67
	840028 租赁材料费	元	—	2.97	3.12	0.14	1.40	—	—
	840004 其他材料费	元	—	0.39	1.04	0.71	0.34	0.53	0.25
机械	800102 汽车起重机 16t	台班	915.20	0.0020	0.0020	0.0010	0.0020	0.0033	0.0020
	800278 载重汽车 15t	台班	392.90	0.0080	0.0060	0.0032	0.0034	0.0017	0.0010
	840023 其他机具费	元	—	3.44	4.12	1.45	1.31	0.87	0.82

注:同表 12-9。

第三节　垂 直 运 输

一、说　明

(1)本节包括:垂直运输,其他 2 节共 51 个子目。

(2)垂直运输费用以单项工程为单位计算。

(3)垂直运输按单项工程的层数、结构类型、首层建筑面积划分。

①单项工程高低跨层数不同时,按最高跨结构层数执行定额子目。

②单项工程计算层数时,不计算地下室,出屋面楼梯间、电梯间、水箱间、及屋顶上不计算建筑面积部分的层数。

③单项工程 ±0.00 以上部分,由不同独立部分组成时,分别按独立部分的第一层建筑面积执行定额子目。

④单项工程 ±0.00 以上部分的单层建筑面积大于首层建筑面积时,按最大单层建筑面积执行定额子目。

⑤单项工程 ±0.00 以上为单栋建筑,由两种或两种以上结构类型组成:

a.无变形缝时,按建筑面积所占比重大的结构类型执行相应的定额子目。工程量按单项工程的全部建筑面积计算。

b.有变形缝时,工程量按不同结构类型分别计算建筑面积(含相应的地下室建筑面积),执行相应定额子目。

191

⑥单项工程±0.00以上由多个不同独立部分组成：

a.无联体项目时，±0.00以上部分应按不同独立部分的层数、结构类型分别计算建筑面积；±0.00以下部分按整体计算建筑面积，执行6层以下相应定额子目。

b.有联体项目时，±0.00以上联体部分按层数、结构类型计算建筑面积（含±0.00以下部分的建筑面积）；联体以上独立部分按各自的层数（均含±0.00以上联体裙房的层数）、结构类型分别计算建筑面积。

⑦单独地下室工程按6层以下相应定额子目执行。

（4）单项工程的首层建筑面积超过定额子目的基本划分标准后，超过部分按单项工程的全部工程量执行每增加定额子目，不足一个增加步距时按一个步距计算。

（5）多层钢结构厂房、预制装配式结构，执行钢结构定额子目。

（6）局部劲性钢结构工程，其建筑面积超过总建筑面积的30%，且结构高度＞檐高的1/3时，执行钢结构定额子目。

二、各项费用包括内容

（1）钢筋混凝土基础的单价包括基础土方的开挖、运输、回填，钢筋混凝土基础的钢筋、混凝土、模板的制作、安装、拆除及渣土清运费用，预埋铁件、预埋支腿（或预埋节）的摊销费用。

（2）塔式起重机的台班单价中综合了租赁费、一次性进出场及安拆费、附着、接高等费用。

三、工程量计算规则

（1）垂直运输按建筑面积计算。

（2）泵送混凝土增加费按要求泵送的混凝土图示体积计算。

四、定额摘录

（一）垂直运输（表12-21）

垂直运输定额（单位：m²）   表12-21

定额编号			17-145	17-146	17-147	17-148	17-149	17-150
层数			单层					
结构类型			预制钢筋混凝土结构厂房					
			跨度18m以内			跨度18m以外		
首层建筑面积（m²）			2000以内	5000以内	每增3000以内	2000以内	5000以内	每增3000以内
预算单价（元）			104.43	90.07	25.19	134.53	121.66	35.67
其中	人工费（元）		13.31	11.48	3.21	11.30	10.22	3.00
	材料费（元）		31.18	26.89	7.52	39.32	35.56	10.42
	机械费（元）		59.94	54.70	14.46	83.91	75.88	22.25
	名　称	单价	单价（元）		数　　量			
人工	870002 综合工日	工日	83.20	0.160	0.138	0.039	0.136	0.123	0.036
材料	100321 柴油	kg	8.98	3.4208	2.9504	0.8253	4.3144	3.9014	1.1437
	840004 其他材料费	元	—	0.46	0.40	0.11	0.58	0.53	0.15

定额编号				17-145	17-146	17-147	17-148	17-149	17-150
机械	800172	履带式起重机25t	台班	611.90	0.0800	0.0690	0.0193	—	—	—
	800347	履带式起重机40t	台班	1098.50	—	—	—	0.0679	0.0614	0.0180
	840072	电动提升机	台班	130.70	0.0800	0.0690	0.0193	0.0679	0.0614	0.0180
	840023	其他机具费	元	—	—	0.53	0.46	0.13	0.45	0.41	0.12

注:工作内容包括:(1)建筑材料、成品、半成品、构配件的吊装及配合用工;塔式起重机接高和机械安拆费;吊装机械的进退场费以及机上人工费。垂直运输机械的固定装置、基础制作、安装及拆除;行走式垂直运输机械轨道的铺设、拆除、摊销等。(2)输送泵安装、调试;管道安装、移位、清洗泵管及泵车等。

(二)其他(表 12-22)

其他定额(单位:m²)   表 12-22

定额编号					17-194	17-195
项目					泵送混凝土增加费	
					汽车泵	地泵
预算单价(元)					9.88	5.35
其中	人工费(元)				0.92	1.33
	材料费(元)				3.23	1.72
	机械费(元)				5.73	2.30
名称			单位	单价(元)	数量	
人工	870002	综合工日	工日	83.20	0.011	0.016
材料	100321	柴油	kg	8.98	0.3536	0.1882
	840004	其他材料费	元	—	0.05	0.03
机械	840016	机械费	元	—	5.69	2.25
	840023	其他机械费	元	—	0.04	0.05

第四节 超高施工增加

一、说 明

(1)本节共4个子目。

(2)超高施工增加费按建筑装饰工程综合编制。

二、工程量计算规则

超高施工增加费按建筑面积计算。

三、定额摘录

超高施工增加费 　　（单位：m²）　　　　　表12-23

定 额 编 号				17-196	17-197	17-198	17-199
项 目				檐高 45m以下	檐高 80m以内	檐高 100m以内	檐高 100m以上
预算单价（元）				22.20	36.12	48.11	61.86
其中	人工费（元）			17.69	27.39	35.55	42.99
	材料费（元）			—	—	—	—
	机械费（元）			4.51	8.73	12.56	18.87
名 称		单位	单价（元）	数量			
人工	870001 综合工日	工日	74.30	0.238	0.369	0.479	0.579
机械	840016 机械费	元	—	3.80	7.63	11.14	17.15
	840023 其他机具费	元	—	0.71	1.10	1.42	1.72

注：工作内容包括：（1）建筑物超高引起的人工工效降低以及由于人工工效降低引起的机械降效等。（2）高层施工用水加压水泵的安装、拆除及工作台班等。（3）通信联络设备的使用及摊销等。

第五节　施工排水、降水工程

一、说　　明

（1）本节包括：成井，降水，其他3节共30个子目。

（2）本节定额分别按管井降水、轻型井点降水、止水帷幕、明沟排水的降水方式编制。

（3）施工排水、降水方式应根据地质水文勘察资料和设计要求确定。施工排水、降水费用应根据设计确定的降水施工方案计算。

（4）管井降水、轻型井点降水的施工排水、降水费用分别由成井和降水两部分费用组成。

（5）管井降水分别按单项管井、综合管井两种方案编制，选择两者之一执行，不得重复计算，不允许进行两种方案的费用差值调整。

（6）单项管井成井包括降水井、疏干井两种类型，按设计井深划分定额子目。疏干井成井定额子目已综合了降水、拆除、回填等工作，不得另行计算降水费用；降水井成井定额子目不包括降水费用，单独计算单项管井降水费用。

（7）综合管井成井定额子目综合了降水井成井、疏干井成井及疏干井的降水、拆除、回填等工作。

（8）综合管井成井、降水定额子目是依据典型工程进行综合测算。如地下室单层建筑面积大于首层建筑面积时，按地下室最大单层建筑面积执行相应的定额子目；基底高程不同时，按最大槽深执行相应定额子目。

（9）单项管井降水按设计井深划分定额子目。管井在自然地坪以下成井时，管井降水按室外自然地坪至设计井底高程的深度执行定额子目。

（10）反循环钻机成井适用于成井部位地层卵石粒径≤100mm并且成孔部位无地下

194

障碍物;冲击钻机成井适用于成井部位地层卵石粒径＞100mm或成孔部位存在地下障碍物。

（11）管井成井定额子目是按设计井径600mm编制,与定额不同时可换算。

（12）成井需要人工引孔时,另按第十章第三节桩基础工程人工成孔灌注桩的相应定额子目执行。

（13）槽深指室外设计地坪高程至垫层底高程;如有下反梁,应算至下反梁垫层底高程。

（14）降水周期是指正常施工条件下自开始降水之日到基础回填完毕的全部日历天数。如设计要求延长降水周期,其费用另行计算。

（15）止水帷幕子目按照单排连续旋喷桩考虑,定额中综合了疏干井的成井、降水维护、拆除、回填等。桩间止水帷幕执行第十章第二节地基处理与边坡支护工程的喷旋桩相应定额子目;采取桩间止水帷幕与疏干井配合的降水施工方案时,疏干井另外执行疏干井单项管井成井子目。

（16）成井、止水帷幕定额子目综合了15km以内的土方外运,超出15km时执行第十章第一节土石方工程的土方运输相应子目。

（17）采用止水帷幕旋喷桩施工,遇特殊地层需要采用汽车地质钻机引孔时,另外执行第十章第二节地基处理与边坡支护工程的旋喷桩钻孔子目。

（18）明沟排水适用于地下潜水和非承压水的施工排水工程。

（19）定额中不包括市政排污费、水资源补偿费、成井或成桩泥浆处理及弃运费用。成井、止水帷幕的泥浆处理及弃运费用执行第十章第一节土石方工程的定额子目。

二、工程量计算规则

（一）单项管井成井（含降水井、疏干井）

按设计的图示井深以长度计算。

（二）综合管井成井

按降水部位结构底板边外线（含基础底板外挑部分）的水平长度乘以槽深以面积计算。

（三）轻型井点成井

按设计的图示井深以长度计算。

（四）单项管井降水

按设计的井口数量乘以降水周期以口·天计算。

（五）综合管井降水

按相应的成井工程量乘以降水周期以m^2·天计算。

（六）轻型井点降水

按设计井点组数（每组按25口井计算）乘以降水周期以组·天计算。

（七）降水周期

按设计要求的降水日历天数计算。

（八）止水帷幕

按降水部位的结构底板外边线（含基础底板外挑部分）的水平长度乘以槽深以面积计算。

（九）止水帷幕桩二次引孔

按引孔深度以长度计算。

（十）基坑明沟排水

按沟道图示长度（不扣除集水井所占长度）计算。

三、有关降水的基本知识

（一）排水法

用于土质较好、水量不大、基坑可扩大（图12-9）。

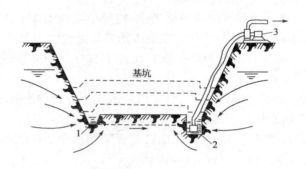

图12-9 明排水法
1-排水沟；2-集水井；3-水泵

（二）降水法（表12-24）

井点类型及适用范围   表12-24

井点类型	土层渗透系数（m/d）	降低水位深度（m）	最大井距（m）	主要原理
单级轻型井点	0.1~80	3~6	1.6~2	地上真空泵或喷射嘴真空吸水
多级轻型井点	0.1~80	6~12		
喷射井点	0.1~50	8~20	2~3	地下喷射嘴真空吸水
电渗井点	<0.1	5~6	极距1	钢筋阳极加速渗流
管井井点	20~200	3~5	20~50	单井真空泵、离心泵
深井井点	10~250	25~30	30~50	单井潜水泵排水
水平辐射井点	大面积降水			水平管引水至大口井排出
引渗井点	不透水层下有渗存水层			打透不透水层，引水至基底以下存水层

（三）井点布置

单排（图12-10）：在沟槽上游一侧布置，每侧超出沟槽不得小于B。

环状（图12-11）：在坑槽四周布置，用于面积较大的基坑。

196

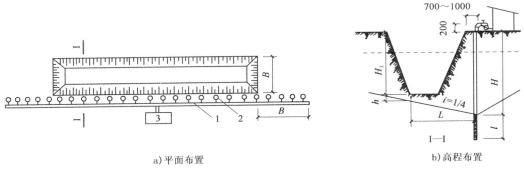

a)平面布置   b)高程布置

图 12-10 单排井点布置简图(尺寸单位:mm)

1-总管;2-井点管;3-抽水设备

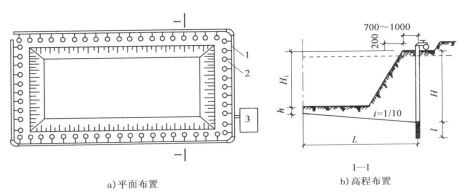

a)平面布置   b)高程布置

图 12-11 环形井点布置简图(尺寸单位:mm)

1-总管;2-井点管;3-抽水设备

四、需要注意的问题

(一)降水工期的确定

降水周期是指在正常施工条件下自开始降水之日到基础回填完毕的全部日历天数。这条规定给予以下提示:

(1)降水工期应该是开始降水之日到基础回填土回填到最高地下水位为止的时间。

(2)降水工期大于基础工期或地下室结构工期。降水工期包括降水设施的安装、地下水降至基础垫层以下、基坑支护(如有时)、挖土、基础施工及回填土。

(3)降水工期是按正常施工条件下编制的。这就说明当在降水期间出现停止降水,如停电、基础处理等,可以提出索赔。

(二)类型、槽深不同时降水费用如何计算

基础类型是指降水部分的基础类型,在一个工程中,主楼与裙房基础往往是不一致的,主楼是满堂基础,裙房是条基、柱基。而且基础深度也不同。基础类型不同时,按各自的首层建筑面积计算;深度不同时应分别执行。

(三)明沟排水的计算规定

(1)适用范围是地下潜水和非承压水工程。

(2)明沟排水形成的沟道回填土,已包括在明沟排水的子目中,不能另行计算执行回填土。

197

五、定额摘录

（一）管井成井（表12-25）

管井成井定额（单位：m²）　　　　　　表12-25

定 额 编 号				17-200	17-201	17-202	17-203
项　目				降水井成井			
				反循环钻机		冲击钻机	
				井深（m）			
				15 以内	15 以外	15 以内	15 以外
预算单价（元）				220.24	203.25	254.24	244.33
其中	人工费（元）			16.38	9.09	16.38	9.09
	材料费（元）			139.13	125.64	150.00	137.61
	机械费（元）			64.73	68.52	84.86	97.63
名　称		单位	单价（元）	数　　量			
人工	870002	综合工日	工日	83.20	0.197	0.109	0.197	0.109
机械	390171	无砂混凝土井管 ϕ400mm	m	30.00	1.0477	1.0362	1.0477	1.0362
	010361	焊接钢管（综合）	kg	4.55	0.3233	0.1740	0.3233	0.1740
	040209	石屑滤料	kg	0.06	180.7060	196.4812	180.7060	196.4812

注：工作内容包括：(1)单项成井；机械设备进出场、准备钻孔机械、埋设护筒、钻机就位；泥浆制作、固避；成孔、出渣、清孔等；对接上下井管（滤管）、下滤料、洗井；井口保护、沉淀池砌筑；降水、配电、排水设施安装，连接试抽等。(2)成井土方场内及场外运输（综合运距15km以内）等。(3)疏干井维护降水、疏干井处理、坑外降水井回填处理等。

（二）综合管井成井（表12-26）

综合管井成井定额（单位：m²）　　　　　　表12-26

定 额 编 号		17-208	17-209	17-210	17-211
项　目		综合管井成井			
		反循环钻机			
		首层建筑面积 5000m² 以内		首层建筑面积 5000m² 以外	
		槽深10m 以内	槽深10m 以外	槽深10m 以内	槽深10m 以外
预算单价（元）		134.90	94.71	102.15	74.31
其中	人工费（元）	29.29	23.13	19.62	15.71
	材料费（元）	70.08	46.34	55.87	35.64
	机械费（元）	35.53	25.24	29.36	22.96

	名　称		单位	单价(元)	数　　量			
人工	870002	综合工日	工日	83.20	0.352	0.278	0.203	0.189
材料	390171	无砂混凝土井管φ400mm	m	30.00	0.4474	0.2848	0.3757	0.2547
	380095	钢管井管φ370mm,5mm厚	m	320.00	0.0019	0.0008	0.0015	0.007
	010361	焊接钢管(综合)	kg	4.55	0.1382	0.0533	0.0991	0.0310
	040209	石屑滤料	kg	0.06	75.9434	52.7199	64.3734	48.4869
	170653	塑料吸水管1.5′	m	6.00	0.5444	0.3216	0.4510	0.2832

注:工作内容包括:(1)单项成井、机械设备进出场、准备钻孔机械、埋设护筒、钻机就位;泥浆制作、固避;成孔、出渣、清孔等;对接上下井管(滤管)、下滤料、洗井;井口保护、沉淀池砌筑;降水、配电、排水设施安装、连接试抽等。(2)成井土方场内及场外运输(综合运距15km以内)等。(3)疏干井维护降水、疏干井处理、坑外降水井回填处理等。

(三)基坑明沟排水(表12-27)

基坑明沟排水定额(单位:m)　　　　　　　　　　　　　表12-27

	定　额　编　号				17-229
	项　　目				明沟排水
	预算单价(元)				205.32
其中	人工费(元)				51.13
	材料费(元)				108.65
	机械费(元)				45.54
	名　称		单位	单价(元)	数　　量
人工	870002	综合工日	工日	工日	0.615
材料	390171	无砂混凝土井管φ400mm	m	30.00	0.1002
	040209	石屑滤料	kg	0.06	274.9770
	170653	熟料吸水管1.5′	m	6.00	2.7101
	040207	烧结标准砖	块	0.58	4.7305
	150117	密目网	m²	5.56	0.1241
	100321	柴油	kg	8.98	0.7712
	840007	电	kW·h	0.98	26.3421
	840004	其他材料费	元	—	36.71
机械	800016	潜水泵φ100	台班	12.60	2.9269
	800075	挖土机(综合)	台班	892.10	0.0007
	800289	自卸汽车15t	台班	532.9	00.0129
	840023	其他机具费	元	—	1.16

注:工作内容包括:挖填排水沟、排水沟填滤料、挖填集水井、安拆抽水设施、排水作业以及地面排水的临时设施等。

第六节　安全文明施工费

一、说　　明

（1）本节包括:10 个子目。

（2）安全文明施工费按承包全部工程（建筑工程工期合同为准）的总体建筑面积划分。

（3）安全文明施工费中的临时设施费不包括施工用地建筑面积小于首层建筑面积 3 倍（包括建筑物的首层建筑面积）时，由建设单位负责申办租用临时用地的租金。

（4）安全文明施工费作为一项预算价，应按规定计算企业管理费、利润、税金。

二、各项费用包括内容

安全文明施工费是指在工程施工期间按照国家、地方现行的环境保护、建筑施工安全（消防）、施工现场环境与卫生标准等法规与条例的规定，购置和更新施工安全防护用具及设施、改善现场安全生产条件和作业环境所需要的费用。包括环境保护费、文明施工费、安全施工费、临时设施费等。

（1）环境保护费:现场施工机械设备降低噪声、防扰民措施费用;水泥和其他易飞扬细颗粒建筑材料密闭存放或采取覆盖措施等费用;工程防扬尘洒水费用;土石方、建渣外运车辆冲洗、防洒漏等费用;现场污染源的控制、生活垃圾清理外运、场地排水排污措施的费用;其他环境保护措施费用。

（2）文明施工费:"五牌一图"的费用;现场围挡的墙面美化（包括内外粉刷、刷白、标语等）、压顶装饰费用;现场厕所便槽刷白、贴面砖,水泥砂浆地面或地砖费用,建筑物内临时便溺设施费用;其他施工现场临时设施的装饰装修、美化措施费用;现场生活卫生设施费用;符合卫生要求的饮水设备、淋浴、消毒等设施费用;生活用洁净燃料费用;防煤气中毒、防蚊虫叮咬等措施费用;施工现场操作场地的硬化费用;现场绿化费用、治安综合治理费用;现场配备医药保健器材、物品费用和急救人员培训费用;用于现场工人的防水降温、电风扇、空调等设备费用;其他文明施工措施费用。

（3）安全施工费:安全资料、特殊作业专项方案的编制,安全施工标志的购置及安全宣传的费用;"三宝"（安全帽、安全带、安全网）、"四口"（楼梯口、电梯井口、通道口、预留洞口），"五临边"（阳台围边、楼板围边、屋面围边、槽坑围边、卸料平台两侧），水平防护架、垂直防护架、外架封闭等防护的费用;施工安全用电的费用,包括配电箱三级配电、两级保护装置要求、外电防护措施;起重机、塔吊等起重设备（含井架、门架）及外用电梯的安全防护措施（含警示标志）费用及卸料平台的临边防护、层间安全门、防护棚等设施费用;建筑工地起重机械的检验检测费用;施工机具防护棚及其围栏的安全保护设施费用;施工安全防护通道的费用;工人的安全防护用品、用具购置费用;消防设施与消防器材的配置费用;电气保护、安全照明设施费;其他安全防护措施费用。

（4）临时设施费:施工现场采用彩色、定型钢板、砖、混凝土砌块等围挡的安砌、维修、拆除费或摊销费;施工现场临时建筑物、构筑物的搭设、维修、拆除或摊销费用;如临时宿舍、办公室、食堂、厨房、厕所、诊疗所、临时文化福利用房、临时仓库、加工场、搅拌台、临时简易水塔、水池等。施工现场临时设施的搭设、维修、拆除或摊销的费用。如临时供水管道、临时供电线、小型临时设施等;施工现场规定范围内的临时简易道路铺设,临时排水沟、排水设施安砌、维修、拆除;其他临时设施搭设、维修、拆除或摊销费用。

三、适 用 范 围

(1)建筑装饰工程:除竖向土石方工程,钢结构工程,施工排水、降水工程,地基处理与边坡支护工程,桩基工程外的房屋建筑与装饰工程。

(2)钢结构工程:建筑物中的钢结构柱、梁、屋架、天窗架、平台及其他构件。

(3)其他工程:竖向土石方,地基处理与边坡支护工程,桩基工程,施工排水、降水工程。

四、工程量计算规则

安全文明施工费:以第十章的相应部分预算价为基数(不得重复)计算,乘以费率(表12-28)。

费　　率　　　　　　　　　　　　　表 12-28

定额编号	17-230	17-231	17-232	17-233	17-234	17-135
项目	建筑装饰工程					
	建筑面积(m²)					
	20000 以内		50000 以内		50000 以外	
	五环路以内	五环路以外	五环路以内	五环路以外	五环路以内	五环路以外
计费基数	预算价					
费率%	4.52	3.97	4.41	3.85	4.32	3.74

项目	钢结构工程		其他工程	
	五环路以内	五环路以外	五环路以内	五环路以外
计费基数	预算价			
费率%	3.22	2.94	3.35	3.30

第十三章　建筑工程设计概算的编制

第一节　概　　述

　　建筑工程设计概算是初步设计文件的重要组成部分,它是根据初步设计和扩大初步设计,利用国家或地区颁发的概算指标、概算定额或综合预算定额等,按照设计要求,概略地计算建筑物或构筑物的造价,以及确定人工、材料和机械等需用量。其特点是编制工作较为简单,但在精度上没有施工图预算准确。国家规定,初步设计必须要有概算,概算书应由设计单位负责编制。

一、设计概算的分类

　　初步设计概算包括了单位工程概算、单项工程综合概算和建设项目总概算。单位工程概算是一个独立建筑物中分专业工程计算费用的概算文件,如土建工程单位工程概算、给水排水工程单位工程概算、电气工程单位工程概算、采暖通风单位工程概算及其他专业工程单位工程概算。它是单项工程综合概算文件的组成部分。

　　若干个单位工程概算和其他工程费用文件汇总后,成为单项工程综合概算,若干个单项工程概算可汇总成为总概算。综合概算和总概算,仅是一种归纳。汇总性文件,最基本的计算文件是单位工程概算书。

二、设计概算的作用

　　设计概算一经批准,将作为建设银行控制投资的最高限额。如果由于设计变更等原因,建设费用超过概算,必须重新审查批准。概算不仅为建设项目投资和贷款提供了依据,同时也是编制基本建设计划、签订承包合同,考核投资效果的重要依据。

三、编制设计概算的准备工作

　　(1)需要深入现场,进行调查研究,掌握该工程的第一手资料,特别是对工程中所采用的新结构、新材料、新技术以及一些非标准价格要搞清并落实,还应认真收集与工程相关的一些资料以及定额等。

　　(2)根据设计说明、总平面图和全部工程项目一览表等资料,要对工程项目的内容、性质、建设单位的要求以及施工条件,进行一定的了解。

　　(3)拟定出编制设计概算的大纲,明确编制工作中的主要内容、重点、编制步骤以及审查方法。

　　(4)根据设计概算的编制大纲,利用所收集的资料,合理选用编制的依据,明确收费标准。

四、设计概算编制的依据

　　(1)经批准的建设项目的设计任务书和主管部门的有关规定。只有根据设计任务书和主管部门的有关规定编制的设计概算，才能列为基本建设投资计划。

（2）初步设计项目一览表。

（3）能满足编制设计概算深度的初步设计和扩大的初步设计的各工程图纸、文字说明和设备清单，以便根据以上资料计算出的各工种工作量。

（4）地区的建筑安装工程概算定额、预算定额、单位估价表、建材预算价格、间接费用和有关费用规定等文件。

（5）有关费用定额和取费标准。

（6）建设场地的工程地质资料和总平面图。

（7）税收和规划费用。

第二节　单位工程概算的编制

单位建筑工程设计概算，一般有下列三种编制方法：一是根据概算定额进行编制；二是根据概算指标进行编制；三是根据类似工程预算进行编制。

根据概算定额进行编制的项目其初步设计必须具备一定的深度，当用概算定额编制的条件不具备，又要求必须在短时间内编出概算造价时，可以根据概算指标进行编制。当有类似工程预算文件时，可以根据类似工程预算进行编制。

一、根据概算定额进行编制

利用概算定额编制单位建筑工程设计概算的方法，与利用预算定额编制单位建筑工程施工图预算的方法基本上相同。概算书所用表式与预算书表式亦基本相同。不同之处在于：概算项目划分较预算项目粗略，是把施工图预算中的若干个项目合并为一项。并且，所用的编制依据是概算定额，采用的是概算工程量计算规则。

利用概算定额编制设计概算的具体步骤如下：

（一）列出单位工程中分项工程或扩大分项工程项目名称，并计算其工程量

按照概算定额分部分项顺序，列出各分项工程的名称。工程量计算应按概算定额中规定的工程量计算规则进行，并将所算得各分项工程量按概算定额编号顺序，填入工程概算表内。

由于概算中的项目内容比施工图预算中的项目内容扩大，在计算工程量时，必须熟悉概算定额中每个项目所包括的工程内容，避免重算和漏算，以便计算出正确的概算工程量。

（二）确定各分部分项工程项目的概算定额单价

工程量计算完毕后，查概算定额的相应项目，逐项套用相应定额单价和人工、材料消耗指标。然后，分别将其填入工程概算表和工料分析表中。当设计图中的分项工程项目名称、内容与采用的概算定额手册中相应的项目完全一致时，即可直接套用定额进行计算；如遇设计图中的分项工程项目名称、内容与采用的概算定额手册中相应的项目有某些不相符时，则按规定对定额进行换算后方可套用定额进行计算。

（三）计算各分部分项工程的直接费和总直接费

将已算出的各分部分项工程项目的工程量及在概算定额中已查出的相应定额单价和单位人工、材料消耗指标，分别相乘，即可得出各分项工程的直接费和人工、材料消耗量，再汇总各分项工程的直接费及人工、材料消耗量，即可得到该单位工程的直接费和工料总消耗量再汇总其他直接费即可得到该单位工程的总直接费。

如果规定有地区的人工、材料价差调整指标,计算直接费时,还应按规定的调整系数进行调整计算。

（四）计算间接费用和利税

根据总直接费、各项施工取费标准,分别计算间接费和利润、税金等费用。

（五）计算单位工程概算造价

单位工程概算造价 = 总直接费 + 间接费 + 利润 + 税金

二、利用概算指标编制设计概算

概算指标是以整幢建筑物为依据而编制的指标。它的数据均来自各种已建的建筑物预算或竣工结算资料,用其建筑面积去除总造价及所消耗的各种人工、材料而得出每平方米或每百平方米建筑面积表示的价值或工料消耗。

其方法常有以下两种:

（一）直接套用概算指标编制概算

如果拟编单位工程在结构特征上与概算指标中某建筑物相符,则可直接套用指标进行编制。此时即以指标中所规定的土建工程每平方米的造价或人工、主要材料消耗量,乘以拟编单位工程的建筑面积,即可得出单位工程的全部直接费和主要材料消耗量。再进行取费,即可求出单位工程的概算造价。现举例说明如下:

【例 13-1】某框架结构住宅建筑面积为 4000m²,其工程结构特征与在同一地区的概算指标(表 13-1、表 13-2)的内容基本相同。试根据概算指标,编制土建工程概算。

某地区砖混结构住宅概算指标   表 13-1

工程名称	××住宅	结构类型	框架结构	建筑层数	6层
建筑面积	3800m²	施工地点	××市	竣工日期	1996年6月
结构特征	基础		墙体		楼面	地面
	混凝土带型基础		240厚空心砖墙		预应力空心板	混凝土地面、水泥砂浆面层
	屋面	门窗	装饰		电照	给排水
	炉渣找坡、油毡防水层	钢窗、木窗、木门	混合砂浆抹内墙面、瓷砖墙裙、外墙彩色弹涂面		槽板明敷线路、白炽灯	镀锌给水钢管、铸铁排水管、蹲式大便器

工程造价及费用组成   表 13-2

项　目		平米指标（元/m²）	其中各项费用占造价百分比（%）					企业管理费	其他间接费	利润	税金
			直接工程费								
			人工费	材料费	机械费	其他直接费	直接工程费				
工程总造价		1340.80	9.26	60.15	2.30	5.28	76.99	7.87	5.78	6.28	3.08
其中	土建工程	1200.50	9.49	59.68	2.44	5.31	76.92	7.89	5.77	6.34	3.08
	给排水工程	80.20	5.85	68.52	0.65	4.55	79.57	6.96	5.39	5.01	3.07
	电照工程	60.10	7.03	63.17	0.65	5.48	76.16	8.34	6.44	6.00	3.06

解： 计算结果如表 13-3 所示。

序号	项目内容	计　　算　　式	金　额（元）
1	土建工程造价	$4000 \times 1200.50 = 4802000$	4802000
2	直接费 其中：人工费 材料费 机械费 其他直接费	$4802000 \times 76.92\% = 3693698.4$ $4802000 \times 9.49\% = 455709.8$ $4802000 \times 59.68\% = 2865833.6$ $4802000 \times 2.44\% = 117168.8$ $4802000 \times 5.31\% = 254986.2$	3693698.4 455709.8 2865833.6 117168.8 254986.2
3	施工管理费	$4802000 \times 7.89\% = 383199.6$	383199.6
4	其他间接费	$4802000 \times 5.77\% = 277075.4$	277075.4
5	利润	$4802000 \times 6.34\% = 304446.8$	304446.8
6	税金	$4802000 \times 3.08\% = 147901.6$	147901.6

（二）换算概算指标编制概算

在实际工作中,在套用概算指标时,设计的内容不可能完全符合概算指标中所规定的结构特征。此时,就不能简单地按照类似的或最相近的概算指标套算,而必须根据差别的具体情况,对其中某一项或某几项不符合设计要求的内容,分别加以修正和换算,经换算后的概算指标,方可使用,其换算方法如下:

单位建筑面积造价换算概算指标 = 原造价概算指标单价 - 换出结构构件单价 +
换入结构构件单价

换出（或换入）结构构件单价 = 换出（或换入）结构构件工程量 × 相应的概算定额单价

三、用类似工程预算编制概算

用类似工程概预算编制概算就是根据当地的具体情况,用于拟建工程相类似的在建或建成的工程预（决）算类比的方法,快速、准确的编制概算。对于已建工程的预（决）算或在建工程的预算与拟建工程差异的部分,可以进行调整。

这些差异可分为两类,第一类是由于工程结构上的差异,第二类是人工、材料、机械使用费以及各种费率的差异。对于第一类差异可采用换算概算指标的方法进行换算,对于第二类差异可采用编制修正系数的方法予以解决。

在编制修正系数之前,应首先求出类似工程预算的人工、材料、机械使用费,其他直接费及综合费（指间接费与利润、税金之和）在预算造价中所占的比重（分别用 r_1、r_2、r_3、r_4、r_5 表示）,然后再求出这五种因素的修正系数（分别用 K_1、K_2、K_3、K_4、K_5 表示）,最后用下式求出预算造价总修正系数:

预算造价总修正系数 = $r_1K_1 + r_2K_2 + r_3K_3 + r_4K_4 + r_5K_5$

其中 K_1、K_2、K_3、K_4、K_5 的计算公式如下:

人工费修正系数

$$K_1 = \frac{\text{编制概算地区一级工工资标准}}{\text{类似工程所在地区一级工工资标准}}$$

材料费修正系数

$$K_2 = \frac{\sum(\text{类似工程主要材料数量} \times \text{编制概算地区材料预算价格})}{\sum \text{类似地区各主要材料费}}$$

机械使用费修正系数

$$K_3 = \frac{\sum(\text{类似工程主要机械台班量} \times \text{编制概算地区机械台班费})}{\sum \text{类似工程主要机械使用费}}$$

其他直接费修正系数

$$K_4 = \frac{\text{编制概算地区其他直接费率}}{\text{类似工程所在地区其他直接费率}}$$

综合费修正系数

$$K_5 = \frac{\text{编制概算地区综合费率}}{\text{类似工程所在地区综合费率}}$$

【例 13-2】 某拟建办公楼,建筑面积为 3000m^2,适用类似工程预算编制概算。类似工程的建筑面积为 2800m^2,预算造价 3200000 元,各种费用占预算造价的比重是:人工费 6%;材料费 55%;机械费 6%;其他直接费 3%;综合费 30%。

解: 根据前面的公式计算出各种修正系数为人工费 $K_1 = 1.02$;材料费 $K_2 = 1.05$;机械费 $K_3 = 0.99$;其他直接费 $K_4 = 1.04$;综合费 $K_5 = 0.95$。

预算造价总修正系数 $= 6\% \times 1.02 + 55\% \times 1.05 + 6\% \times 0.99 + 3\% \times 1.04 + 30\% \times 0.95$
$= 1.013$

修正后的类似工程预算造价 $= 3200000 \times 1.013 = 3241600$(元)

修正后的类似工程预算单方造价 $= 3241600 \div 2800 = 1157.71$(元)

由此可得:拟建办公楼概算造价 $= 1157.71 \times 3000 = 3473130$(元)

第三节 单项工程综合概算的编制

单项工程综合概算书是确定单项工程建设费用的综合性文件,它是由各专业的单位工程概算书所组成,是建设项目总概算的组成部分。

单项工程概算书需要单独提出时,其内容应包括编制说明、综合概算汇总表、单位工程概算表和主要建筑材料表。

一、综合概算编制说明

编制说明列在综合概算表的前面,一般包括:

(1)编制依据:说明设计文件、定额、材料及费用计算的依据;

(2)编制方法:说明编制概算利用的是概算定额,还是概算指标,还是类似工程预算等;

(3)主要设备和材料的数量:说明主要机械设备及建筑安装主要材料(钢材、木材、水泥等)的数量;

(4)其他有关问题。

二、综合概算表

(一)综合概算表的项目组成

对于工业建筑概算:

(1)建筑工程:一般土木建筑工程、给水、排水、采暖、通风工程、工业管道工程、特殊构筑

物工程和电气照明工程等;

（2）设备及安装工程：机械设备及安装工程、电气设备及安装工程。

对于民用建筑概算：

（1）一般土木建筑工程；

（2）给水、排水、采暖、通风工程；

（3）电气照明工程。

（二）综合概算的费用组成

（1）建筑工程费用；

（2）安装工程费用；

（3）设备购置费用；

（4）工具、器具及生产家具购置费。

当工程不编总概算时，单项工程综合概算还应有工程建设其他费用的概算和预备费。

三、综合概算表示例

表 13-4 为一个单项工程综合概算表示例。

××厂机修车间综合概算表　　　　　　　表 13-4

序号	工程或费用名称	概 算 价 值（万元）						技术经济指标			占投资总额百分比
		建筑工程费用	安装工程费用	设备购置费用	工器具及生产用家具购置费	工程建设其他费用	合计	单位	数量	单方造价（元）	
1	一般土建工程	243.7867					243.7867	m²	2125	1147.23	
2	给 水工程	8.3576					8.3576	m²	2125	39.33	
3	排水工程	2.3489					2.3489	m²	2125	11.05	
4	暖通工程	16.6788					16.6788	m²	2125	78.49	
5	设备基础工程	15.6786					15.6786	m²	210	746.60	
6	电气照明工程	11.8964					11.8964	m²	2125	55.98	
7	机械设备及安装工程		34.7866	120.8654			155.6520	t	298	5223.22	
8	电气设备及安装工程		2.6842	18.6542			21.3384	kW	168	1270.14	
9	工器具及生产家具购置费				2.8875		2.8875				
10	总计	298.7470	37.4708	139.5169	2.8875		478.6249				

第四节 建设项目总概算的编制

总概算是确定整个建设项目从筹建到竣工交付使用的全部建设费用的总文件,它是根据包括的各个单项工程综合概算及工程建设其他费用和预备费汇总编制而成的。

总概算书一般主要包括编制说明和总概算表。有的还列出单项工程综合概算表,单位工程概算表等。

一、编制说明

(1)工程概况:说明建设项目的建设规模、性质、范围、建设地点、建设条件、期限、产量、品种及厂外工程的主要情况等。

(2)编制依据:设计文件、概算指标、概算定额、材料概算价格及各种费用标准等编制依据。

(3)编制方法:说明编制概算是采用概算定额,还是采用概算指标。

(4)投资分析:主要分析各项投资的比例,以及与类似工程比较,分析投资高低的原因,说明该设计的经济合理性。

(5)主要材料和设备数量:说明主要机械设备、电气设备和建筑安装消耗的主要材料(钢材、木材、水泥等)的数量。

(6)其他有关问题。

二、总概算表

为了便于投资分析,总概算表中的项目,按工程性质分成4部分内容。

第一部分:工程费用,指直接构成固定资产项目的费用。包括建筑安装工程费用和设备、工器具费用。

第二部分:其他工程费用,指工程费用以外的建设项目必须支付的费用。其内容包括筹建工作、场地准备、勘察设计、建设监理、招标承包等方面的费用。

第三部分:预备费用,包括基本预备费和价差预备费两部分费用,是在第一、二部分合计后,再计算列出第三部分预备费。

第四部分:专项费用,包括投资方向调节税、建设期贷款利息、铺底流动资金。

总概算表实例如表13-5所示。

总概算表(摘录)

建设项目名称:市区供水工程　初步设计阶段概算价值_____万元　　　　表13-5

序号	工程和费用名称	概算价值（万元）						技术经济指标		占投资额（%）
		建筑工程费	安装工程费	设备购置费	工器具及生产家具购置费	其他费用	合计	单位	数量	指标（%）
一	第一部分费用									
(一)	取水泵站	323.11	53.95	100.93			477.99			
1	取水泵房	164.90	22.84	72.49			260.23			
2	引水渠道	52.53					52.53			
	办公及宿舍、变电室									
(二)	原水输水管网	246.89	2023.61	36.09			2306.59			

208

序号	工程和费用名称	概算价值(万元)						技术经济指标			占投资额(%)
		建筑工程费	安装工程费	设备购置费	工器具及生产家具购置费	其他费用	合计	单位	数量	指标(%)	
(三)	净水输水管网	121.77	294.66				416.43				
(四)	配水管网	171.35	313.32				484.67				
(五)	净水厂	711.84	196.19	252.65			1160.71				
1	投药间及药库	6.09	1.40	2.97			10.46				
2	净态混合器井	0.18	0.02	0.25			0.45				
	反应沉淀间、滤站										
(六)	配水厂	202.33	45.32	81.07			328.72				
1	配水泵房	22.04	11.66	28.62			62.32				
2	输水泵房	12.64	6.28	10.63			29.55				
	变电室、吸水井										
(七)	综合调度楼	184.78	171.47	171.47			588.71				
1	综合调度楼	125.00	14.00	70.07			209.07				
2	锅炉房及浴室	7.02	2.37	3.19			12.58				
	食堂、危险品仓库										
(八)	职工住宅	225.00					225.00				
(九)	供电工程		150.00				150.00				
二	第二部分费用										
(一)	建设单位管理费					52.83	52.83				
(二)	征地占地拆迁补偿费					800.00	800.00				
(三)	工器具和备品备件购置费				12.84		12.84				
(四)	办工生活用家具购置费				6.14		6.14				
(五)	生产职工培训费					22.10	22.10				
(六)	联合试车费					6.42	6.42				
(七)	车辆购置费				96.10		96.10				
(八)	输配水管网三通一平					30.95	30.95				
(九)	竣工清理费					55.20	55.20				
(十)	供电补贴					80.71	80.71				
(十一)	设计费					92.30	92.30				
	第一二部分费用总计										
三	预备费										
四	其中价差预备										
五	回收金额										
六	建设项目总费用										
七	固定资产投资方向税										
八	建设期贷款利息										
九	建设项目总造价										
十	铺底流动资金										
十一	投资比例										

复习思考题

1. 设计概算如何进行分类,各类的编制对象是什么?

2. 设计概算的作用是什么?

3. 设计概算编制的依据是什么?

4. 单位建筑工程设计概算,一般有几种编制方法?各种方法的特点是什么?

5. 单项工程综合概算是如何编制的?

6. 建设项目总概算表有哪几部分?各部分包括哪些内容?

第十四章 建筑工程结算及竣工决算的编制

建筑工程结算是由施工企业进行编制的确定工程实际造价的技术经济文件,施工企业必须按照工程合同的规定,与建设单位办理工程结算。竣工决算包括施工单位工程竣工决算和建设单位项目竣工决算。在工程竣工之后,由施工单位和建设单位分别编制的用来综合反映竣工建设项目或单项工程的建设成果和财务情况的总结性文件,建筑工程结算是竣工决算的基础资料之一。

第一节 建筑工程结算

一、概 述

(一)建筑工程结算的含义

建筑工程结算是建筑安装施工企业在完成工程任务过程中,由于材料及设备的采购、劳务供应等经济活动所引起的与建设单位之间所发生的货币收付现象。它是由施工企业在原预算造价的基础上进行调整修正,重新确定工程造价的技术经济文件。

(二)工程结算的编制依据

工程结算的编制依据主要有以下资料:

(1)施工企业与建设单位签订的合同或协议书;

(2)施工进度计划、月旬作业计划和施工工期;

(3)施工过程中现场实际情况记录和有关费用签证;

(4)施工图纸及有关资料、会审纪要、设计变更通知书和现场工程变更签证;

(5)概(预)算定额、材料预算价格表和各项费用取费标准;

(6)工程设计概算、施工图预算文件和年度建筑安装工程量;

(7)国家和当地主管部门的有关政策规定;

(8)招、投标工程的招标文件和标书。

二、建筑工程结算内容、方式

(一)一般工程结算的内容

一般工程结算的内容主要包括:

(1)按工程承包合同或协议办理预付工程备料款;

(2)按照双方确定的结算方式开列月(或阶段)施工作业计划和工程价款预支单,同时办理工程预支款;

(3)月末(或阶段完成)呈报已完工程月(或阶段)报表和工程价款结算账单,同时按规定抵扣工程备料款和预付工程款,办理工程结算;

(4)年终已完成工程、未完工程盘点和年终结算;

（5）工程竣工时,编写工程竣工书,办理工程竣工结算。

以上所述为工程结算的一般内容,由于结算方式不同,其中某些内容可以省略。

（二）建筑安装工程的主要结算方式

建安工程价款结算可以根据不同情况,采取多种方式：

1. 按月结算

即实行旬末或月中预支工程款项,月终实施结算,跨年度竣工的工程,在年终进行工程盘点,办理年度结算。

2. 竣工结算

竣工结算是在工程竣工后,按照合同(协议)的规定,在原施工图预算的基础上,编制调整预算,向建设单位办理最后的工程价款结算,称为竣工结算。

在调整预算中,应把施工中发生的设计变更、费用签证等使工程价款发生增减变化的内容,加以调整。

目前,在建筑工程竣工结算中,多数是以中标价直接费为基数,考虑变更洽商增减账合同,竣工期调价系数、暂估价、参考价的调整,并按当地建设主管部门的有关规定进行结算。

另外,部分工程是以施工图预算(或中标价)加系数的包干方式进行结算,以简化施工过程中的设计变更等的签证手续。在这种情况下,工程的财务成本盈亏均由施工单位自行负责。

3. 分段结算

即当年开工,当年不能竣工的单项工程或单位工程按照工程进展,划分不同阶段进行结算,分段结算可以按月预支工程款。分段的划分标准,由各省、自治区、直辖市、计划单列市规定。例如某地区规定,实行招标包干的工程,建设单位可按工程合同造价分段拨付工程款。

（1）工程开工后,按工程合同造价拨付50%；

（2）工程基础完成后,拨付20%；

（3）工程主体完成后,拨付25%；

（4）工程竣工验收后,拨付5%。

三、建筑工程竣工结算编制方法

竣工结算一般是在施工图预算的基础上,根据施工中的变更签证的情况,进行调增或调减,其方法如下：

（一）核实工程量

（1）根据原施工图预算工程量进行复核,防止漏算、重算和错算。

（2）根据设计修改而变更的工程量进行调整。

（3）根据现场工程变更进行调整。这些变更包括：施工中预见不到的工程,如基础开挖后遇到古墓等；施工方法与原施工组织设计或施工方案不符,如土方施工由机械改为人工,钢筋混凝土构件由预制改为现浇等；这些调整必须根据建设单位和施工单位双方签证。

（二）调整材料价差

由于客观原因发生的材料预算价格的差异,可在工程结算中进行调整。

第二节　竣工决算的编制

一、施工单位工程竣工决算

施工单位工程竣工决算是施工单位内部对竣工的单位工程进行实际成本分析，反映其经济效果的一项成本核算工作。它是以单位工程的竣工结算为依据，核算其预算成本、实际成本和成本降低额，并编制单位工程成本核算表，以总结经验教训，提高企业经营管理水平。

二、建设单位项目竣工决算

建设单位竣工决算是工程竣工之后，由建设单位编制的用来综合反映竣工建设项目或单项工程的建设成果和财务情况的总结性文件。在竣工决算报告中必须对控制工程造价所采取的措施、效果及其动态的变化进行认真的比较分析，总结经验教训。批准的概算是考核建设工程造价的依据，在分析时，可将决算报表中所提供的实际数据和相关资料与批准的概算、预算指标进行对比，以确定竣工项目总造价是节约还是超支，在对比的基础上，总结先进经验，找出落后原因，提出改进意见。

建设单位竣工决算是反映建设项目实际造价和投资效果的文件，是竣工验收报告的重要组成部分。及时、正确地编报竣工决算，对于总结分析建设过程的经验教训，提高工程造价管理水平以及积累技术经济资料等，都具有重要意义。建设项目竣工决算应包括从筹建到竣工投产全过程的全部实际支出费用，即建筑工程费用、安装工程费用、设备工器具购置费用和其他费用等等。竣工决算由竣工决算报表、竣工决算报告说明书、竣工工程平面示意图、工程造价比较分析四部分组成。大中型建设项目竣工决算报表一般包括竣工工程概况表、竣工财务决算表、建设项目交付使用财产总表及明细表，建设项目建成交付使用后投资效益表等。而小型项目竣工决算报表则由竣工决算总表和交付使用财产明细表所组成。

（一）竣工决算报告说明书的内容

竣工决算报告情况说明书总括反映竣工工程建设成果和经验，是全面考核分析工程投资与造价的书面总结，是竣工决算报告的重要组成部分，其主要内容包括：

1. 对工程总的评价

从工程的进度、质量、安全和造价4方面进行分析说明。

进度：主要说明开工和竣工时间、对照合理工期和要求工期是提前还是延期。

质量：要根据竣工验收委员会或相当一级质量监督部门的验收评定等级，合格率和优良品率进行说明。

安全：根据劳动工资和施工部门记录，对有无设备和人身事故进行说明。

造价：应对照概算造价，说明节约还是超支，用金额和百分率进行分析说明。

2. 各项财务和技术经济指标的分析

概算执行情况分析：根据实际投资完成额与概算进行对比分析。

新增生产能力的效益分析：说明交付使用财产占总投资额的比例；固定资产占交付使用财产的比例；递延资产占投资总数的比例，分析有机构成和成果。

基本建设投资包干情况的分析：说明投资包干数，实际支用数和节约额，投资包干节余的有机构成和包干节余的分配情况。

财务分析:列出历年资金来源和资金占用情况。

工程建设的经验教训及有待解决的问题。

(二)编制竣工决算报表

竣工决算全部表格共9个。包括:

(1)建设项目竣工工程概况表(表14-1);

(2)建设项目竣工财务决算总表(表14-2);

大、中型建设项目竣工工程概况表 表14-1

建设项目或单项工程名称					项 目		概算（元）	实际（元）	主要事项
建设地址		占地面积	设计	实际	建设成本	建安工程设备、工器具、其他基本建设、土地征用、生产职工培训、施工机构迁移、建设单位管理费等			
		能力或效益名称	设计	实际					
建设时间	计划	开工 竣工							
	实际	开工 竣工							
初步设计和概算批准机关 日期 文号									
完成主要工程量	名称	单位	数量						
			设计	实际					
	建筑面积	平方米							
	设备	台/t			主要材料	名称	单位	概算	实际
收尾工程	工程内容	投资额	负责收尾单位	完成时间					
主要技术经济指标									

建设项目竣工财务决算总表 表14-2

建设项目名称：　　　　　　　　　　　　　　　　　　　　　　　　（单位:万元）

项 目 投 资 来 源	金 额	项目投资完成情况及资金	金 额	补 充 资 料
一、国家预算内投资		一、基建支出合计		1.应收生产单位款
1.中央预算内投资		(一)交付使用财产		2.基建时期其他收入款
2.地方预算内投资		1.固定资产		其中:试车产品收入
二、利用国内贷款		2.流动资产		试车产品收入
1.国内商业银行贷款		3.无形资产		3.收入分配情况
2.其他渠道贷款		4.递延资产		其中:上交财政
三、自筹资金		5.其他资产		企业自留

213

项 目 投 资 来 源	金 额	项目投资完成情况及资金	金 额	补 充 资 料
1.部门自筹资金				施工单位分成
2.地方自筹资金		(二)未完工程尚需支出		上交主管部门
3.企业自筹资金		其中:1.建安工程支出		
4.其他自筹资金		2.设备支出		4.投资来源分析
四、利用外资		3.待摊投资支出		其中:1.资本金
1.国外商业银行贷款		4.其他支出		2.负债
2.世界银行、亚洲银行优惠 贷款		(三)项目结余资金		
3.国外直接投资		其中:1.库存设备		
4.其他利用外资		2.库存材料		
五、从证券市场筹措资金		3.货币资金		
1.发行企业债券		4.债权债务净额		
2.发行企业股票		债权总额		
六、其他来源的投资		债务总额		
1.联营投资				
2.其他				
合　计		合　计		

（3）建设项目竣工财务决算明细表；

（4）交付使用固定资产明细表；

（5）交付使用流动资产明细表；

（6）交付使用无形资产明细表；

（7）递延资产明细表；

（8）建设项目工程造价执行情况分析表；

（9）待摊投资明细表。

（三）进行工程造价比较分析

竣工决算是用来综合反映竣工建设项目或单项工程的建设成果和财务情况的总结性文件。在竣工决算报告中必须对控制工程造价所采取的措施、效果以及其动态的变化进行认真的比较分析，总结经验教训。批准的概算是考核建设工程造价的依据，在分析时，可将决算报表中所提供的实际数据和相关资料与批准的概算、预算指标进行对比，以确定竣工项目总造价是节约还是超支，在对比的基础上，总结先进经验，找出落后原因，提出改进措施。

为考核概算执行情况，正确核实建设工程造价，财务部门首先必须积累概算动态变化资料（如材料价差、设备价差、人工价差、费率价差等等）和设计方案变化，以及对工程造价有重大影响的设计变更资料，其次，考查竣工形成的实际工程造价节约或超支的数额，为了便于进行比较，可先对比整个项目的总概算之后对比工程项目（或单项工程）的综合概算和其他工程费用概算，最后再对比单位工程概算，并分别将建筑安装工程、设备、工器具购置和其他基建费用逐一与项目竣工决算编制的实际工程造价进行对比，找出节约或超支的具体环节。

根据经审定竣工结算等原始资料,对原概预算进行调整,重新核定各单项工程和单位工程造价。属于增加固定资产价值的其他投资,如建设单位管理费、研究试验费、土地征用及拆迁补偿费等,应分摊于受益工程,随同受益工程交付使用的同时,一并计入新增固定资产价值。

复习思考题

1. 建筑工程结算的含义是什么?
2. 工程结算的编制依据是什么?
3. 一般工程结算包括哪些内容?
4. 建筑安装工程的主要结算方式有哪几种?
5. 如何编制建筑工程竣工结算?
6. 什么是施工单位工程竣工决算? 其作用是什么?
7. 什么是建设单位工程竣工决算? 其作用是什么?

第十五章 施工预算和"两算"对比

第一节 概 述

施工预算是建筑工程施工前,施工企业根据施工定额(或企业内部定额)编制的完成单位工程所需的工种工时、材料数量、机械台班数量和直接费标准,用于指导施工和进行企业内部经济核算。

一、施工预算的作用

(1)能准确地计算出各工种劳动力需要量,为施工企业有计划地调配劳动力,提供可靠的依据。

(2)能准确地确定材料的需用量,使施工企业可据此安排材料采购和供应。

(3)能计算出施工中所需的人力和物力的实物工作量,为施工作业计划的编制提供分层、分段及分部分项工程量、材料数量及分工种的用工数。以便施工企业作出最佳的施工进度计划。

(4)确定施工任务单和限额领料单上的定额指标和计件单价等,以便向班组下达施工任务。

(5)施工预算是衡量工人劳动成果的尺度和实行计件工资的依据。有利于贯彻多劳多得原则,调动生产工人的生产积极性。

(6)施工企业在进行经济活动分析中,可把施工预算与施工图预算相对比,分析其中超支、节约的原因,有针对性地控制施工中的人力、物力消耗。

二、施工预算的内容

施工预算的内容主要包括工程量、人工、材料和机械台班等4项,一般以单位工程为对象。施工预算通常由编制说明和计算表格两部分组成。

(一)编制说明部分

编制说明是以简练的文字说明施工预算的编制依据,对施工图纸的审查意见,现场勘察的主要资料,存在的问题及处理办法等。主要包括以下内容:

(1)施工图纸名称和编号,依据的施工定额,施工组织设计;

(2)设计修改或会审记录;

(3)遗留项目或暂估项目有哪些,并说明原因;

(4)存在的问题及以后处理的办法;

(5)其他。

(二)计算表格部分

为减少重复计算,便于组织施工,编制施工预算常用表格来表达。土建工程一般主要有以下表格:

(1)工程量计算表;

（2）预制构件加工表；

（3）门窗加工表；

（4）分项工程钢筋表；

（5）金属构件加工表；

（6）人工分析表；

（7）材料分析表；

（8）机械台班费用表；

（9）周转材料需用量表；

（10）人工、材料、机械台班汇总表；

（11）"两算"（施工图预算及施工预算）对比表。

第二节　施工预算的编制

一、编制的依据

（一）施工图纸

经过建设单位、设计单位和施工单位共同会审后的全套施工图和设计说明书，以及有关的标准图集。

（二）施工组织设计或施工方案

经批准的施工组织设计或施工方案所确定的施工方法、施工顺序、施工机械、技术组织措施和现场平面布置等，可供施工预算具体计算时采用。例如，土方工程是采用机械还是人力；脚手架的材料是木制还是金属，单排还是双排，安全网是立网还是平网；垂直运输机械是井架还是塔吊；混凝土预制构件是现场预制还是到预制厂购买；模板是钢模还是木模等等，这些都是编制人工、机械、材料用量的依据。

（三）现行的施工定额或劳动定额、材料消耗定额和机械台班使用定额

各省、市、自治区或地区编制颁发的《建筑工程施工定额》或本企业编制的"施工定额"。亦可使用 1985 年城乡建设环境保护部编制的《建筑安装工程统一劳动定额》，以及各地区编制的《材料消耗定额》和《机械台班使用定额》。

（四）施工图预算书

由于施工图预算中的许多工程量数据可供编制施工预算时利用，因而依据施工图预算书可减少施工预算的编制工作量，提高编制效率。

（五）建筑材料手册和预算手册

由于施工图纸只能计算出金属构件和钢筋的长度、面积和体积，而施工定额中金属结构的工程量常以吨（t）为单位，因此必须根据建筑材料手册和有关资料，把金属结构的长度、面积和体积换算成吨（t）之后，才能套用相应的施工定额。

二、编 制 方 法

施工预算的编制方法分为实物法和实物金额法两种。

实物法就是根据施工图纸和说明书，以及施工组织设计，按照施工定额规定计算工程量，再分析并汇总人工和材料的数量。这是目前编制施工预算大多采用的方法。

实物金额法编制施工预算又分为以下两种：

一种是根据实物法编制出的人工、材料数量，再分别乘以相应的单价，求得人工费和材料费；另一种是根据施工定额的规定，计算出各分项工程量，套用其相应施工定额的单价，得出合价，再将各分项工程的合价相加，求得单位工程直接费。这种方法与施工图预算的编制方法基本相同。

三、编 制 步 骤

施工预算的编制步骤与施工图预算的编制步骤基本相同，所不同的是施工预算比施工图预算的项目划分得更细，以便适合现场施工管理的需要，有利于安排施工进度计划和编制统计报表。

（一）熟悉图纸、施工组织设计及现场资料

在编制施工预算前，要认真阅读经会审和交底的全套施工图纸。说明书及有关标准图集，掌握施工定额内容范围，了解经批准的单位工程施工组织设计或施工方案，以及施工现场周围的环境。

（二）排列工程项目

工程实物量的计算是编制施工预算中一项最基本、细致的工作，要求做到准确、合理。为此，要合理划分分部、分项工程项目，一般可按施工定额项目划分，并依照施工定额手册的项目顺序排列。为签发施工任务单方便，也可按施工方案确定的施工顺序或流水施工的分层分段排列。此外，为便于进行"两算"对比，也可按照施工图预算的项目顺序排列。

（三）计算工程量

在计算工程量过程中，凡能利用的施工图预算的工程量数据，可直接利用。还应注意，工程量的计量单位一定要与施工定额的计量单位相一致，否则无法套定额。

工程量计算应按分部、分项工程的顺序或分层、分段，逐项整理汇总。各类构件、钢筋、门窗、五金等也整理列成表格。

（四）套施工定额，进行人工、材料和机械台班消耗量分析

按所在地区或企业内部自行编制的施工定额进行套用，以分项工程的工程量乘以相应项目的人工、材料和机械台班消耗量定额，算得该项目的人工、材料和机械台班消耗量，并逐项列入有关表格中。

（五）单位工程人工、材料和机械台班消耗量汇总

将各分项工程中同类的各工种人工、材料和机械台班消耗量相加，得出每一分部工程的各工种人工、材料和机械台班的总消耗量，再进一步将各分部工程的工、料和机械总消耗量相加，最后得出单位工程的各工种人工、各种材料和各类型机械台班的总需要量，并制成表格。

（六）"两算"对比

施工图预算确定的是建筑产品的预算成本，用于确定建筑产品价格，进行招标和投标。施工预算确定的是建筑产品的计划成本，用于编制生产计划，确定承包任务。进行"两算"对比，就是将施工图预算与施工预算中分部工程人工、材料和机械台班消耗量或价值进行对比，算出节约或超支的数量和金额，从而考核施工预算是否在预算成本之内。如若超支，应进一步找出超支的原因。以便修正施工方案，防止亏损。

（七）写出编制说明

简述编制依据，比如所采用的图纸、施工定额、施工组织设计等；所考虑的因素；遗留或暂估项目；存在的问题及其处理办法等。

第三节 "两算"对比

"两算"对比是指施工预算和施工图预算的对比。是建筑施工企业加强经营管理的手段。通过对比分析,找出节约、超支的原因,研究解决措施,避免企业亏损。

一、"两算"对比的方法

"两算"对比以施工预算所包括的项目为准,内容包括主要项目工程量、用工数及主要材料耗用量,一般有实物量对比法和实物金额对比法。

(一)实物量对比法

实物量对比是将"两算"中相同分项工程所需的人工、材料和机械台班消耗量进行比较,或者以分部工程或单位工程为对象,将"两算"的人工、材料汇总数量相比较。因施工预算和施工图预算各自的定额项目划分及工作内容不一致,为使两者有可比性,常常需经过项目合并,换算之后才能进行对比。由于施工定额项目划分比预算定额项目划分细,因此一般是合并施工预算项目的实物量,使其与预算定额项目相对应,然后再进行对比。

(二)实物金额对比法

是将施工预算中的人工、材料和机械台班的数量,乘以各自的单价,汇总成人工费、材料费和机械使用费,然后与施工图预算的人工费,材料费和机械使用费相比较。

二、"两算"对比的一般说明

(1)人工数量,一般施工预算应低于施工图预算工日数的 10% ~ 15%,这是因为施工图预算定额有 10% 左右的人工定额幅度差。这是由于施工图预算定额考虑到在正常施工组织的情况下工序搭接及土建与水电安装之间的交叉配合所需停歇时间,工程质量检查及隐蔽工程验收而影响的时间和施工中不可避免的少量零星用工等因素。

(2)材料消耗方面,一般施工预算应低于施工图预算消耗量。由于定额水平不一致,有的项目会出现施工预算消耗量大于施工图预算消耗量的情况。这时,要调查分析,根据实际情况调整施工预算用量后再予对比。

(3)机械台班数量及机械费的"两算"对比,由于施工预算是根据施工组织设计或施工方案规定的实际进场施工机械种类、型号、数量和使用期编制计算机械台班,而施工图预算定额的机械台班是根据需要和合理配备进行综合考虑的,多以金额表示。因此,一般以"两算"的机械费相对比,如果机械费大量超支,没有特殊情况,应改变施工采用的机械方案,尽量做到不亏本。

(4)脚手架工程施工预算是根据施工组织设计或施工方案规定的搭设脚手架内容编制计算其工程量和费用的,而施工图预算定额是按建筑面积计算脚手架的摊销费用,即综合脚手架费用。因此无法按实物量进行"两算"比对,只能用金额对比。

复习思考题

1.什么是施工预算? 其作用是什么?

2.施工预算包括哪些内容?

3.施工预算编制的依据、方法、步骤各是什么?

4."两算"对比的方法有哪两种? 如何对"两算"对比进行分析?

第十六章　工程概预算的审查

第一节　概　　述

一、工程概预算审查的重要意义

建筑工程概预算是计算和确定建设工程产品价格的文件,又是论证建设项目投资效益和制定计划的重要依据。概预算编制质量的好坏,直接影响到国家和业主的利益。因此,认真进行工程概预算的审查具有如下十分重要的意义:

(1)有利于合理确定工程造价,便于国家对建设投资的有效控制,合理分配和监督使用投资,保证工程的顺利进行,提高投资效益。

(2)有利于为基本建设提供所需的人、财、物等方面的可靠数据。国家根据这些数据就能及时地实施基本建设拨款,保证设备和材料供应,从而加速基本建设进程。

(3)有利于建筑市场的合理竞争,为建设项目的公开招投标奠定了基础,并能以此提出合理的标底价,促进建设项目大包干和建筑市场的合理竞争,规范了建筑市场。

(4)有利于建筑企业改善经营管理,加强建筑企业的经营核算。

(5)有利于改进设计的技术经济工作,促进限额设计,进一步完善投资控制。

通过审查工程概预算,核实了工程造价,对建设单位、施工单位、设计单位的工作均能起到积极的推动作用。

二、工程概预算审查的依据

(1)国家或省(市)颁发的有关现行定额或补充定额、现行取费标准或费用定额及有关文件等。

(2)现行的地区材料预算价格。本地区工资标准及机械台班费用标准。

(3)现行的地区单位估价表或汇总表。

(4)初步设计或扩大初步设计图纸、施工图纸及有关的标准图集。

(5)有关该工程的调查资料、地质钻探、水文气象等资料。

(6)甲乙双方签订的合同或协议书。

(7)施工组织设计等工程资料。

三、工程概预算审查的形式

工程概预算的审查,应由建设单位或其主管部门组织设计单位、施工单位和建设银行共同审查。各单位应尊重客观事实,如产生矛盾应根据有利于建设的原则协商解决,协商解决不了的,由各级基本建设委员会仲裁。现行的审查组织形式有以下几种:

(1)会审:是由建设单位、设计单位,施工单位和建设银行各派代表一起会审,这种审查发现问题比较全面,又能及时交换意见,因此审查的进度快,质量高,多用于重要项目的审查。

(2)单审:是由建设单位、建设银行、施工单位以及设计单位分别由主管概预算工作的部门单独审查。这些部门单独审查后,各自将提出修改概预算文件的意见,通知有关单位协商解决。

(3)建设单位审查:建设单位具备审查概预算能力时,可以自行审查,对审查后提出的问题,同概预算的编制单位协商解决。

(4)专门机构审查:建设单位可以委托监理单位、工程咨询单位进行审查。

四、工程概预算审查的步骤

(一)熟悉数据和资料

(1)熟悉送审工程概预算和承发包合同。

(2)搜集并熟悉有关设计资料,核对与工程概预算有关的图样和标准图,掌握设计变更等情况。

(3)了解施工现场情况,熟悉施工组织设计或施工方案。

(4)熟悉送审工程概预算所依据的定额、单位估价表、费用标准和有关文件。

(二)审查计算

根据工程规模、工程性质、审查时间、质量要求和审查能力等情况,合理确定审查方法,然后按照选定的审查方法进行具体审查。在审查计算过程中,应将审查的问题做出详细的记录。

(三)交换审查意见

审查单位将审查记录中的疑点、错误、重复计算和遗漏项目等问题与工程概预算编制单位和建设单位交换意见,作进一步核对,以便更正。

(四)审查定案

根据交换意见确定的结果,将更正后的项目进行计算并汇总,形成文件。经编制单位和审查单位双方认可后由各自责任人签字并加盖公章。

第二节　工程概预算审查的主要方法

由于工程的规模大小、繁简程度不同,工程概预算的质量水平不同,因此采用的审查方法也就有所不同。常用的审查方法有全面审查法、重点抽查法、对比审查法、统筹审查法和筛选法。

一、全面审查法

全面审查法就是对送审的工程概预算逐项进行审查的一种方法。这种审核方法与编制工程概预算的方法基本相同。对工程量的计算、定额的套用、各项取费进行全面的审查,几乎是重新进行一次工程概预算的编制工作。全面审查法的优点是全面细致,审查质量高,效果好。缺点是工作量大,花费时间长。全面审查法适用于工程规模小,工艺比较简单的工程和经重点抽查和分解对比审查发现差错率较大的工程。

二、重点抽查法

重点抽查法就是抓住对工程造价影响比较大的项目和容易发生差错的项目重点进行审

查。重点审查的内容主要有以下几个方面：

（1）工程量大或费用较高的项目：如一般土建工程中的砌体工程、混凝土及钢筋混凝土工程以及基础工程等分项工程的工程量；高层结构工程的基础工程，主体结构工程以及内外装饰工程等分项工程的工程量是审查的重点。

（2）换算定额单价和补充定额单价：定额换算的方法是否正确，定额单价套用是否合理，对于补充定额单价主要审查其编制的依据和方法是否符合有关规定，材料预算价格、人工工日单价和机械台班单价的确定是否合理。

（3）工程量计算规则容易混淆的项目和根据以往审查经验，经常会发生差错的项目。

（4）各项费用的计费基础及其费率标准：各省（市）都对各项费用的计费程序、计费基础及其费率做了相应的规定。审查时应着重审查承包工程规模、承包方式以及承包企业的资质是否反映客观事实。

（5）市场采购材料的差价：审查时，应根据各地区造价管理部门定期发布的市场采购材料的信息价格，严格审查市场采购材料的市场价格，准确计算材料差价。

在重点审查过程中，如发现问题较多较大，应扩大审查范围，甚至放弃重点审查，进行全面审查。

三、对比审查法

分解对比审查法就是将一个单位工程造价分解为直接费和间接费（含利润、税金）两部分；然后再将直接费部分按分部工程和分项工程进行分解，计算出这些工程每平方米建筑面积的直接费用或每平方米建筑面积的工程量数量（单位工程直接费（元），分部工程直接费（元），分项工程直接费（元），分项工程量（元））；最后将计算所得指标与历年积累的各种工程实际造价指标和有关的技术经济指标进行比较，来判定拟审查工程概预算的质量水平。

（一）对比单位工程造价指标（元/m²）

如果出入不大，可以认为本工程概预算问题不大，可不再继续审查下去了，如果出入较大，则继续对比单位工程直接费指标。一般情况下，由于拟审工程与参照工程建造时间不同，物价指数的变化会影响工程造价，应进行必要的调整。

（二）对比单位工程、分部工程、分项工程的直接费

按单位工程、分部工程、分项工程进行分解，边分解边对比，哪一分部工程或分项工程直接费出入较大，就重点进行审查。

四、统筹审查法

统筹审查法是一种加速审查工程量的方法，是将概预算编制工作中总结出来的统筹法运用到审查概预算工作中来。具体操作步骤如下：

（一）项目分组

把概预算项目分为若干组，且把相邻的具有内在联系的项目编为一组，例如：可以把利用轴线长度作为计算基础的工程项目划为一组；把利用建筑面积作为计算基础的划为一组；把能够利用手册计算的项目划为一组等。在每组中审查或计算某个分项工程量，利用工程量间具有相加或相似计算基础的关系，来推断同组其他几个分项工程量是否正确。

（二）先计算可以作为其他计算数据基数的数据

这个数据可以多次重复使用，例如外墙外边线是一个基数，可以用它为基数计算建筑物建筑面积，平整场地的面积，卷材防水层面积，保温层面积等。

（三）有和差关系的工程量

应先计算减数和被减数的工程量，再计算差的工程量。例如：

砌墙工程量＝（砖墙中心线长度×墙高）−（门窗洞口面积×墙厚）−圈梁、过梁体积

在计算砌墙工程量时，应先计算应扣除的门窗洞口面积和钢筋混凝土圈梁、过梁等构件体积，后计算砌筑墙体体积。因为门窗洞口面积和钢筋混凝土圈梁、过梁的工程量也是我们要计算的工程量，我们在此一并计算，岂不起到事半功倍的作用。

统筹审查法适用于所有工程概预算审查，可将其与全面审查法结合运用，可明显的提高审查的速度和质量。

五、筛 选 法

筛选法实质上是一种对比审查法，一般适用于住宅工程。首先要计算、整理出类似建筑物中各分部、分项工程在单位面积上的工程量、造价、用工三个单方基本数值表和造价、用工数值调整表，并注明其适用的建筑标准，表中要考虑层高和建筑面积对单方基本数值的影响，简称"四表"。表中这些基本值或基本值的调整值可看成为"筛孔"，将审查的工程概预算也按分部、分项工程分解为单位面积上工程量、造价、用工三个数值，用已有的基本值或基本值调整值来筛选各分部分项工程，如果将要审查的分部分项工程在其范围之内，则该部分可不细审了；如果将要审查的分部、分项工程不在其范围之内，则应重点审查这部分。筛选法虽具有简单易学、便于掌握、速度快的优点，但要想解决发生差错的原因尚需继续审查。使用这种方法时，拟审工程必须能事先确定出合适的"筛孔"，否则无法运用此法。

第三节　工程概预算审查的主要内容

概预算的审查，一般要从以下几个方面进行概预算内容的审查。

一、审查编制依据

首先应审查编制概预算中所采用的各种编制依据的合法性、时效性和适用范围，如概算定额、概算指标、预算定额、预算价格、费用定额、地区单位估价表和有关标准、文件必须经过国家或授权机关的批准，未经批准的一律无效，不得采用。审查时应分析它们是否都在国家规定的有效期内，有无调整和新规定。必须根据工程特点，确定各种定额、指标、价格和费用指标等的适用范围是否正确。

二、审查设计图样、施工组织设计及取费项目

审查时要注意概预算书中所依据设计图纸是否齐全，施工组织设计是否合理，不同的施工组织设计会对概预算造成很大的影响。如土方工程是采用人工还是机械挖运，构件吊装是采用哪种起重设备，预制构件是在加工厂制作还是现场制作等，这些都要与所列项目和内容一致，审查时要着重注意。

三、审查技术经济指标和工程造价

严格执行国家有关文件规定,要审查工程造价是否控制在设计概算所规定的限额内,如超过概算,应对设计图样进行修改,以保证其造价不突破概算。审查的同时,要注意审查各项技术经济指标,如单方造价、每平方米建筑面积的钢材、木材、水泥和砖等的消耗量,以及各分部工程与总造价的百分比等,审查其是否超过同类工程的实物消耗量参考指标及造价。如超过,应进一步从以下几方面详细审查。

(一)审查工程量

对一些造价大和容易出错的工程更需要特别仔细地审查。

(1)审查项目是否齐全,是否遗漏重复,在审查概预算时,对照分部分项工程名称,设计图样,定额子目核对是否有遗漏和重算、多算的项目。

(2)审查工程量主要是依据工程量计算规则进行核算,注意审查工程内容是否与施工组织设计中所采用的相一致。下面结合定额项目来介绍审查各分项工程工程量计算时应注意的问题。

(二)审查概预算定额子目的套用

编制工程概预算时,计算完工程量后就要套用定额子目计算直接费用,定额子目与单位估价表是相对应的,因此定额子目的正确套用是确定工程造价的关键工作之一,在进行审查时,从以下几个方面入手:

(1)直接套用定额项目的审查:这一部分项目在审查时只要审查套用的定额项目名称工作内容是否一致,如果一致,说明套用正确,否则即套错了定额项目。

(2)换算定额子目的审查:审查换算定额,首先要审查该分项子目,是否允许换算,定额不允许换算时,则仍套用现有定额;其次要审查定额的换算方法是否正确。

(3)补充定额子目的审查:审查补充定额时要审查"三量"、"三价"的确定是否合理。"三量"的计算依据和计算方法是否按国家规定进行。"三价"是指与"三量"相对应的人工、材料、机械台班的预算价格,"三价"是确定补充定额中"三费"(即人工费、材料费、机械费)的基础。

(三)审查各项费用的汇总

1. 审查工程直接费和人工费汇总

工程直接费、人工费在汇总时容易出现计算错误,项目重复汇总等现象,因此审查时一定要重新核算汇总的数值。

2. 审查其他直接费和现场经费

主要审查其他直接费的费用项目是否正确,各项费用的费率和计算基础,以及计算结果是否正确。

3. 审查间接费、计划利润和税金

间接工程费的审查,要注意以下几个方面:

(1)建筑安装企业是否按本企业的级别和工程性质计取费用,有无高套取费标准。

(2)工程间接费的计取基础是否符合规定。

(3)预算外调增的材料差价是否计取间接费。工程直接费或人工费增减后,有关费用是否也相应做了调整。

（四）审查其他有关费用

（1）审查材料差价。

（2）审查甲方供料退款。当甲方供料时，乙方应视甲方为供应商，因此根据交货地点的不同而采用不同的规定退款。

建筑工程的一般概念性经济指标如表 16-1 所示，民用建筑工程主要材料消耗量如表 16-2 所示。

建筑工程的一般概念性经济指标　　　　　　　　　　　　　　　　　表 16-1

序号	项目	所占造价的比例（%）					
1	一般民用建筑和一般工业厂房土建与安装造价比重	土建工程造价（不包括工艺设备投资）占总造价 70～80				水、电、暖、通风造价占总造价 20～30	
		土建	88～89	土建	85～88	土建	85～87
		上下水	8～8.8	采暖	4～5	采暖	4～4.5
		电照	1.5～2	上下水	4～6	上下水	4～5
				电照	2～3	电照	2～3
						煤气	1.5～1.8
2	土建工程造价四项费用比重	人工工资占：8～12					
		材料费占：64～68					
		机械费占：4～8					
		间接费占：20～26（即施工管理费）					
3	分部工程造价所占的比例	砖木结构			钢筋混凝土混合结构		
		基础部分占：8～12			5～10		
		墙体部分占：15～25			10～18		
		梁柱部分占：2～6			10～20		
		地面部分占：8～10			4～7		
		门窗部分占：6～10			5～11		
		屋盖部分占：30～35			30～40		
		其他部分占：4～6			3～5		
4	建筑物不同高度对造价的影响	单层	单层多跨建筑物其高度增加 1m，造价增加 1.5～3				
		多层	层高（m）	2.8	3.0	3.2	3.4	3.6	3.8
			造价	99	100	103	107	110	113
5	建筑物不同层数对造价的影响	层数	1	2	3	4	5	6
		造价	100	90	84	80	82	85
6	建筑物外形对造价的影响	外形	长方形		L 形	H 形	Y 形	圆型
		造价	100		103～108	102～105	103～107	107～113
7	不同走廊形式对造价的影响	走廊形式造价	内廊 100		内外廊 101	梯间 106	外廊 107	半内廊 110
8	不同进深对造价的影响	进深（m）	4.4		4.8	5.2	5.6	6.0
		造价	101		100	99	98	97

序号	项目		所占造价的比例（%）						
9	不同户平均居住面积对造价影响	面积(m²)	24	27	31	44	50	55	57
		造价	104	102	100	98	97	95	94
10	不同结构层高每增减10cm造价影响	结构类别	混合	砖木	混凝土				
		造价	1.1	1.07	1.06				
11	不同开间对造价的影响	开间(m)	2.8	3.0	3.2	3.4	3.6	3.8	4.0
		造价	107	104	102	100	99	97	96
12	单元组合不同对造价的影响	单元	2	3	4	5	6	7	
		造价	100	96.8	95.2	94	93.4	92.8	
13	不同墙身材料对造价的影响	墙身材料	砖	硅酸块	多孔砖	混凝土			
		造价	1.00	0.994	0.970	1.2～1.4			
14	不同跨数对造价的影响	跨度(m)	9	12	18	24	30	36	
		造价	125	115	100	88	82	79	
15		跨数	2	3	4	5			
		造价	100	98	97	90.5			
16	不同高度对造价的影响	高度(m)	3.6	4.2	4.8	5.4	6.0		
		造价	100	108.3	116.6	124.9	133.3		
17	不同柱距对造价的影响	柱距(m)	6	12					
		造价	100	108～113					
18	不同跨度对柱的造价影响	跨度(m)	12	15	18	24	30		
		造价	100	80	72	56	52		

民用建筑工程（不包括室外工程）主要材料消耗量　　　　表 16-2

工程名称	结构类别	1m²材料消耗量				单元造价(元/m²)
		钢材(kg)	木材(m³)	水泥(kg)	砖(块)	
多层住宅	砖混	21	0.040	150	250	
	内浇外砌	28	0.045	190	130	
	滑模	48	0.045	240	30	
	全装配	32	0.045	240	35	
高层住宅	内浇外挂	45	0.035	230	15	
	框架	44	0.045	240	15	
	滑模	52	0.045	230	15	
	全装配	62	0.035	240	15	
多层单宿	砖混	19	0.040	135	242	
托幼		20	0.045	155	285	
中小学		23	0.040	165	245	
教学楼		25	0.040	175	260	
		48	0.045	235	17	

工程名称	结构类别	1m²材料消耗量				单元造价（元/m²）
		钢材（kg）	木材（m³）	水泥（kg）	砖（块）	
图书馆	框架	49	0.045	240	70	
办公楼	砖混	28	0.040	230	68	
	框架15层以下	60	0.055	225	17	
	框架15～20层	75	0.065	250	13	
实验楼	砖混	28	0.055	185	265	
	框架	53	0.065	245	17	
食堂	砖混	23	0.045	185	280	
医院	砖混	28	0.055	260	310	
	框架	58	0.085	280	20	
书店	砖混	28	0.055	230	260	
商业楼	砖混	32	0.055	200	230	
	框架	55	0.065	260	19	
礼堂	混合	42	0.095	210	190	
剧院		50	0.130	230	180	
电影院		48	0.090	220	190	
汽车库		25	0.040	200	250	
多层仓库		36	0.045	230	80	
锅炉房		24	0.040	220	450	

复习思考题

1. 工程概预算审查的依据是什么？

2. 工程概预算审查有哪几种形式？

3. 工程概预算审查的步骤是什么？

4. 工程概预算审查的形式有哪几种？

5. 工程概预算审查的主要方法有哪几种？各自的特点是什么？

6. 工程概预算审查的主要内容是什么？

第十七章 建设工程工程量清单的编制与计价

第一节 概　　述

2003年2月17日,建设部以119号公告批准颁布了国家标准《建设工程工程量清单计价规范》。这是我国进行工程造价管理改革的一个新的里程碑,必将推动工程造价管理改革的深入和管理体制的创新,最终建立由政府宏观调控、市场有序竞争形成工程造价的新机制。

工程量清单计价是建设工程招标投标工作中,由招标人按照国家统一的工程量计算规则提供工程数量,由投标人根据企业的定额合理确定人工、材料、施工机械等要素的投入与配置,优化组合,合理控制现场费用和施工技术措施费用,确定投标价。改变过去过分依赖国家发布定额的状况,企业根据自身的条件编制出自己的企业定额及市场价格进行自主报价,并按照经专家评审低价中标的工程造价计价模式。

推行工程量清单计价,有利于我国工程造价管理政府职能的转变;有利于规范市场计价行为,促进建设市场有序竞争,规范建设市场秩序;有利于控制建设项目投资,合理利用资源,有利于促进技术进步,提高劳动生产率;有利于提高造价工程师的素质,使其成为懂技术、懂经济、懂管理的全面复合型人才;有利于适应我国加入世界贸易组织和与国际惯例接轨的要求,提高国内建设各方主体参与竞争的意识,全面提高我国工程造价管理水平。

一、实行工程量清单计价的目的、意义

（一）实行工程量清单计价,将改革以工程预算定额为计价依据的计价模式

长期以来,我国招标标底、投标报价以及工程结算均以工程预算定额作为主要依据。1992年,为了使工程造价管理由静态管理模式逐步转变为动态管理模式以适应建设市场改革的要求,针对工程预算定额编制和使用中存在的问题,提出了"控制量、指导价、竞争费"的改革措施,其主要思路和原则是:将工程预算定额中的人工、材料、机械的消耗量和相应的单价分离,人、材、机的消耗量是国家根据有关规范、标准以及社会的平均水平来确定的,控制量的目的就是保证工程质量,指导价就是要逐步走向市场形成价格,这一措施在我国实行社会主义市场经济初期起到了积极的作用。但随着建设市场化进程的发展,这种做法仍然难以改变工程预算定额中国家指令性的状况,难以进一步提高竞争意识,难以满足招标投标和评标的要求。因为,控制的量是反映的社会平均消耗水平,不能准确地反映各个企业的实际消耗量,不能全面地体现企业技术装备水平。管理水平和劳动生产率,还不能充分体现市场公平竞争,工程量清单计价将改革以工程预算定额为计价依据的计价模式。

（二）实行工程量清单计价,有利于公开、公平、公正竞争

工程造价是工程建设的核心问题,也是建设市场运行的核心内容,建设市场上存在许多不规范行为,大多与工程造价有关。实现建设市场的良性发展除了法律法规和行政监管以外,发挥市场规律中"竞争"和"价格"的作用是治本之策。过去的工程预算定额在工程发包与承包

工程计价中调节双方利益,反映市场价格等方面显得滞后,特别是在公开、公平、公正竞争方面,缺乏合理完善的机制。工程量清单计价是市场形成工程造价的主要形式,工程量清单计价有利于发挥企业自主报价的能力,实现政府定价到市场定价的转变;有利于改变招标单位在招标中盲目压价的行为,从而真正体现公开、公平、公正的原则,反映市场经济规律。

（三）实行工程量清单计价,有利于招投标双方合理承担风险,提高管理水平

采用工程量清单计价模式招标投标,对发包单位,由于工程量清单是招标文件的组成部分,招标单位必须编制出准确的工程量清单,并承担相应的风险,促进招标单位提高管理水平。由于工程量清单是公开的,将避免工程招标中的弄虚作假、暗箱操作等不规范行为。对承包企业,采用工程量清单报价,必须对单位工程成本、利润进行分析,统筹考虑、精心选择施工方案,并根据企业的定额合理确定人工、材料、施工机械等要素的投入与配置,优化组合,合理控制现场费用和施工技术措施费用,确定投标价并承担相应的风险。企业必须改变过去过分依赖国家发布定额的状况,根据自身的条件编制出自己的企业定额。

（四）实行工程量清单计价,有利于我国工程造价管理政府职能的转变

为使政府部门真正履行起"经济调节、市场监管、社会管理和公共服务"的职能,政府对工程造价管理的模式要相应改变,将推行政府宏观调控、企业自主报价、市场竞争形成价格、社会全面监督的工程造价管理思路。实行工程量清单计价,将会有利于我国工程造价管理政府职能的转变,由过去根据政府控制的指令性定额编制的工程预算转变为根据工程量清单的计价方法,由过去行政直接干预转变为对工程造价依法监管,有效地强化政府对工程造价的宏观调控。

（五）实行工程量清单计价,有利于我国建筑企业增强国际竞争能力

我国加入世界贸易组织(WTO)后,行业壁垒下降,建设市场将进一步对外开放。国外的建筑企业越来越多地进入我国市场,我国建筑企业走出国门在海外承包的工程项目也在增加。为增强我国建筑企业国际竞争能力,就必须与国际通行的计价方法相适应。工程量清单计价是国际通行的计价做法,只有在我国实行工程量清单计价,为建设市场主体创造一个与国际惯例接轨的市场竞争环境,才能有利于提高国内建设各方主体参与国际化竞争的能力,有利于提高工程建设的管理水平。

二、《建设工程工程量清单计价规范》编制的指导思想和原则

遵循的指导思想是按照政府宏观调控、市场竞争形成价格的要求,创造公平、公正、公开竞争的环境,以建立全国统一的、有序的建筑市场,既要与国际惯例接轨,又考虑我国的实际国情。

《建设工程工程量清单计价规范》编制中主要坚持以下原则。

（一）政府宏观调控、企业自主报价、市场竞争形成价格

按照政府宏观调控的指导思想,确定了工程量清单计价的原则、方法和必须遵守的规则,包括统一项目编码、项目名称、计量单位、工程量计算规则等。为使企业自主报价,参与市场竞争,将属于企业能自主选择的施工方法、施工措施和人工、材料、机械的消耗量水平,取费等应该由企业来确定,给企业留有充分选择的权利,以促进企业之间的自由竞争,以促进企业提高生产力水平。

（二）与现行预算定额既有机结合又有所区别的原则

由于预算定额是计划经济的产物,其中有许多不适应《建设工程工程量清单计价规范》编

制指导思想的,主要表现在:

(1)施工工艺、施工方法是根据大多数企业的施工方法综合取定的;

(2)工、料、机消耗量是根据"社会平均水平"综合测定的;

(3)取费标准是根据不同地区平均测算的。

因此企业报价时就会表现为平均主义,企业不能结合自身技术管理水平自主报价,不能充分调动企业加强管理的积极性。

但预算定额是我国经过几十年实践的总结,在项目划分、计量单位、工程量计算规则等方面具有一定的科学性和实用性。《建设工程工程量清单计价规范》在编制过程中,尽可能多地与定额衔接。但上述其与工程预算定额不适应的地方还是有所区别的。

(三)既考虑我国工程造价管理的现状,又尽可能与国际惯例接轨的原则

《建设工程工程量清单计价规范》在编制中,既借鉴了世界银行、菲迪克(FIDIC)。英联邦国家以及香港等的一些做法,同时,也结合了我国现阶段的具体情况。如:实体项目的设置方面,就结合了当前按专业设置的一些情况,有关名词尽量沿用国内习惯,如措施项目就是国内的习惯叫法,国外叫开办项目,措施项目的内容就借鉴了部分国外的做法。《建设工程工程量清单计价规范》要根据我国当前工程建设市场发展的形势,逐步解决定额计价中与当前工程建设市场不相适应的因素,适应我国社会主义市场经济发展的需要,适应与国际接轨的需要,积极稳妥地推行工程量清单计价。

三、《建设工程工程量清单计价规范》内容简介

(一)《建设工程工程量清单计价规范》(GB 50500—2013)的主要内容

《建设工程工程量清单计价规范》GB 50500—2013 包括规范条文和附录两部分。规范条文共 16 章,包括总则、术语、一般规定、工程量清单编制、招标控制价、投标报价、合同价款约定、工程计量、合同价款调整、合同价款期中支付、竣工结算与支付、合同解除的价款结算与支付、合同价款争议的解决、工程造价鉴定、工程计价资料与档案、工程计价表格等内容。涵盖了从工程招投标开始到工程竣工结算办理完毕的全过程。附录共有十一个,附录 A 规定了物价变化合同价款调整办法,附录 B ~ 附录 K 是计价表格的规范模式,分别为:工程计价文件封面、工程计价文件扉页、工程计价总说明、工程计价汇总表、分部分项工程和单价措施项目清单与计价表、其他项目计价表、规费和税金项目计价表、工程量申请(核准)表、合同价款支付申请(核准)表、主要材料和工程设备一览表。

(二)相关配套的工程量计算规范

住建部于 2012 年 12 月 25 日发布《建设工程工程量清单计价规范》GB 50500—2013 的同时又发布了《房屋建筑与装饰工程量计算规范》GB 50854—2013、《仿古建筑工程工程量计算规范》GB 50855—2013、《通用安装工程工程量计算规范》GB 50856—2013、《市政工程工程量计算规范》GB 50857—2013、《园林绿化工程工程量计算规范》GB 50858—2013、《矿山工程工程量计算规范》GB 50859—2013、《构筑物工程工程量计算规范》GB 50860—2013、《城市轨道交通工程工程量计算规范》GB 50861—2013、《爆破工程工程量计算规范》GB 50862—2013、等规范(以下简称《13 版规范》)。这样各种建设工程的工程量计算就有了统一的标准。

(三)《建设工程工程量清单计价规范》的适用范围

《建设工程工程量清单计价规范》适用于建设工程发承包及实施阶段的计价活动。从工程建设招投标到工程施工完成整个过程的工程量清单编制、工程量清单招标控制价编制、工程

量清单投标报价编制、工程量合同价款的约定、工程施工过程中工程计量与合同价款支付、索赔与现场签证、合同价款的调整、竣工结算的办理和合同款争议的解决以及工程造价鉴定等活动,涵盖了工程建设发承包以及施工阶段的整个过程。

使用国有资金投资的工程建设发承包,必须采用工程量清单计价。对于非国有资金投资的工程建设项目,宜采用工程量清单方式计价。当非国有资金投资的工程建设项目确定采用工程量清单计价时,则应执行《建设工程工程量清单计价规范》;确定不采用工程量清单计价的,除不执行工程量清单计价的专门性规定外,但仍应执行《建设工程工程量清单计价规范》规定的工程价款的调整、工程计量与工程价款支付、索赔与现场签证、竣工结算以及工程造价争议处理等条文。

四、《建设工程工程量清单计价规范》的特点

（一）强制性

（1）由建设主管部门按照强制性国家标准的要求批准颁布,规定全部使用国有资金或国有资金投资为主的大中型建设工程应按计价规范规定执行;

（2）明确工程量清单是招标文件的组成部分,并规定了招标人在编制工程量清单时必须遵守的规则,做到四统一,即统一项目编码、统一项目名称、统一计量单位、统一工程量计算规则。

（二）实用性

附录中工程量清单项目及计算规则的项目名称表现的是工程实体项目,项目名称明确清晰,工程量计算规则简洁明了,特别还列有项目特征和工程内容,易于编制工程量清单时确定具体项目名称和投标报价。

（三）竞争性

（1）《建设工程工程量清单计价规范》中的措施项目,在工程量清单中只列"措施项目"一栏,具体采用什么措施,如模板、脚手架、临时设施、施工排水等详细内容由投标人根据企业的施工组织设计,视具体情况报价,因为这些项目在各个企业的施工方案中各有不同,是企业竞争项目,是企业施展才华的空间;

（2）《建设工程工程量清单计价规范》中人工、材料和施工机械没有具体的消耗量,投标企业可以依据企业的定额和市场价格信息,也可以参照建设行政主管部门发布的社会平均消耗量定额进行报价。

（四）通用性

采用工程量清单计价将与国际惯例接轨,实现了工程量计算方法标准化、工程量计算规则统一化、工程造价确定市场化的要求。

第二节　建设工程工程量清单的编制

一、概　　述

（一）工程量清单的主要作用

（1）工程量清单为投标人的投标竞争提供了一个平等和共同的平台

工程量清单是由招标人负责编制,将要求投标人完成的工程项目及其相应工程实体数量全部列出。这样,在建设工程的招标投标中,投标人的竞争活动就围绕一个共同的工程量进行

报价,这样投标人机会均等,受到的待遇才是公正和公平的。

(2)工程量清单是建设工程计价的依据

在招标投标过程中,招标人根据工程量清单编制招标工程的招标控制价;投标人按照工程量清单所展示的工程量,依据企业定额自主计算投标价格,自主填报工程量清单所列项目的单价与合价。

(3)工程量清单是工程付款和结算的依据

在施工阶段,发包人根据承包人完成的工程量清单中规定的数量以及合同单价支付工程款。工程结算时,承发包双方按照工程量清单计价表中的合同单价对已实施的分部分项工程量或计价项目的工程量,按相关合同条款结算工程价款。

(4)工程量清单是调整工程价款、处理工程索赔的依据

在发生工程变更和工程索赔时,可以选用或者参照工程量清单中的分部分项工程量或计价项目的工程量及合同单价来确定变更价款和索赔费用。

(二)工程量清单的编制内容及编制人

工程量清单应由具有编制能力的招标人或受其委托、具有相应资质的工程造价咨询人进行编制。工程量清单是工程量清单计价的基础,应作为编制招标控制价、投标报价或调整工程量、索赔等的依据之一,一经中标签订合同,招标工程量清单即为合同的组成部分。

工程量清单由招标人提供,并对其准确性和完整性负责。

工程量清单应以单位(项)工程为单位编制,应由分部分项工程量清单、措施项目清单、其他项目清单、规费和税金项目清单组成。

(三)工程量清单编制的依据

(1)《建设工程工程量清单计价规范》GB 5050—2013 和相关工程的国家计量规范;

(2)国家或省级、行业建设主管部门颁发的计价定额和办法;

(3)建设工程设计文件及相关材料;

(4)拟定的招标文件;

(5)与建设工程有关的标准、规范、技术资料;

(6)施工现场情况、地勘水文资料、工程特点及相关的施工方案;

(7)其他相关资料。

二、分部分项工程项目清单的编制

分部分项工程项目工程量清单应按建设工程工程量计量规范的规定,确定项目编码、项目名称、项目特征、计量单位,并按不同专业工程量计量规范给出的工程量计算规则,进行工程量的计算。工程量清单编制程序如图 17-1 所示。

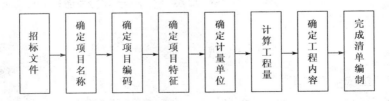

图 17-1　工程量清单编制程序

表 17-1 为《房屋建筑与装饰工程工程量计算规范》GB 50854—2013 中附录 A 土方工程工

程量的计算方法摘录

项目编码	项目名称	项目特征	计量单位	工程量计算规则	工作内容
010101001	平整场地	1. 土壤类别 2. 弃土运距 3. 取土运距	m²	按设计图示尺寸以建筑物首层建筑面积计算	1. 土方挖填 2. 场地找平 3. 运输
010101002	挖一般土方	1. 土壤类别 2. 挖土深度 3. 弃土运距	m³	按设计图示尺寸以体积计算	1. 排地表水 2. 土方开挖 3. 围护（挡土板）及拆除 4. 基底钎探 5. 运输
010101003	挖沟槽土方			按设计图示尺寸以基础垫层底面积乘以挖土深度计算	
010101004	挖基坑土方				
010101005	冻土开挖	1. 冻土厚度 2. 弃土运距		按设计图示尺寸开挖面积乘厚度以体积计算	1. 爆破 2. 开挖 3. 清理 4. 运输
010101006	挖淤泥、流砂	1. 挖掘深度 2. 弃淤泥、流砂距离		按设计图示位置、界限以体积计算	1. 开挖 2. 运输

（一）项目编码

分部分项工程量清单项目编码以五级编码设置,采用 12 位阿拉伯数字表示。1～9 位应按《计量规范》的规定设置,10～12 位应根据拟建工程的工程量清单项目名称和项目特征设置,同一招标工程的项目编码不得有重码。各级编码代表的含义如下:

（1）第 1 级为工程分类顺序码（分 2 位）:房屋建筑与装饰工程为 01、仿古建筑工程为 02、通用安装工程为 03、市政工程为 04、园林绿化工程为 05、矿山工程为 06、构筑物工程为 07、城市轨道交通工程为 08、爆破工程为 09;

（2）第 2 级为附录分类顺序码（分 2 位）;

（3）第 3 级为分部工程顺序码（分 2 位）;

（4）第 4 级为分项工程项目顺序码（分 3 位）;

（5）第 5 级为工程量清单项目顺序码（分 3 位）。

项目编码结构如图 17-2 所示（以房屋建筑与装饰工程为例）。

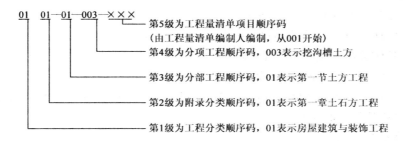

图 17-2　工程量清单项目编码结构

（二）项目名称的确定

分部分项工程量清单的项目名称应根据《计量规范》的项目名称并结合拟建工程的实际确定。编制工程量清单时,应以附录中的项目名称为基础,考虑该项目的规格、型号、材质等特征要求,并结合拟建工程的项目特征,对项目名称进行适当的调整或细化,使其能够反映影响

233

工程造价的主要因素。如《房屋建筑与装饰工程工程量计算规范》GB 50854—2013 中编号为"010502001"的项目名称为"矩形柱",可根据拟建工程的项目特征写成"C35 现浇混凝土矩形柱 400×4000"。

（三）项目特征的描述

项目特征是指构成分部分项工程量清单项目、措施项目自身价值的本质特征。分部分项工程量清单项目特征应按《计量规范》的项目特征,结合拟建工程项目的实际予以描述。分部分项工程量清单的项目特征是确定一个清单项目综合单价的重要依据,在编制的工程量清单中必须对其项目特征进行准确和全面的描述。工程量清单项目特征描述的重要意义在于:

（1）项目特征是区分清单项目的依据。工程量清单项目特征是用来表述分部分项清单项目的实质内容,根据该项目的规格、型号、材质等特征要求来区分计价规范中同一清单条目下各个具体的清单项目。没有项目特征的准确描述,对于相同或相似的清单项目名称,就无法区分。

（2）项目特征是确定综合单价的依据。由于工程量清单项目的特征决定了工程实体的形成,必然直接决定了工程实体的自身价值。如基础工程,仅混凝土强度等级不同,足以影响投标人的报价,故应分开列项。因此,工程量清单项目特征描述的准确与否,直接关系到工程量清单项目综合单价的准确程度。

（3）项目特征是履行合同义务的依据。实行工程量清单计价,工程量清单及其综合单价则成为施工合同的组成部分。清单项目特征的描述应根据现行计量规范附录中有关项目特征的要求,结合技术规范、标准图集、施工图纸,按照工程结构、使用材质及规格或安装位置等,予以详细而准确的表述和说明。因此,如果工程量清单项目特征的描述不清则会引起分歧、导致纠纷。清单项目特征主要涉及项目的自身特征（材质、型号、规格、品牌）、项目的工艺特征以及对项目施工方法可能产生影响的特征。

（四）计量单位的选择

分部分项工程量清单的计量单位应参照《计量规范》的计量单位确定。除各专业另有特殊规定外,均按以下基本单位计量:

（1）以质量计算的项目——吨或千克（t 或 kg）;

（2）以体积计算的项目——立方米（m^3）;

（3）以面积计算的项目——平方米（m^2）;

（4）以长度计算的项目——米（m）;

（5）以自然计量单位计算的项目——个、套、块、组、台……

（6）没有具体数量的项自——宗、项……

以"吨"为计量单位的应保留小数点后 3 位数字,第 4 位小数四舍五入;以"立方米"、"平方米"、"米"、"千克"为计量单位的应保留小数点后 2 位数字,第 3 位小数四舍五入;以"项"、"个"等为计量单位的应取整数。

（五）工程量的计算

除另有说明外,所有清单项目的工程量以实体工程量为准,并以完成后的净值来计算。因此,在计算综合单价时应考虑施工中的各种损耗和需要增加的工程量,或在措施费清单中列入相应的措施费用。只有采用统一的工程量清单计算规则,工程实体的工程量才能是唯一的。统一的清单工程量为各投标人提供了一个公平竞争的平台,也便于招标人对各投标人的报价进行对比。

234

(六)补充项目

编制工程量清单时如果出现《计量规范》附录中未包括的项目,编制人应做补充,并报省级或行业工程造价管理机构备案。补充项目的编码由对应计量规范的代码X(即01～09)与B和三位阿拉伯数字组成,并应从XB001起顺序编制,同一招标工程的项目不得重码。工程量清单中需附有补充项目的名称、项目特征、计量单位、工程量计算规则、工作内容。如某工程补充项目如表17-2所示。

M 墙、柱面装饰与隔断、幕墙工程 M.11 隔墙(编码:011211)　　　　表 17-2

项目编码	项目名称	项目特征	计量单位	工程量计算规则	工作内容
01 B001	成品GRC隔墙	1. 隔墙材料品种、规格 2. 隔墙厚度 3. 嵌缝、塞口材料品种	m²	按设计图示尺度以面积计算,扣除门窗洞口及单个 ≥ 0.3m² 的孔洞所占面积	1. 骨架及边框安装 2. 隔板安装 3. 嵌缝、塞口

三、措施项目清单的编制

措施项目清单是指为完成工程项目施工,与该工程有关的技术、生活、安全、环境保护等方面的非工程实体项目的清单。规范中将措施项目分为能计量和不能计量的两类。对能计量的措施项目同分部分项工程量一样,编制措施项目清单时应列出项目编码、项目名称、项目特征、计量单位,并按现行计量规范规定,采用对应的工程量计算规则计算其工程量。对不能计量的措施项目,措施项目清单中仅列出了项目编码、项目名称,但未列出项目特征、计量单位的项目,编制措施项目清单时,应按现行计量规范附录(措施项目)的规定执行。例如:房屋建筑与装饰工程中的综合脚手架(表17-3)、安全文明施工和夜间施工(表17-4)。

分部分项工程和单价措施项目清单与计价表　　　　表 17-3

序号	项目编码	项目名称	项目特征描述	计量单位	工程量	金额(元)	
						综合单价	合价
1	011701001001	综合脚手架	1. 建筑结构形式:框剪 2. 檐口高度:60m	m²	18000		

总价措施项目清单与计价表　　　　表 17-4

序号	项目编码	项目名称	计算基础	费率(%)	金额(元)	调整费率(%)	调整后金额	备注
1	011707001001	安全文明施工	定额基价					
2	011707002001	夜间施工	定额人工费					

由于工程建设施工特点和承包人组织施工生产的施工装备水平、施工方案及其管理水平的不同,同一工程、不同承包人组织施工采用的施工措施有时并不完全一致,因此,《建设工程工程量清单计价规范》GB 50500—2013 规定:措施项目清单应根据承包人对工程实际安排的项目列项。因工程情况不同,出现计量规范附录中未列出的措施项目,也可根据工程实际情况进行补充。

四、其他项目清单的编制

其他项目清单是指分部分项工程量清单、措施项目清单所包含的内容以外,因招标人的特殊要求而发生的与拟建工程有关的其他费用项目和相应数量的清单。

（一）其他项目清单的内容

其他项目清单应根据拟建工程的具体情况,参照《建设工程工程量清单计价规范》GB 50500—2013提供的下列4项内容列项:

（1）暂列金额;

（2）暂估价:包括材料暂估单价、工程设备暂估价、专业工程暂估价;

（3）计日工;

（4）总承包服务费。

若出现《建设工程工程量清单计价规范》（GB 50500—2013）未列的项目,可根据工程实际情况补充。

（二）各项内容明细

1. 暂列金额

暂列金额是招标人暂定并包括在合同中的一笔款项。用于施工合同签订时尚未确定或者不可预见的所需材料、设备、服务的采购费用、施工中可能发生的工程变更、合同约定调整因素出现时的工程价款调整以及可能发生的索赔、现场签证确认等费用。

2. 暂估价

暂估价是指招标人在工程量清单中提供的用于支付必然发生但暂时不能确定价格的材料价款、工程设备单价以及专业工程金额。

3. 计日工

计日工以完成零星工作所消耗的人工工时、材料数量、机械台班进行计量,并按照计日工表中填报的适用项目的单价进行计价支付。计日工是为了解决现场发生的零星工作的计价而设立的。计日工适用的所谓零星工作一般是指合同约定之外的或者因变更而产生的、工程量清单中没有相应项目的额外工作,尤其是那些时间不允许事先商定价格的额外工作。计日工应按合同中约定的计日工综合单价计价。

4. 总承包服务费

总承包服务费是招标人要求总承包人对发包的专业工程提供协调和配合服务（如分包人使用总包人的脚手架、水电接驳等）;对供应的材料、设备提供收、发和保管服务以及对施工现场进行统一管理;对竣工资料进行统一汇总整理等发生并向总承包人支付的费用。招标人应当预计该项费用并按投标人的投标报价向投标人支付该项费用。

五、规费项目清单的编制

规费是指在国家法律、法规指导下,由省级政府和省级有关权力部门规定必须缴纳或计取的费用,应计入建筑安装工程造价的费用。规费项目清单应包括下列内容:

（1）社会保险费:包括养老保险费、失业保险费、医疗保险费、工伤保险费、生育保险费;

（2）住房公积金;

（3）工程排污费。

出现《建设工程工程量清单计价规范》（GB 50500—2013）未列的项目,应根据省级政府或省级有关部门的规定列项。

六、税金项目清单的编制

税金是指国家税法规定的应计入建筑安装工程造价内的营业税、城市维护建设税及教育费附加等。税金项目清单应包括下列内容：

（1）营业税；

（2）城市维护建设税；

（3）教育费附加；

（4）地方教育附加费。

若出现《建设工程工程量清单计价规范》（GB 50500—2013）未列的项目，应根据税务部门的规定列项。

第三节　工程量清单计价

实行工程量清单计价招标投标的建设工程，其招标控制价、投标报价的编制、合同价款确定与调整、工程结算均应按计价规范执行。

工程量清单计价过程如图17-3所示。

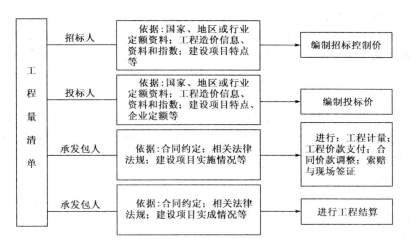

图17-3　工程量清单计价应用过程

工程量清单计价应包括按招标文件规定，完成工程量清单所列项目的全部费用。

包括分部分项工程费、措施项目费、其他项目费和规费、税金。

一、工程量清单综合单价

《建设工程工程量清单计价规范》中的工程量清单综合单价是指完成一个规定清单项目所需的人工费、材料和工程设备费、施工机具使用费和企业管理费、利润以及一定范围内的风险费用。该定义并不是真正意义上的全费用综合单价，而是一种狭义上的综合单价，规费和税金等不可竞争的费用并不包括在项目单价中。

二、分部分项工程量清单

分部分项工程量清单的综合单价,应根据本规范规定的综合单价组成,不得包括招标人自行采购材料的价款。

三、措施项目费

为完成工程项目施工,而用于发生在该工程施工准备和施工过程中的技术、生活、安全、环境保护等方面的非工程实体项目所支出的费用构成措施项目费。措施项目清单计价应根据建设工程的施工组织设计,可以计算工程量的措施项目,应按分部分项工程量清单的方式采用综合单价计价;其余的不能算出工程量的措施项目,则采用总价项目的方式,以"项"为单位的方式计价,应包括除规费、税金外的全部费用。

措施项目清单中的安全文明施工费应按照国家或省级、行业建设主管部门的规定计价,不得作为竞争性费用。

四、其他项目清单

其他项目费由暂列金额、暂估价、计日工、总承包服务费等内容构成。暂列金额和暂估价由招标人按估算金额确定。招标人在工程量清单中提供的暂估价的材料、工程设备和专业工程,若属于依法必须招标的,由承包人和招标人共同通过招标确定材料、工程设备单价与专业工程分包价;若材料、工程设备不属于依法必须招标的,经发承包双方协商确认单价后计价;若专业工程不属于依法必须招标的,由发包人、总承包人与分包人按有关计价依据进行计价。

计日工和总承包服务费由承包人根据招标人提出的要求,按估算的费用确定。

五、招标控制价的编制

招标控制价是招标人根据国家以及当地有关规定的计价依据和计价办法、招标文件、市场行情,并按工程项目设计施工图纸等具体条件调整编制的,对招标工程项目限定的最高工程造价,也可称其为拦标价、预算控制价或最高报价等。

投标人的投标报价高于招标控制价的,其投标应予以拒绝。国有资金投资的工程项目,招标人编制并公布的招标控制价相当于招标人的采购预算,同时要求其不能超过批准的概算,因此,招标控制价是招标人在工程招标时能接受投标人报价的最高限价,投标人的投标报价不能高于招标控制价,否则,其投标将被拒绝。

招标控制价应在招标文件中公布,不应上调或下浮,招标人应将招标控制价及有关资料报送工程所在地工程造价管理机构备查。招标控制价的作用决定了招标控制价不同于标底,无需保密。为体现招标的公平、公正,防止招标人有意抬高或压低工程造价,招标人应在招标文件中如实公布招标控制价各组成部分的详细内容,不得对所编制的招标控制价进行上调或下浮。

六、投 标 报 价

投标价是投标人参与工程项目投标时报出的工程造价。即投标价是指在工程招标发包过程中,由投标人或受其委托具有相应资质的工程造价咨询人按照招标文件的要求以及有关计价规定,依据发包人提供的工程量清单、施工设计图纸,结合工程项目特点、施工现场情况及企业自身的施工技术、装备和管理水平等,自主确定的工程造价。

投标价是投标人希望达成工程承包交易的期望价格,但不能高于招标人设定的招标控制价。投标报价的编制是指投标人对拟承建工程项目所要发生的各种费用的计算过程。作为投标计算的必要条件,应预先确定施工方案和施工进度,此外,投标计算还必须与采用的合同形式相一致。报价是投标的关键性工作,报价是否合理直接关系到投标工作的成败。工程量清单计价下编制投标报价的原则如下:

(1)投标报价由投标人自主确定。

(2)投标人的投标报价不得低于工程成本。

(3)投标人必须按招标工程量清单填报价格。

(4)投标报价要以招标文件中设定的承发包双方责任划分,作为设定投标报价费用项目和费用计算的基础。

(5)应该以施工方案、技术措施等作为投标报价计算的基本条件。

(6)报价计算方法要科学严谨,简明适用。

七、工程量变更调整

合同中综合单价因工程量变更需调整时,除合同另有约定外,应按照下列办法确定:

(1)工程量清单漏项或设计变更引起新的工程量清单项目,其相应综合单价由承包人提出,经发包人确认后作为结算的依据。

(2)由于工程量清单的工程数量有误或设计变更引起工程量增减,属合同约定幅度以内的,应执行原有的综合单价;属合同约定幅度以外的,其增加部分的工程量或减少后剩余部分的工程量的综合单价由承包人提出,经发包人确认后,作为结算的依据。

八、综合单价的编制示例

某多层砖混住宅土方工程,土壤类别为三类土;基础为砖大放脚带形基础;垫层宽度为920mm;挖土深度为1.8mm弃土运距4km。

(一)招标人根据清单规则计算的土方工程量

基础挖土截面积为:$0.92m \times 1.8m = 1.656(m^2)$

基础总长度为:1590.6m

土方挖方总量为:$1.656 \times 1590.6 = 2634(m^3)$

(二)投标人根据地质资料和施工方案计算的土方工程量

(1)基础挖土截面为:$(0.92 + 0.25 \times 2 + 1.8 \times 0.2) \times 1.8m = 3.20(m^2)$(工作面宽度各边0.25m,放坡系数为0.2)

基础总长度为:1590.6m

土方挖方总量为:$3.20 \times 1590.6 = 5089.92(m^3)$

(2)采用人工挖土方量为5089.92m³根据施工方案除沟边堆土外,现场堆土2170.5m³运距60m,采用人工运输。还有土方量1210m³采用装载机装,自卸汽车运,运距4km。

(3)人工挖土,运土(60m内),基底打夯:

①人工费:$5089.92 \ m^3 \times 8.4 \ 元/m^3 + 2170.5 \ m^3 \times 7.38 \ 元/m^3 = 58773.62(元)$

②机械费:电动打夯机

8 元/台班 ×0.0018 台班/m² ×(0.92 m×1590.6m)=21.07(元)

③合计:58773.62 元+21.07 元=58794.69(元)

(4)装载机装自卸汽车运土(4km):

①人工费: 25 元/工日 ×0.006 工日/m²×1210m²×2=363.0(元)

②材料费:水 1.8 元/m³ ×0.012m³/m³×1210m³=26.14(元)

③机械费:

装载机(轮胎式 1m³):

280 元/台班 ×0.00398 台班 ×1210m³=1348.42(元)

自卸汽车(3.5t):

340 元/台班 ×0.04925 台/m³×1210m³ =20467.15(元)

推土机(75kW):

500 元/台班 ×0.00296 台班/m³×1210m³=1790.80(元)

洒水车(400L)

300 元/台班 ×0.0006 台班/m³×1210 m³=217.8(元)

小计:23824.17 元

④合计: 24213.31 元

(5)综合:

①直接费合计: 83008 元

②管理费:直接费 ×34% =28222.72 元

③利润:直接费 ×8% =6640.64 元

④总计:117871.36 元

⑤综合单价: 117871.36 元 ÷2634m³=44.75 元/m³

(6)大型机械进出场费计算(列入工程量清单措施项目费):

①推土机进出场按平板拖车(15t)1 个台班计算为:600 元

②装载机(1m³)进出场按 1 个台班计算为:280 元

③自卸汽车进出场费(3 台)按 1.5 台班计算为:510 元

④机械进出场费总计: 1390 元

工程量清单计价表如 17-5 所示。

分部分项工程量清单计价表 表 17-5

工程名称:某多层砖混住宅工程 第 页 共 页

序号	项目	项目名称	计量单位	工程数量	金额(元)	
					综合单价	合价
1	010101003001	A.1 土(石)方工程挖基础土方 土壤类别:三类土 基础类型:砖大放脚 带形基础 垫层宽度:920mm 挖土深度:1.8m 弃土运距:4km	m³	2634	44.75	117871.36

第四节　建筑工程工程量清单计价编制示例

工程名称:某营业大厅;

建筑面积:269.1m^2;

工程内容:营业大厅的主体及简装;

工程造价:609550.25 元;其中,建筑工程:443365.42 元;装饰工程:166184.83 元。

编制日期:2014-12-05

一、工 程 概 况

本工程为某营业大厅工程,该工程位于北京市五环外,单层框架结构。

二、建 筑 说 明

(1)±0.000 一下采用 DM5.0-MR 砂浆砌筑的烧结标准砖,框架结构非承重墙采用 360mm 厚 KP1 多孔砖,DM7.5-HR 砂浆砌筑。

(2)框架柱起点为带形基础上皮 −1.6m,均至顶板上皮 4.8m;墙中过梁宽度同墙厚,高度为 240mm,长度为洞口两侧各加 250mm。

(3)屋面做法:①保护涂料面层;②聚乙烯丙纶卷材防水两层(上卷女儿墙 300mm);③细石混凝土找平层 25mm 厚;④干铺 55mm 挤塑聚苯板保温层;⑤平均 60mm 厚 DS 砂浆找坡层;⑥现浇钢筋混凝土楼板。

(4)室外散水为 60mm 厚混凝土散水;室外台阶为砖砌体;室外墙裙裙高 900mm,做法:①DTA 砂浆黏结金属釉面砖(勾缝);②5 厚水泥砂浆底灰;③DB 砂浆基层处理。

(5)外墙做法:①面层为刷平壁型涂料;②5 厚水泥砂浆底灰;③DB 砂浆基层处理。

(6)门窗居墙中安装,框宽 100mm,门为水泥砂浆后塞口,塑钢窗为填充剂后塞口,门窗如表 17-6 所示。

门 窗 情 况　　　　　　　　　　　　　　　　　　表 17-6

代号	框外围尺寸(宽×高)mm	洞口尺寸(宽×高)mm	门窗类型
M1	1780×2390	1800×2400	硬木带亮自由门
C1	1770×1770	1800×1800	塑钢双波平开窗
C2	1470×1770	1500×1800	塑钢双波平开窗

(7)装修做法如表 17-7 所示。

装 修 作 法　　　　　　　　　　　　　　　　　　表 17-7

部位	地面	天棚	内墙	踢脚
营业大厅	(1)20 厚大理石面层 500×500 (2)20 厚 DS 砂浆找平层 (3)50 厚 C10 混凝土垫层 (4)100 厚 3∶7 灰土垫层 (5)素土夯实	(1)矿棉吸音板面层,600×600 (2)T 型铝合金龙骨(单层吊挂式)	(1)乳胶漆面层 2 遍 (2)混合砂浆底灰 7mm (3)聚合物水泥砂浆修补基层	大理石踢脚(高度 120mm)

（8）女儿墙为240mm KP1多孔砖。

三、结 构 说 明

（1）抗震等级为二级。

（2）柱、梁、板混凝土强度等级均为C30，柱、梁保护层厚度30mm，板保护层厚度20mm。

（3）屋面混凝土楼板配筋：φ8@150双层双向，板厚140mm。

四、计 价 依 据

（1）2012年"北京市建设工程计价依据——预算定额"《房屋建筑与装饰工程预算定额》。

（2）《建设工程工程量清单计价规范》（GB 50500—2013）。

（3）安全文明施工费和规费按规定足额计取，税金按3.48%计取。

（4）人工费按95元/工日计入预算。

（5）北京市建设工程造价管理部门的有关规定。

五、其 他 说 明

本工程混凝土均为商品混凝土，运距5km以内；挖土方弃土运距15km以内。

此工程的建筑、结构图如图17-4~图17-13所示，预算图表如17-8~表17-23所示。

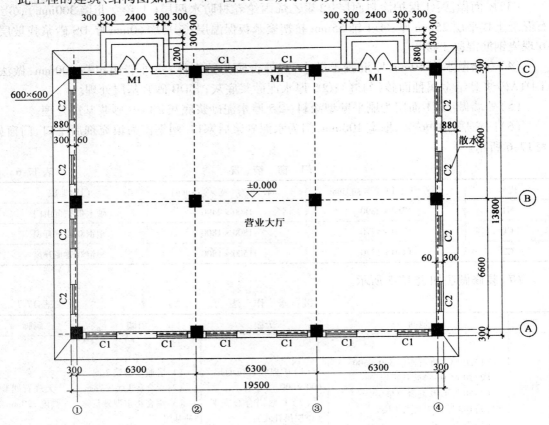

图17-4　平面图（尺寸单位：mm）

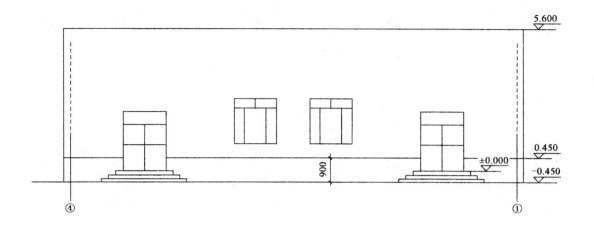

图 17-5 北立面图(尺寸单位:mm)

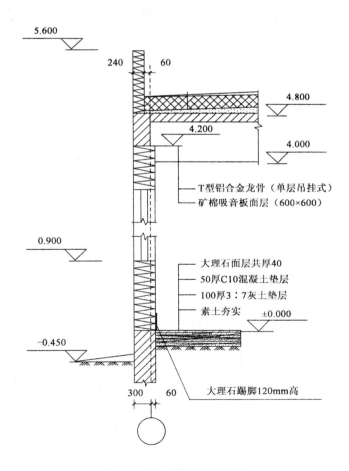

T型铝合金龙骨（单层吊挂式）
矿棉吸音板面层（600×600）

大理石面层共厚40
50厚C10混凝土垫层
100厚3:7灰土垫层
素土夯实

大理石踢脚120mm高

图 17-6　外墙大样图(尺寸单位:mm)

243

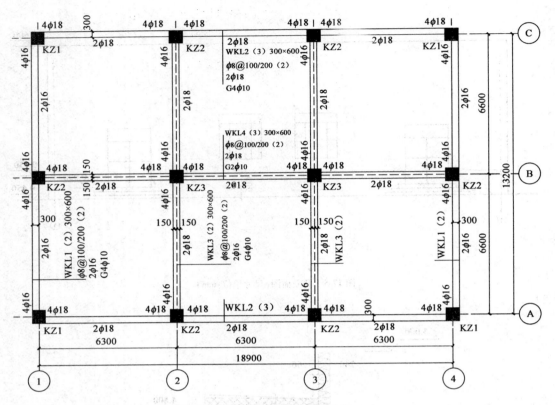

图 17-7　屋面板、梁结构图(尺寸单位:mm)

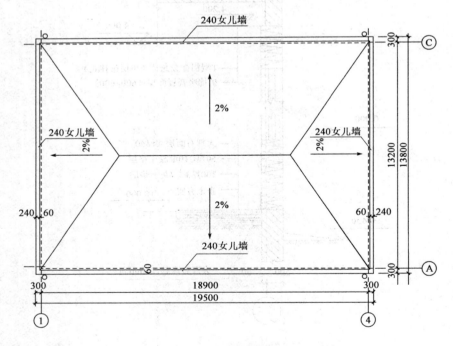

图 17-8　屋顶平面图

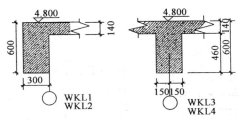

图 17-9　屋面梁定位图(尺寸单位:mm)

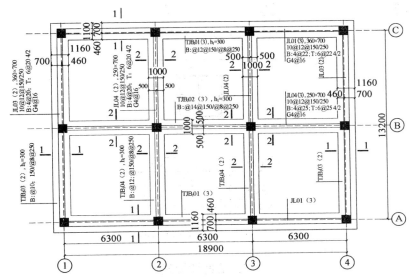

图 17-10　带形基础配筋图(尺寸单位:mm)

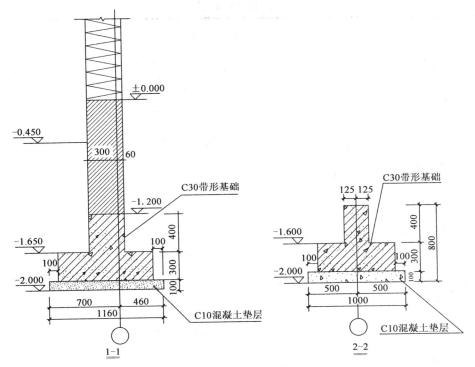

图 17-11　基础断面图(尺寸单位:mm)

245

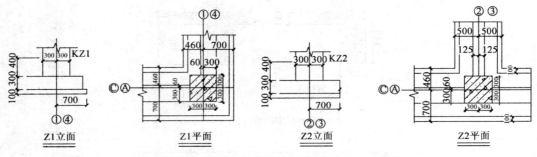

图 17-12　柱定位图(尺寸单位:mm)

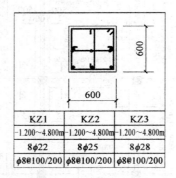

KZ1	KZ2	KZ3
-1.200~4.800m	-1.200~4.800m	-1.200~4.800m
8ϕ22	8ϕ25	8ϕ28
ϕ8@100/200	ϕ8@100/200	ϕ8@100/200

图 17-13　柱(尺寸单位:mm)

六、工程预算表

投 标 总 价 扉 页　　　　　　　　　　　　　　　表 17-8

投　标　总　价	
招标人	某某
工程名称	某营业大厅工程
投标总价 (小写)	609550.25
(大写)	陆拾万玖仟伍佰伍拾元贰角伍分
投标人	
	(单位盖章)
法定代人或其授人	
	(签字或盖章)
编制人	
	(造价人员签字盖专用章)
编制时间	2014 年 12 月 05 日

标段投标报价汇总表　　　　表 17-9

序　号	工程项目名称	合计(万元)	备　注
一	某营业大厅工程	49.024421	
1	某营业大厅工程	49.024421	
二	措施项目	7.626823	
三	其他项目		
四	设备费用		
五	规费	2.253883	
六	税金	2.049898	
七	总计	60.955025	
投标总报价(大写):陆拾万玖仟伍佰伍拾贰角伍分			

单项工程投标报价汇总表　　　　表 17-10

序号	单位工程名称	金额（元）	其中					占造价比例（％）
			分部分项合计	措施项目合计	其他项目合计	规费	税金	
1	某营业大厅工程	609550.25	490244.21	76268.23		22538.83	20498.98	100
1.1	建筑工程	443365.42	345864.89	65562.03		17028.26	14910.24	72.74
1.2	装饰工程	166184.83	144379.32	10706.20		5510.57	5588.74	27.26

单位工程投标报价汇总表　　　　表 17-11

序号	汇总内容	金额（元）	其中:暂估价(元)
1	分部分项工程费	345864.89	
1.1	A 建筑工程	345864.89	
2	措施项目费	65562.03	
2.2	其中:安全文明施工费	18281.02	
3	其他项目	0	
3.1	其中:暂列金额		
3.2	其中:专业工程暂估价		
3.3	其中:计日工		
3.4	其中:总承包服务费		
4	规费	17028.26	
5	税金	14910.24	

单位工程投标报价汇总表　　　　表 17-12

序号	汇总内容	金额（元）	其中:暂估价(元)
1	分部分项工程费	144379.32	
1.1	B 装饰工程	144379.32	
2	措施项目费	10706.20	
2.2	其中:安全文明施工费	6891.13	

序号	汇总内容	金额(元)	其中:暂估价(元)
3	其他项目	0	
3.1	其中:暂列金额		
3.2	其中:专业工程暂估价		
3.3	其中:计日工		
3.4	其中:总承包服务费		
4	规费	5510.57	
5	税金	5588.74	

分部分项工程和单价措施项目清单与计价表　　　　表 17-13

序号	子目编码	子目名称	子目特征描述	计量单位	工程量	金额(元) 综合单价	合价	其中 暂估价
	A	建筑工程						
	A.1	土石方工程						
1	010101001001	平整场地	1.土壤类别:一般土	m²	268.97	5.09	1369.06	
2	010101003001	挖沟槽土方	1.土壤类别:一般土 2.弃土运距:1km 以内	m³	175.34	53.94	9457.84	
3	010103001001	基础回填	1.密实度要求:夯实	m³	92.67	89.89	8330.11	
4	010103001002	房心回填	1.密实度要求:夯填	m³	63.87	43.91	2804.53	
5	010103002001	余方弃置	1.废弃料品种:余土外运 2.运距:5km	m³	18.8	45.16	849.01	
		分部小计					22810.55	
	A.4	砌筑工程						
6	010401003001	实心砖墙	1.砖品种、规格、强度等级:烧结标准砖 2.砂浆强度等级、配合比:DM5.0-MR 砂浆砌筑	m³	25.14	680.05	17096.46	
7	010401004001	多孔砖墙	1.砖品种、规格、强度等级:KP1 多孔砖 2.墙体类型:外墙 0-3.6m 3.砂浆强度等级、配合比:DM7.5-HR 砂浆砌筑	m³	51.84	626.8	32493.31	
8	010401004002	多孔砖墙	1.砖品种、规格、强度等级:KP1 多孔砖 2.墙体类型:外墙 3.6-4.8m 3.砂浆强度等级、配合比:DM7.5-HR 砂浆砌筑	m³	12.75	670.38	8547.35	

序号	子目编码	子目名称	子目特征描述	计量单位	工程量	金额（元）		
						综合单价	合价	其中 暂估价
9	010401004003	多孔砖墙	1. 砖品种、规格、强度等级：KP1 多孔砖 2. 墙体类型：女儿墙 3. 砂浆强度等级、配合比：DM7.5-HR 砂浆砌筑	m³	13.25	601.07	7964.18	
10	010507004001	台阶	1. ：20 厚 DS 砂浆面层 2. ：砖砌台阶	m³	4.05	832.71	3372.48	
		分部小计					69473.78	
	A.5	混凝土及钢筋混凝土工程						
11	010501001001	垫层	1. 混凝土种类：现浇混凝土 2. 混凝土强度等级：C10	m³	11.61	460.14	5342.23	
		本页小计					97626.56	

分部分项工程和单价措施项目清单与计价表　　表 17-14

序号	子目编码	子目名称	子目特征描述	计量单位	工程量	金额（元）		
						综合单价	合价	其中 暂估价
12	010501002001	带形基础	1. 混凝土种类：现浇混凝土 2. 混凝土强度等级：C30	m³	41.86	532.98	22310.54	
13	010502001001	矩形柱	1. 混凝土种类：现浇混凝土 2. 混凝土强度等级：C30	m³	25.92	569.66	14765.59	
14	010503001001	基础梁	1. 混凝土种类：现浇混凝土 2. 混凝土强度等级：C30	m³	24.2	545.8	13208.36	
15	010505001001	有梁板	1. 混凝土种类：现浇混凝土 2. 混凝土强度等级：C30	m³	50.92	532.35	27107.26	
16	010503005001	过梁	1. 混凝土种类：现浇混凝土 2. 混凝土强度等级：C25	m³	3.37	643.9	2169.94	
17	010515001001	现浇构件钢筋	1. 钢筋种类、规格：φ10 以内	t	4.937	5611.8	27705.56	

序号	子目编码	子目名称	子目特征描述	计量单位	工程量	金额（元）		其中
						综合单价	合价	暂估价
18	010515001002	现浇构件钢筋	1. 钢筋种类、规格：φ10以外	t	9.683	5638.4	54596.24	
19	010516003001	机械连接	1. 连接方式：直螺纹连接 2. 规格：φ25以内	个	160	13.4	2144	
20	010516003002	机械连接	1. 连接方式：直螺纹连接 2. 规格：φ25以外	个	84	26.43	2220.12	
		分部小计					171569.8	
	A.8	门窗工程						
21	010801001001	木质门	1. 门代号及洞口尺寸：1800×2400 2. 后塞口材质：水泥砂浆 3. 五金：执手锁	m²	8.64	1121.6	9690.80	
22	010807001001	金属（塑钢、断桥）窗	1. 框外围展开面积：1800×1800 2. 框、扇材质：塑钢窗 3. 后塞口材质：填充剂	m²	25.92	510.19	13224.12	
23	010807001002	金属（塑钢、断桥）窗	1. 框外围展开面积：1500×1800 2. 框、扇材质：塑钢窗 3. 后塞口材质：填充剂	m²	21.6	510.19	11020.10	
		分部小计					33935.02	
	A.9	屋面及防水工程						
24	010902001001	屋面卷材防水	1. 保护涂料面层	m²	253.35	189.76	48075.70	
		本页小计					248238.30	

分部分项工程和单价措施项目清单与计价表　　表 17-15

序号	子目编码	子目名称	子目特征描述	计量单位	工程量	金额（元）		其中
						综合单价	合价	暂估价
			2. 聚乙烯丙纶卷材防水两层（上卷女儿墙300mm） 3. 细石混凝土找平层25厚 4. 干铺55mm挤塑聚苯板保温层					

序号	子目编码	子目名称	子目特征描述	计量单位	工程量	金额（元）		其中
						综合单价	合价	暂估价
			5. 平均60厚DS砂浆找坡层 6. 现浇钢筋混凝土楼板					
		分部小计					48075.7	
		分部小计					345864.9	
		措施项目						
25	011702001001	基础		m²	52.51	47.13	2474.8	
26	011702002001	矩形柱		m²	159.43	62.99	10042.5	
27	011702005001	基础梁		m²	151.69	57.13	8666.05	
28	011702009001	过梁		m²	29.52	78.52	2317.91	
29	011702014001	有梁板		m²	256.05	76.55	19600.63	
30	011701001001	综合脚手架		m²	269.1	15.53	4179.12	
		分部小计					47281.01	

分部分项工程和单价措施项目清单与计价表 表17-16

序号	子目编码	子目名称	子目特征描述	计量单位	工程量	金额（元）		其中
						综合单价	合价	暂估价
	B	装饰工程						
	B.1	楼地面装饰工程						
1	011102001001	石材楼地面	1. 20厚大理石面层500×500 2. 20厚DS砂浆找平层 3. 50厚C10混凝土垫层 4. 100厚3:7灰土垫层 5. 素土夯实	m²	244.48	313.21	76573.58	
2	011105002001	石材踢脚线	1. 踢脚线高度120mm 2. 大理石踢脚	m	63.52	60.14	3820.09	
3	010507001001	散水、坡道	60mm混凝土散水	m²	55.37	21.54	1192.67	
		分部小计					81586.34	
	B.2	墙、柱面装饰与隔断、幕墙工程						
4	011201001001	墙面一般抹灰	1. 乳胶漆面层2遍 2. 混合砂浆底灰7mm 3. 聚合物水泥砂浆修补基层	m²	223.56	25.52	5705.25	

251

序号	子目编码	子目名称	子目特征描述	计量单位	工程量	金额(元)		其中
						综合单价	合价	暂估价
5	011201001002	外墙面一般抹灰	1. 面层刷平壁型涂料 2.5 厚水泥砂浆打底 3. DB 砂浆基层处理	m²	356.71	45.23	16133.99	
6	011202001001	柱、梁面一般抹灰	1. 乳胶漆面层 2 遍 2. 混合砂浆底灰 7mm 3. 聚合物水泥砂浆修补基层	m²	20.16	26.49	534.04	
7	011204001001	外墙裙	1. 墙裙高 900mm 2. DAT 砂浆黏结金属釉面砖(勾缝) 3.5 厚水泥砂浆底灰 4. DB 砂浆基层处理	m²	55.62	247.4	13760.39	
		分部小计					36133.67	
	B.3	天棚工程						
8	011302001001	吊顶天棚	1. 矿棉吸音板面层,600×600 2. T 型铝合金龙骨(单层吊挂式)	m²	245.64	108.53	26659.31	
		分部小计					26659.31	
		分部小计					144379.3	
		措施项目						
		本页小计					144379.3	
9	011701003002	里脚手架		m²	282.18	13.52	3815.07	
		分部小计					3815.07	

综合单价分析表　　　　　　　　　　　表 17-17

子目编码	010401004001	子目名称	多孔砖墙	计量单位	m³	工程量	51.84

				清单综合单价组成明细								

定额编号	定额子目名称	定额单位	数量	单价					合价				
				人工费	材料费	机械费	企业管理费	利润	人工费	材料费	机械费	企业管理费	利润
4-25	砖砌体 KP1 多孔砖外墙厚度 365mm	m³	1	125.69	411.9	4.75	43.44	41.01	125.69	411.91	4.75	43.44	41.01
人工单价		小计							125.69	411.91	4.75	43.44	41.01
综合工日:95 元/工日		未计价材料费							0				

子目编码	010401004001		子目名称	多孔砖墙	计量单位	m³	工程量	51.84
	清单子目综合单价					626.8		

<table>
<tr><td rowspan="8">材料费明细</td><td colspan="2">主要材料名称、规格、型号</td><td>单位</td><td>数量</td><td>单价（元）</td><td>合价（元）</td><td>暂估单价（元）</td><td>暂估合价（元）</td></tr>
<tr><td colspan="2">烧结标准砖</td><td>块</td><td>6.12</td><td>0.58</td><td>3.55</td><td></td><td></td></tr>
<tr><td colspan="2">砌筑砂浆 DM7.5-HR</td><td>m³</td><td>0.193</td><td>658.1</td><td>127.01</td><td></td><td></td></tr>
<tr><td colspan="2">其他材料费</td><td>元</td><td>6.09</td><td>1</td><td>6.09</td><td></td><td></td></tr>
<tr><td colspan="2">KP1 多孔砖 240×115×90</td><td>块</td><td>303.96</td><td>0.79</td><td>240.13</td><td></td><td></td></tr>
<tr><td colspan="2">KP1 多孔砖 180×115×90</td><td>块</td><td>41.82</td><td>0.84</td><td>35.13</td><td></td><td></td></tr>
<tr><td colspan="4">材料费小计</td><td>—</td><td>411.91</td><td>—</td><td>0</td></tr>
</table>

综合单价分析表

表 17-18

子目编码	010807001001		子目名称	金属（塑钢、断桥）窗	计量单位	m²	工程量	25.92
	清单综合单价组成明细							

<table>
<tr><td rowspan="2">定额编号</td><td rowspan="2">定额子目名称</td><td rowspan="2">定额单位</td><td rowspan="2">数量</td><td colspan="5">单价</td><td colspan="5">合价</td></tr>
<tr><td>人工费</td><td>材料费</td><td>机械费</td><td>企业管理费</td><td>利润</td><td>人工费</td><td>材料费</td><td>机械费</td><td>企业管理费</td><td>利润</td></tr>
<tr><td>8-69</td><td>塑钢窗平开</td><td>m²</td><td>1</td><td>24.99</td><td>401.8</td><td>1.82</td><td>34.33</td><td>32.41</td><td>24.99</td><td>401.84</td><td>1.82</td><td>34.33</td><td>32.41</td></tr>
<tr><td>8-143</td><td>门窗后塞口填充剂</td><td>m²</td><td>1</td><td>6.18</td><td>6.39</td><td>0.23</td><td>1.03</td><td>0.97</td><td>6.18</td><td>6.39</td><td>0.23</td><td>1.03</td><td>0.97</td></tr>
<tr><td>人工单价</td><td colspan="3" style="text-align:center">小计</td><td colspan="5"></td><td>31.17</td><td>408.23</td><td>2.05</td><td>35.36</td><td>33.38</td></tr>
<tr><td>综合工日：95 元/工日</td><td colspan="3" style="text-align:center">未计价材料费</td><td colspan="10">0</td></tr>
<tr><td colspan="4">清单子目综合单价</td><td colspan="10">510.19</td></tr>
</table>

<table>
<tr><td rowspan="5">材料费明细</td><td colspan="2">主要材料名称、规格、型号</td><td>单位</td><td>数量</td><td>单价（元）</td><td>合价（元）</td><td>暂估单价（元）</td><td>暂估合价（元）</td></tr>
<tr><td colspan="2">其他材料费</td><td>元</td><td>6.26</td><td>1</td><td>6.26</td><td></td><td></td></tr>
<tr><td colspan="2">塑钢双玻平开窗</td><td>m²</td><td>1</td><td>380</td><td>380</td><td></td><td></td></tr>
<tr><td colspan="2">其他材料费</td><td></td><td></td><td>—</td><td>21.98</td><td>—</td><td>0</td></tr>
<tr><td colspan="4">材料费小计</td><td>—</td><td>408.24</td><td>—</td><td>0</td></tr>
</table>

综合单价分析表

表 17-19

子目编码	010902001001		子目名称	屋面卷材防水	计量单位	m²	工程量	253.35
	清单综合单价组成明细							

<table>
<tr><td rowspan="2">定额编号</td><td rowspan="2">定额子目名称</td><td rowspan="2">定额单位</td><td rowspan="2">数量</td><td colspan="5">单价</td><td colspan="5">合价</td></tr>
<tr><td>人工费</td><td>材料费</td><td>机械费</td><td>企业管理费</td><td>利润</td><td>人工费</td><td>材料费</td><td>机械费</td><td>企业管理费</td><td>利润</td></tr>
<tr><td>9-32</td><td>型材及其他屋面保护涂料</td><td>m²</td><td>1.0766</td><td>2.28</td><td>11.9</td><td>0.08</td><td>1.14</td><td>1.08</td><td>2.45</td><td>12.81</td><td>0.09</td><td>1.23</td><td>1.16</td></tr>
</table>

子目编码	010902001001	子目名称	屋面卷材防水	计量单位	m²	工程量	253.35

清单综合单价组成明细

定额编号	定额子目名称	定额单位	数量	单价					合价				
				人工费	材料费	机械费	企业管理费	利润	人工费	材料费	机械费	企业管理费	利润
9-62	屋面防水及其他聚乙烯丙纶卷材单层	m²	1.0766	6.27	31.09	0.22	3.01	2.84	6.75	33.47	0.24	3.24	3.06
9-63	屋面防水及其他聚乙烯丙纶卷材每增一层	m²	1.0766	5.32	27.4	0.19	2.64	2.49	5.73	29.5	0.2	2.84	2.68
9-237	防水保护层DS砂浆	m²	1	7.13	9.41	0.28	1.35	1.27	7.13	9.41	0.28	1.35	1.27
10-1	屋面保温挤塑聚苯板50mm厚干铺	m²	1	3.21	32.44	0.1	2.86	2.7	3.21	32.44	0.1	2.86	2.7
10-3	屋面保温挤塑聚苯板50mm厚每增减5mm	m²	1	0.29	3.26	0.01	0.29	0.27	0.29	3.26	0.01	0.29	0.27
9-237	防水保护层DS砂浆	m²	1	7.13	9.41	0.28	1.35	1.27	7.13	9.41	0.28	1.35	1.27
人工单价			小计						32.69	130.3	1.2	13.16	12.41
综合工日：95元/工日			未计价材料费						0				
清单子目综合单价									189.76				

	主要材料名称、规格、型号	单位	数量	单价（元）	合价（元）	暂估单价（元）	暂估合价（元）
材料费明细	其他材料费	元	1.929 6	1	1.93		
	DS砂浆	m³	0.0404	459	18.54		
	保护涂料（耐紫外线及耐磨）	kg	0.2175	58	12.62		
	聚乙烯丙纶防水卷材0.7mm厚	m²	2.6731	13	34.75		
	聚合物水泥胶	kg	6.0654	4.5	27.29		
	挤塑聚苯板	m³	0.0556	630	35.03		

表 17-20

单位工程人材机汇总表

序号	名 称 及 规 格	单位	数量	市场价	合计
一、	人工类别				
1	综合工日	工日	261.2153	95	24815.45
2	综合工日	工日	601.6568	95	57157.4
3	综合工日	工日	22.4221	95	2130.1
4	人工费调整	元	0.1275	1	0.13
二、	材料类别				
1	钢筋 φ0 以内	kg	5060.425	3.77	19077.8
2	钢筋 φ10 以外	kg	9925.075	3.88	38509.29
3	直螺纹套筒 φ25 以内	个	161.6	6.5	1050.4
4	直螺纹套筒 φ25 以外	个	84.84	11.9	1009.6
5	板方材	m³	1.0955	2200	2410.1
6	KP1 多孔砖 240×115×90	块	23984.0764	0.79	18947.42
7	KP1 多孔砖 180×115×90	块	2903.8788	0.84	2439.26
8	烧结标准砖	块	15899.8848	0.58	9221.93
9	电焊条(综合)	kg	23.8666	7.78	185.68
10	执手锁	个	2	120	240
11	火烧丝	kg	58.7973	5.9	346.9
12	塑料膨胀螺栓 M8×110	个	58.1213	1.13	65.68
13	弹簧合页	个	12.001	7.6	91.21
14	膨胀螺栓 M8×100	个	341.6688	2.18	744.84
15	对拉螺栓 M14	m	8.0092	10	80.09
16	聚乙烯丙纶防水卷材 0.7mm 厚	m²	677.2383	13	8804.1
17	柴油	kg	320.5457	8.98	2878.5
18	玻璃胶(密封胶)	支	13.6858	6.8	93.06
19	聚氨酯泡沫填充剂	支	14.6362	14.1	206.37
20	保护涂料(耐紫外线及耐磨)	kg	55.0955	58	3195.54
21	聚合物水泥胶	kg	1536.6735	4.5	6915.03
22	塑护套	个	256.2	0.38	97.36
23	塑料薄膜	m²	5.9292	0.26	1.54
24	聚氨酯泡沫塑料	m³	0.0507	700	35.49
25	挤塑聚苯板	m³	14.0863	630	8874.37
26	硬木全玻门带亮	m²	8.64	850	7344
27	塑钢双玻平开窗	m²	47.52	380	18057.6
28	C15 预拌混凝土	m³	11.7842	360	4242.31
29	C30 预拌混凝土	m³	147.7124	410	60562.08
30	抹灰砂浆 DP-HR	m³	0.0432	493	21.3

序号	名 称 及 规 格	单位	数量	市场价	合计
31	DS 砂浆	m³	10.388	459	4768.09
32	砌筑砂浆 DM5.0-HR	m³	0.8546	459	392.26
33	砌筑砂浆 DM7.5-HR	m³	20.8104	658.1	13695.32
34	同混凝土等级砂浆（综合）	m³	0.8035	480	385.68
35	复合木模板	m²	2.3504	30	70.51
36	组合钢模板	m²·日	7395.3489	0.35	2588.37
37	其他材料费	元	3764.2619	1	3764.26
38	摊销材料费	元	4009.7926	1	4009.79
39	租赁材料费	元	3486.6932	1	3486.69
三、	机械类别				
1	电焊机（综合）	台班	5.1723	18.6	96.2
2	套丝机 φ150	台班	3.052	14.4	43.95
3	推土机综合	台班	0.1489	452.7	67.41
4	挖土机综合	台班	0.1222	892.1	109.01
5	汽车起重机 16t	台班	1.2228	915.2	1119.11
6	灰浆搅拌机 200L	台班	3.7215	11	40.94
7	汽车起重机 16t	台班	1.038	738.2	766.25
8	载重汽车 15t	台班	2.2117	392.9	868.98
9	履带式单斗挖土机 1.0m³	台班	0.3648	914	333.43
10	自卸汽车 15t	台班	1.3636	532.9	726.66
11	其他机具费	元	2962.5654	1	2962.57
12	管理费	元	1.1902	1	1.19
13	检修费	元	10.2132	1	10.21
14	台班折旧费	元	7.0025	1	7
15	税金	元	1.4669	1	1.47
16	利润	元	0.8027	1	0.8
17	安拆及场外运费	元	6.7534	1	6.75
	合计				340174.83

单位工程人材机汇总表　　　　　表 17-21

序号	名 称 及 规 格	单位	数量	市场价	合计
一、	人工类别				
1	综合工日	工日	3.6538	95	347.11
2	综合工日	工日	33.858	95	3216.51
3	综合工日	工日	138.3276	95	13141.12
4	综合工日	工日	111.1432	95	10558.6
5	人工费调整	元	0.1862	1	0.19

序号	名 称 及 规 格	单位	数量	市场价	合计
二、	配合比类别				
1	1:3 水泥砂浆	m³	2.2678	275.92	625.73
2	1:1:6 混合砂浆	m³	0.1553	223.86	34.77
3	1:0.5:3 混合砂浆	m³	1.7214	272.08	468.36
三、	材料类别				
1	水泥（综合）	kg	1562.4944	0.41	640.62
2	板方材	m³	0.1107	2200	243.54
3	砂子	kg	6332.9896	0.07	443.31
4	白灰	kg	195.319	0.23	44.92
5	生石灰	kg	8978.04	0.13	1167.15
6	大理石板 0.25m² 以内	m²	249.3696	160	39899.14
7	大理石踢脚板	m	65.4256	41.2	2695.53
8	金属釉面砖	m²	55.0082	128	7041.05
9	T 形铝合金龙骨 TB24×38	m	448.4158	4.8	2152.4
10	T 形铝合金龙骨 TB24×28	m	448.4158	4.13	1851.96
11	边龙骨 TL23×23	m	173.5938	7.98	1385.28
12	T 型轻钢龙骨吊件 TB-1P	个	482.3878	0.38	183.31
13	矿棉吸声板	m²	250.5528	34.2	8568.91
14	吊杆	根	337.755	4.49	1516.52
15	膨胀螺栓 φ10	套	482.3878	2.47	1191.5
16	铁件	kg	49.0543	4.5	220.74
17	硬质合金锯片	片	1.0414	45	46.86
18	合金钢钻头	个	5.9691	30	179.07
19	电焊条（综合）	kg	3.2916	7.78	25.61
20	柴油	kg	23.4491	8.98	210.57
21	室内乳胶漆	kg	54.4214	25	1360.54
22	室外乳胶漆	kg	267.5325	32	8561.04
23	水性封底漆（普通）	kg	40.3082	7.8	314.4
24	石料切割机片	片	4.2271	8	33.82
25	C10 预拌混凝土	m³	12.3422	350	4319.77
26	DS 砂浆	m³	4.9385	459	2266.77
27	胶黏剂 DTA 砂浆	m³	2.8393	2200	6246.46
28	嵌缝剂 DTG 砂浆	m³	0.1669	5100	851.19
29	界面砂浆 DB	m³	0.4948	459	227.11
30	聚合物水泥砂浆	m³	0.8531	450	383.9

序号	名 称 及 规 格	单位	数量	市场价	合计
31	复合木模板	m²	3.5271	30	105.81
32	其他材料费	元	3217.7544	1	3217.75
33	摊销材料费	元	868.4541	1	868.45
34	租赁材料费	元	219.2539	1	219.25
35	材料费调整	元	0.2016	1	0.2
四、	机械类别				
1	载重汽车15t	台班	0.7055	392.9	277.19
2	电动夯实机20~62kg/m	台班	1.0758	13.5	14.52
3	其他机具费	元	2056.1042	1	2056.1
	合　计				128295.79

清单工程量计算表　　　　　　表17-22

清单编码	项目名称	单位	工程量计算式	数量
			（一）土石方工程	
010101001001	平整场地	m²	19.5×13.8	269.1
010101003001	人工挖沟槽	m³	1-1中心线=（18.9+0.24+13.2+0.24）×2=65.16m 2-2净长=（18.9-0.76×2）+（13.2-0.76×2-1.6）×2=37.54m 挖土深度=2.0-0.45=1.55m 体积=1.55×[1.16×65.16+1.0×37.54]=175.34	175.34
010103001001	基础回填	m³	回填土=人工挖沟槽-基础、结构构件体积 构件体积：[1.16×0.1+0.3×（1.16-0.2）+0.4×0.36+0.36×（1.2-0.45）]×65.16+[1×0.1+0.3×0.8+0.4×0.25]×37.54+（1.2-0.45）×0.6×0.6×2=82.67 回填土=175.34-82.67=92.67	92.67
010103001001	房心回填	m³	净空面积=（18.9-0.12）×（13.2-0.12）=245.642 回填土厚度:0.45-0.19=0.26 体积:245.642×0.26=63.8669	63.87
010103002001	余方弃置	m³	175.34-92.67-63.8669=18.80	18.80
			（二）砌筑工程	

清单编码	项目名称	单位	工程量计算式	数量
010401004001	多孔砖墙	m³	$2 \times (18.9 - 0.6 \times 3 + 13.2 - 0.6 \times 2) \times 3.6 \times 0.360 = 75.4272$ 扣除:$2M1 = 1.8 \times 2.4 \times 0.360 \times 2 = 3.1104 m^3$ $8C1 = 1.8 \times 1.8 \times 0.360 \times 8 = 9.3312 m^3$ $8C2 = 1.5 \times 1.8 \times 0.360 \times 8 = 7.776 m^3$ 过梁 $= 0.36 \times 0.24 \times (2.3 \times 2 + 2.3 \times 8 + 2.0 \times 8) = 3.37 m^3$ 体积 $= 75.4272 - 3.1104 - 9.3312 - 7.776 - 3.37 = 51.8396$	51.84
010401004002	多孔砖墙	m³	$2 \times (18.9 - 0.6 \times 3 + 13.2 - 0.6 \times 2) \times (4.2 - 3.6) \times 0.365 = 12.7458$	12.75
010401003001	实心砖墙	m³	$2 \times (18.9 - 0.6 \times 3 + 13.2 - 0.6 \times 2) \times 1.2 \times 0.360 = 25.1424$	25.14
010401004003	多孔砖墙	m³	$(18.9 + 1.2 + 13.2 + 1.2) \times 2 \times 0.24 \times (5.6 - 4.8) = 13.248$	13.25
010507004001	台阶	m³	$(1.2 + 2.4 + 1.2 + 0.6 + 0.6 + 2.4 + 1.2 + 0.3 + 2.4 + 1.2) \times 1.5 \times 2 = 4.05$	4.05
			(三)混凝土工程	
010501002001	带型基础	m³	$1-1: 2 \times (18.9 + 13.2) \times (0.4 \times 0.36 + 0.3 \times 0.96) = 27.7344$ $2-2: [(18.9 - 0.36 \times 2) + (13.2 - 0.36 \times 2 - 0.8) \times 2] \times (0.25 \times 0.4 + 0.8 \times 0.3) = 14.1236$ 共:$27.7344 + 14.1236 = 41.858$	41.86
010501001001	垫层	m³	2-2 净长线 $= 37.54 + 0.3 \times 10 = 40.54 m$ 或2-2 净长线 $= (18.9 - 0.46 \times 2) + (6.6 - 0.46 - 0.5) \times 4 = 40.54 m$ 体积 $= 1.16 \times 0.1 \times 65.16 + 1.0 \times 0.1 \times 40.54 = 11.61256$	11.61
010503005001	过梁	m³	$0.36 \times 0.24 \times (2.3 \times 2 + 2.3 \times 8 + 2.0 \times 8) = 3.37 m^3$	3.37
010502001001	矩形柱	m³	$0.6 \times 0.6 \times (1.2 + 4.8) \times 12 = 25.92$	25.92
010505001001	有梁板	m³	板:$[(6.3 - 0.15) \times (6.6 - 0.15) \times 4 + 2 \times (6.3 - 0.3) \times (6.6 - 0.15)] \times 0.14 = 33.0498$ 梁:梁长 $= (18.9 - 0.6 \times 3) \times 3 + (13.2 - 0.6 \times 2) \times 4 = 99.3$ 体积 $= 0.3 \times 0.6 \times 99.3 = 17.87$ 合计:板 + 梁 $= 33.0498 + 17.87 = 50.9198$	50.92

清单编码	项目名称	单位	工程量计算式	数量
010503001001	基础梁			
			（四）门窗工程	
010801001001	木质门	m²	$1.8 \times 2.4 \times 2 = 8.64$	8.64
010807001001	塑钢窗	m²	$1.8 \times 1.8 \times 8 + 1.5 \times 1.8 \times 8 = 47.52$	47.52
			（五）屋面工程	
010902001001	屋面卷材防水		$(18.9 + 0.12) \times (13.2 + 0.12) = 253.35$	253.35
			（六）楼地面工程	
011102001001	石材楼地面	m²	$245.642 + 0.18 \times 1.8 \times 2 - 0.6 \times 0.6 \times 2 - 0.6 \times 0.24 \times 6 - 0.24 \times 0.24 \times 4 = 244.48$	244.48
011105002001	石材踢脚线	m	$(18.78 + 13.08) \times 2 + 0.24 \times 12 - 1.8 \times 2 - 0.13 \times 4 = 63.52$	63.52
010507001001	散水坡道	m²	$[(19.5 + 0.88 + 13.8 + 0.88) \times 2 - 3.6 \times 2] \times 0.88$	55.37
			（七）墙柱面工程	
011204001001	外墙裙	m²	墙裙面积 － 门 － 台阶 $= (19.5 + 13.8) \times 2 \times 0.9 - 1.8 \times 2 \times 0.45 - (3.6 + 3.0 + 2.4) \times 0.15 \times 2 = 55.62$	55.62
011201001002	外墙一般抹灰	m²	外墙门窗侧壁 $= 2M1 + 8C1 + 8C2$ $= [(1.8 + 2.4 \times 2) \times 2 + 1.8 \times 3 \times 8 + (1.5 + 1.8 \times 2) \times 8] \times 0.13 = 12.64$ 合计：$12.64 + 344.07 = 356.71$	356.71
011201001001	墙面一般抹灰	m²	$(18.78 + 13.08 + 0.24 \times 6) \times 2 \times 4.2 = 279.72 \text{m}^2$ 扣除：$8C1 = 1.8 \times 1.8 \times 8 = 25.92$ $8C2 = 1.5 \times 1.8 \times 8 = 21.6$ $2M1 = 1.8 \times 2.4 \times 2 = 8.64$ $279.72 - 25.92 - 21.6 - 8.64 = 223.56$	223.56
011202001001	柱（梁）面柱、梁面一般抹灰	m²	$0.6 \times 4 \times (4 + 0.2) \times 2$	20.16
			（八）天棚工程	
011302001001	吊顶天棚	m²	净空面积 $= (18.92 - 0.12) \times (13.2 - 0.12) = 245.642$	245.64

定额编号	项目名称	单位	工程量计算式	数量
	建筑面积	m^2	19.5×13.8	269.1
			（一）土石方工程	
1-1	平整场地人工	m^2	19.5×13.8	269.1
1-16	人工挖沟槽运距 1km 以内	m^3	1-1 中心线 $=(18.9+0.24+13.2+0.24) \times 2$ $=65.16m$ 2-2 净长 $=(18.9-0.76 \times 2)+(13.2-0.76 \times 2-1.6) \times 2=37.54m$ 挖土深度 $=2.0-0.45=1.55m$ 体积 $=1.55 \times [(1.16+0.6) \times 65.16+$ $(1.0+0.6) \times 37.54+0.59 \times (65.16+37.54)]$ $=364.77$	364.77
1-30	基础回填回填土夯填	m^3	回填土 $=$ 人工挖沟槽 $-$ 基础、结构构件体积 构件体积：$[1.16 \times 0.1+0.3 \times (1.16-0.2)+$ $0.4 \times 0.36+0.36 \times (1.2-0.45)] \times 65.16+$ $[1 \times 0.1+0.3 \times 0.8+0.4 \times 0.25] \times 37.54+$ $(1.2-0.45) \times 0.6 \times 0.6 \times 2=82.67$ 回填土 $=364.77-82.67=282.1$	282.1
1-34	基础回填房心回填土	m^3	净空面积 $=(18.9-0.12) \times (13.2-0.12)=$ 245.642 回填土厚度：$0.45-0.19=0.26$ 体积：$245.642 \times 0.26=63.8669$	63.87
1-41	土方回运运距 1km 以内	m^3	$364.77-282.1-63.8669=18.80$	18.80
			（二）砌筑工程	
4-25	砖砌体 KP1 多孔砖外墙厚度 365mm	m^3	$2 \times (18.9-0.6 \times 3+13.2-0.6 \times 2) \times 3.6 \times$ $0.360=75.4272$ 扣除：2M1 $=1.8 \times 2.4 \times 0.360 \times 2=3.1104m^3$ 8C1 $=1.8 \times 1.8 \times 0.360 \times 8=9.3312m^3$ 8C2 $=1.5 \times 1.8 \times 0.360 \times 8=7.776m^3$ 过梁 $=0.36 \times 0.24 \times (2.3 \times 2+2.3 \times 8+$ $2.0 \times 8)=3.37m^3$ 体积 $=75.4272-3.1104-9.3312-7.776-$ $3.37=51.8396$	51.84
4-25 综合工日 $\times 1.3$	砖砌体 KP1 多孔砖外墙厚度 365mm 墙砌体高度超过 3.6m 时，超过部分人工 $\times 1.3$	m^3	$2 \times (18.9-0.6 \times 3+13.2-0.6 \times 2) \times (4.2-3.6) \times 0.365=12.7458$	12.75
4-1	砖砌体基础	m^3	$2 \times (18.9-0.6 \times 3+13.2-0.6 \times 2) \times 1.2 \times$ $0.360=25.1424$	25.14
4-29	砖砌体 KP1 多孔砖女儿墙	m^3	$(18.9+1.2+13.2+1.2) \times 2 \times 0.24 \times (5.6-4.8)=13.248$	13.25
4-15	室外台阶	m^3	$(1.2+2.4+1.2+0.6+0.6+2.4+1.2+$ $0.3+2.4+1.2) \times 1.5 \times 2=4.05$	4.05

定额编号	项目名称	单位	工程量计算式	数量
			（三）混凝土工程	
5-1	现浇混凝土带型基础	m³	1-1:2×(18.9+13.2)×(0.4×0.36+0.3×0.96)=27.7344 2-2:[(18.9-0.36×2)+(13.2-0.36×2-0.8)×2]×(0.25×0.4+0.8×0.3)=14.1236 共:27.7344+14.1236=41.858	41.86
5-150	混凝土垫层	m³	2-2 净长线=37.54+0.3×10=40.54m 或2-2 净长线=(18.9-0.46×2)+(6.6-0.46-0.5)×4=40.54m 体积=1.16×0.1×65.16+1.0×0.1×40.54=11.61256	11.61
5-16	现浇混凝土过梁	m³	0.36×0.24×(2.3×2+2.3×8+2.0×8)=3.37m³	3.37
5-7	现浇混凝土矩形柱	m³	0.6×0.6×(1.2+4.8)×12=25.92	25.92
5-22	现浇混凝土 有梁板	m³	板:[(6.3-0.15)×(6.6-0.15)×4+2×(6.3-0.3)×(6.6-0.15)]×0.14=33.0498 梁:梁长=(18.9-0.6×3)×3+(13.2-0.6×2)×4=99.3 体积=0.3×0.6×99.3=17.87 合计:板+梁=33.0498+17.87=50.9198	50.92
			（四）门窗工程	
8-15	木门自由门硬木有亮	m²	1.8×2.4×2=8.64	8.64
8-117	门锁安装手锁	个	2	2
8-142	门窗后塞口水泥砂浆	m²	1.8×2.4×2	8.64
8-69	塑钢窗平开	m²	1.8×1.8×8+1.5×1.8×8=47.52	47.52
8-143	窗塞口	m²	1.8×1.8×8+1.5×1.8×8	47.52
			（五）屋面工程	
	水平面积		(18.9+0.12)×(13.2+0.12)=253.35	
	上卷面积		(18.9+13.2+0.24)×2×0.3=19.40	
9-32	型材及其他屋面保护涂料	m²	253.35+19.40	272.75
9-62	屋面防水及其他聚乙烯丙纶卷材单层	m²	同上	272.75
9-63	屋面防水及其他聚乙烯丙纶卷材每增一层	m²	同上	272.75
11-29	楼地面找平层细石混凝土厚度30mm	m²	同上	272.75
11-30	楼地面找平层细石混凝土每增减5mm 子目×-1	m²	同上	272.75
10-1	屋面保温挤塑聚苯板50mm 厚干铺	m²	(18.9+0.12)×(13.2+0.12)=253.35	253.35

定额编号	项目名称	单位	工程量计算式	数量
10-3	屋面保温挤塑聚苯板 50mm 厚每增减 5mm	m²	同上	253.35
9-237	DS 砂浆找坡	m²	同上	253.35
			（六）楼地面工程	
	净空面积	m²	$(18.9-0.12)\times(13.2-0.12)=245.642$	245.642
4-72	垫层 3:7 灰土	m³	$(245.642-0.6\times0.6\times2)\times0.1$	24.49
5-151	楼地面垫层 混凝土	m³	$(245.642-0.6\times0.6\times2)\times0.05$	12.25
11-31	楼地面找平层 DS 砂浆 平面厚度 20mm 硬基层上	m²	$245.642+0.18\times1.8\times2-0.6\times0.6\times2-$ $0.6\times0.24\times6-0.24\times0.24\times4=244.48$	244.48
11-38	楼地面镶贴石材 每块面积 0.25m² 以内	m²	同上	244.48
11-98	台阶 DS 砂浆	m²	$(2.4+1.2)\times(1.2+0.6)-(2.4-0.3\times$ $2)\times(1.2-0.3)=4.86$	4.86
11-1	楼地面整体面层 DS 砂浆厚度 20mm	m²	$(2.4-0.3\times2)\times(1.2-0.3)=1.62$	1.62
11-78	踢脚线石材	m	$(18.78+13.08)\times2+0.24\times12-1.8\times2+$ $0.13\times4=63.52$	63.52
11-111	散水混凝土厚度 60mm	m²	$[(19.5+0.88+13.8+0.88)\times2-3.6$ $\times2]\times0.88$	55.37
			（七）墙柱面工程	
12-1	墙面基层 DB 砂浆干拌砂浆	m²	垂直投影面积：$(19.5+13.8)\times2\times(5.6+$ $0.45)=402.93$ 扣门窗面积：$2M1+8C1+8C2=2\times1.8\times$ $2.4+8\times1.8\times1.8+8\times1.5\times1.8=56.16$ 扣台阶垂直投影面积：$(3.6+3+2.4)\times$ $0.15\times2=2.7$ 工程量 $=402.93-56.16-2.7=344.07$	344.07
12-16	底层抹灰（打底）水泥砂浆 5mm 现场搅拌砂浆	m²	同上	344.07
12-143	块料外墙 DTA 砂浆黏贴金属釉面砖勾缝	m²	墙裙面积－门－台阶 $=(19.5+13.8)\times2\times$ $0.9-1.8\times2\times0.45-(3.6+3.0+2.4)\times$ $0.15\times2=55.62$	55.62
14-712	外墙涂料平壁型	m²	外墙门窗侧壁 $=2M1+8C1+8C2=[(1.8+$ $2.4\times2)\times2+1.8\times3\times8+(1.5+1.8\times2)\times$ $8]\times0.13=12.64$ 合计：$12.64+344.07=356.71$	356.71
12-10	墙面基层聚合物水泥砂浆修补现场搅拌砂浆	m²	$(18.78+13.08+0.24\times6)\times2\times4.2=$ $279.72m^2$ 扣除：$8C1=1.8\times1.8\times8=25.92$ $8C2=1.5\times1.8\times8=21.6$ $2M1=1.8\times2.4\times2=8.64$ $279.72-25.92-21.6-8.64=223.56$	223.56

定额编号	项目名称	单位	工程量计算式	数量
12-18	底层抹灰（打底）混合砂浆 5mm 现场搅拌砂浆	m²	同上	223.56
12-19×2	底层抹灰（打底）混合砂浆每增减 1mm 现场搅拌砂浆子目乘以系数 2	m²	同上	223.56
14-731	内墙涂料乳胶漆二遍	m²	223.56 + 门窗洞口 - 踢脚面积 - 0.2×周长 增加：8C1 = 0.13×1.8×3×8 = 5.616 8C2 = 0.13×(1.8×2 + 1.5)×8 = 5.304 2M1 = 0.13×(2.4×2 + 1.8)×2 = 1.716 扣除：63.52×0.12 = 7.6224 0.2×(18.78 + 13.08 + 0.24×6)×2 = 13.32 合计：223.56 + 5.616 + 5.304 + 1.716 - 7.6224 - 13.32 = 215.2536 或：(18.78 + 13.08 + 0.24×6)×2×(4 - 0.12) = 258.408m² 扣除：8C1 = 1.8×1.8×8 = 25.92 8C2 = 1.5×1.8×8 = 21.6 2M1 = 1.8×(2.4 - 0.12)×2 = 8.208 增加：8C1 = 0.13×1.8×3×8 = 5.616 8C2 = 0.13×(1.8×2 + 1.5)×8 = 5.304 2M1 = 0.13×[(2.4 - 0.12)×2 + 1.8]×2 = 1.65 合计： 258.408 - 25.92 - 21.6 - 8.208 + 5.616 + 5.304 + 1.65 = 215.25	215.25
12-73	柱（梁）面基层处理现场搅拌砂浆聚合物水泥砂浆修补	m²	0.6×4×(4 + 0.2)×2	20.16
12-82	柱（梁）面底层抹灰现场搅拌砂浆混合砂浆 5mm	m²	同上	20.16
12-83×2	柱（梁）面底层抹灰现场搅拌砂浆混合砂浆每增减 1mm 子目×2	m²	同上	20.16
14-731×1.1	独立柱面涂料乳胶漆二遍柱面涂料单价×1.1	m²	0.6×4×(4 - 0.12)×2	18.62
			（八）天棚工程	
13-43	T 型铝合金龙骨单层龙骨吊挂式面板规格 0.4m² 以内	m²	净空面积 = (18.92 - 0.12)×(13.2 - 0.12) = 245.642	245.64

264

定额编号	项目名称	单位	工程量计算式	数量
13-73	天棚面层矿棉吸音板安装在 T 形龙骨上	m²	$245.642 - 0.6 \times 0.6 \times 2$	244.92
			（九）钢筋工程	

【例 17-1】 如图 17-14 所示以②～③轴线间的 WKL2 为例,计算各号钢筋下料长度及梁钢筋总重量。

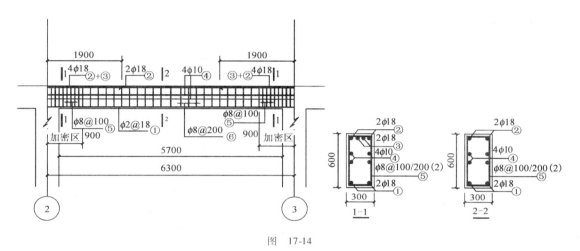

图 17-14

解:梁钢筋保护层厚度取 30（mm）

①号钢筋下料长度:6300（mm）

每根钢筋重量 $= 1.998 \times 6.3 = 12.59$（kg）

②号钢筋下料长度:6300mm

每根重量 $= 1.998 \times 6.3 = 12.59$（kg）

③号钢筋下料长度:1900mm

每根重量 $= 1.998 \times 1.9 = 3.79$（kg）

④号钢筋下料长度:6300mm

每根重量 $= 0.617 \times 6.3 = 3.89$（kg）

⑤箍筋

外包尺寸:宽度 $300 - 2 \times 30 + 2 \times 8 = 256$（mm）

高度 $600 - 2 \times 30 + 2 \times 8 = 556$（mm）

箍筋形式取 135°/135°形式,D 取 18mm,平直段取 $10d$,则两个 135°弯钩增长值为:

$$\left[\frac{3}{8}\pi(D+d) - \left(\frac{D}{2}+d\right) + 10d \right] \times 2 = \left[\frac{3}{8}\pi(18+8) - \left(\frac{18}{2}+8\right) + 10 \times 8 \right] \times 2 = 187（mm）$$

箍筋有三处 90°弯折量度差值为:$3 \times 2d = 3 \times 2 \times 8 = 48$（mm）

每根箍筋下料长度:$2 \times (256 + 556) + 187 - 48 = 1763$（mm）

每根重量 $= 0.395 \times 1.763 = 0.70$（kg）

梁钢筋总重量 $= 12.59 \times 2 + 12.59 \times 2 + 3.79 \times 4 + 3.89 \times 4 + 0.70 \times \{ [(0.9 - 0.05)/0.1 +$

$1] \times 2 + (6.3 - 0.9 \times 2)/0.2 - 1 \} = 109.43$（kg）

265

参 考 文 献

[1] 中华人民共和国国家标准.GB 50500—20013 建设工程工程量清单计价规范[S].北京:中国计划出版社,2013.

[2] 中华人民共和国国家标准.GB 50854—20013 房屋建筑与装饰工程工程量计算规范[S].北京:中国计划出版社,2013,北京.

[3] 全国一级建造师执业资格考试研究组.建设工程经济[M].北京:中国建筑工业出版社,2014.

[4] 杨静,王炳霞.建设工程概预算与工程量清单计价[M].北京:中国建筑工业出版社,2014.

[5] 刘全义,赵晓冬.建筑工程定额与预算[M].北京:清华大学出版社,2013.

[6] 建设部标准定额研究所.建设工程工程量清单计价规范宣贯辅导教材[M].北京:中国计划出版社,2003.

[7] 刘宝生.建筑工程概预算[M].北京:机械工业出版社,2001.

[8] 袁建新,迟晓明.施工图预算与工程造价控制[M].北京:中国建筑工业出版社,2000.

[9] 胡明德.建筑工程定额原理与概预算[M].北京:建筑工业出版社,1996.

[10] 卞秀庄,赵玉槐.建筑工程定额与预算[M].北京:中国环境科学出版社,1995.

[11] 朱美瑛.建筑工程概预算[M].北京:中国建筑工业出版社,1987.